U0141573

———————— · 書系緣起 · ————————

早在二千多年前，中國的道家大師莊子已看穿知識的奧祕。
莊子在《齊物論》中道出態度的大道理：莫若以明。

**莫若以明是對知識的態度，而小小的態度往往成就天淵之別
的結果。**

「樞始得其環中，以應無窮。是亦一無窮，非亦一無窮也。
故曰：莫若以明。」

是誰或是什麼誤導我們中國人的教育傳統成為閉塞一族？答
案已不重要，現在，大家只需著眼未來。

共勉之。

這個觀念該淘汰了

頂尖專家們認為會妨礙科學發展的理論

This Idea Must Die:

Scientific Theories That Are Blocking Progress —— By John Brockman

約翰‧柏克曼 編著

章瑋 譯

僅將此書獻給

理察・道金斯（Richard Dawkins）、
丹尼爾・丹尼特（Daniel C. Dennett）、
賈德・戴蒙（Jared Diamond）和
史迪芬・平克（Steven Pinker）
第三種文化[1] 的先驅

---

1. 第三種文化（The Third Culture）是約翰・柏克曼 1995 年作品的書名，書中探討了許多科學家的作品，這些科學家都以直接的方式與讀者溝通他們嶄新甚至具有爭議性的想法。後來柏克曼在 Edge 基金會的網站上（Edge.org）延續這一主題，邀請一些先驅科學家或思想家用通俗易懂的言語表達他們的想法。

致謝

萬分感謝羅莉・聖多斯（Laurie Santos）提供 Edge 基金會的年度主題，以及保羅・布倫（Paul Bloom）和強納森・海德特（Jonathan Haidt）的修潤。感謝斯圖爾特・布蘭德（Stewart Brand）、凱文・凱利（Kevin Kelly）、喬治・戴森（George Dyson）和史迪芬・平克持續的支持。我也要感謝哈珀・科林斯出版集團（HarperCollins）彼得・哈伯德（Peter Hubbard）的鼓勵。同時感謝我的經紀人麥克斯・柏克曼（Max Brockman）看出這本書的潛力，最後感謝莎拉・立平考特（Sara Lippincott）細心地編輯文稿。

約翰・柏克曼
Edge 發行人兼編輯

〈導讀〉用 Buffet 的方式了解科學發展的近況：「每一道的份量都不多，但非常扎實，一下便能品嘗到多種美味！」

國立臺灣大學光電工程學研究所暨電機系副教授　曾雪峰

　　這本書是由許多的短篇文章集合而成。作者多為當代各個領域的翹楚，包括諾貝爾得主，以及許多重要著作的作者。主旨在闡述作者認為現在哪個觀念已過時需要被淘汰。如果想要深入淺出地了解近來科學各個領域的發展脈動，這本書是個絕佳的選擇！

　　在大學研讀數理科時，通常數理教科從頭到尾是由同一個作者完成。在讀這本書時，會慢慢適應這個作者的敘述方式，於是越讀越順口。這本書則非常不同。本書是由非常多的短文，分別由各行各業不同領域的作者所匯集而成。每一個作者選取他覺得重要、需要被淘汰的某個觀念，因此主題五花八門，百家爭鳴。而且每篇文章僅短短一到三頁，只能精簡地闡述作者想表達的理念，沒有辦法詳細地論述。而且從論述的文筆，可以看出各個作者論述想法、思緒、說服力、邏輯，都很不同。

　　這本書的前面三分之一本，有很多物理學家的論述。很有意思的是，他們不約而同都聚焦在幾個共同的主題：「大一統理論」、「弦理論」等等。在這些作者的短文中可以看出，他們的想法是相歧異的：許多作者一致覺得某個理論該淘汰，也有作者堅信某個理論是正確的，莫衷一是。有一個物理學家的說法數次不約而同出現在不同作者的文章中：

蒲朗克（Max Planck）:「新的科學真理並不是靠使他的反對者信服。不如說是因為他的反對者終於死了，而在成長的新的一代是熟悉它的。」（"A new scientific truth does not triumph by convincing its opponents and making them see the light, but rather because its opponents eventually die, and a new generation grows up that is familiar with it."）

聽到這些名科學家談問他的疑慮、困惑等等，讓我理解到，原來這些大人物也同樣會有迷惘疑慮、反對，甚至沒有辦法說服其他知名學者的困擾：

蒲朗克寫到他跟奧斯特瓦爾德的衝突：

「這是我研究科學以來最痛苦的經驗，我很少，甚至我可以說我從來沒有成功地讓新結果得到普遍的認同，是我用確切證據論證而得的結果。此次的情形也是這樣：我所有有利的論辯都沒有被聽進去。想要讓奧斯特瓦爾德（Ostwald）、赫爾曼（Helm）、馬赫（Mach）這些權威人士聽進去根本是不可能的。」

讀這本書，拉近了這些當代歷史上著名的科學家，不再是遙不可及的感覺。原來以前念的物理教科書，是經過千錘百煉不同的意見、最後沉澱下來的公認正確的理論。然而在科學發展的前鋒，很多的觀念才剛剛開始，科學家們犀利地辯論，沒有共識，經過很多的討論，才慢慢凝聚出一致的看法，這才是科學進化的過程。從比較廣的一個層面來說。常說隔行如隔山，這本書更可以看到不同領域、不同思維，思考邏輯迥異的人，各自闡述不同理念。讀這本書，讓我有一種踏出自己小小象牙塔的感覺：在很短的時間內，我接觸到當代翹楚論述在不同領域該改良的觀念，有讓我

一種「井底之蛙」走出來看看世界的遼闊感覺。

　　剛開始讀這本書時感到十分痛苦，因為各個作者各說各話，沒有一般數理教科書所具有的一致性。看到後來倒是漸漸喜歡上這本書的內容呈現方式。看這本書，可以簡短迅速地聽到不同名人闡述他覺得重要而需要改變的觀念，而且可以聽到不同的人論述，不同的角度，不同的想法，闡述同一個觀念，或是贊成，甚至互相撻伐。這跟以往讀教科書很不同，讀這本書就像參加一個研討會，各方英雄好漢暢談自己的觀點，省去客套包裝的朦朧，互相針砭，針針見血。每個作者都很簡潔扼要（大概是因為篇幅有限？），很快就講到重點。

　　這本書主題涵蓋不同領域、包羅萬象，具備各種不同的說法。每篇文章短短的，很快就切入重點，還蠻容易入口的，可以快速地吸收新知。建議讀者可以從自己有興趣的主題開始讀，然後可以看看自己領域之外的想法，相信各位會跟我一樣，越讀越覺得很有意思！

〈導讀〉什麼是科學？科學理念是不變的真理嗎？

國立台灣大學國際處暨共同教育中心專案助理教授　曹順成

　　翻開字典，對科學的定義大多是有別於無知、誤導、有系統的事實或真理，這反映出大多數的我們對科學的認知，似乎凡是冠上「科學」二字就是權威的象徵，有著不可質疑、無法挑戰的神聖地位。也許很多的科學從業人以為這是一般人科學素養不足所造成的偏差，可是如果我們翻開中小學的教科書，不難發現書中闡述著一件件的事實：牛頓定律、光的折射、遺傳法則、演化論……每一個理論都是科學史上的重大突破，視為不變的法則。可是，科學其實也是追求真理的過程，隨著技術的發展，新事證的發現，我們可以推翻、修正既有的理論。「書本上的知識並不是不變的真理」這個道理說起來輕鬆，但是在科學的進展過程中，已知的理論束縛了我們思考模式的例子比比皆是，難道頂尖的科學家們也無法跳脫既有的框架嗎？《這個觀念該淘汰了》一書就是集結許多不同領域的專家們提出「阻礙科學發展的理論」。

　　英文有句話說：Out with the old, in with the new. 翻譯成中文就是「舊的不去、新的不來」的意思。人是念舊（節省？）的動物，東西不到不堪使用，總是捨不得丟，看看家裡儲藏室裡的東西或是等到要搬家的時候，你就會知道我所言不假。科學家們也是人，自然也不例外。有些舊的觀念、想法是該要適時地調整了。家裡舊的物品，還沒有丟棄是因為不知道哪一天還會再用到。保留舊的，可以省下新的購置成本。在科學研究上有些舊

的觀念不但沒有這種日後可能會有的用處，還有可能因此阻礙新思維的產生。21 世紀的問題，並不在於舊觀念是否會被淘汰，而是多快它就需要被更新。

　　《這個觀念該淘汰了》是一本給大人讀的「你一定要知道的理論」，透過一篇篇的短文，作者群以各自的觀點提出為什麼既有的理論應該被屏棄。第一次閱讀這本書的讀者可能或覺得每篇文章各自獨立、缺乏橫向的連結，不太容易被「牽著鼻子走」。但是如果以主題的方式閱讀，嘗試以不同觀點審視我們既有的認知，埋在大腦深層的「每事問」神經群會不知不覺的開始啟動，激起一連串疑問的漣漪。如果你在閱讀的過程中疑問愈來愈多，那麼本書的目的就已經達到——成功地引導你開始質疑書本上頭頭是道的科學知識。

　　綜觀《這個觀念該淘汰了》一書，我們不難發現學者們關心的議題多有重複，他們從不同的角度對相似的議題提出質疑，例如：基因、環境、天生、後天這些名詞出現許多次，先天與後天這類議題至今也糾結了一世紀之久，從智商、性向、到癌症，基因與環境孰重孰輕常常爭論不休，如果想要釐清這個問題，首先就必須對智商這個複雜的表現型（phenotype）剖析為簡單的單位（units），但是這一步就相當具有挑戰性。即使假設我們可以將複雜性狀簡單化，也還需要經過仔細地研究求證性狀的遺傳性（heritability），以及同卵雙胞胎（基因型相同）在不同環境下成長是否有一致的表現型，如果環境與基因都有貢獻，就該再進一步釐清環境與基因的交互作用，但是交互作用又是一個大難題。智商是如此，癌症更是如此。

　　雖然說阻礙科學發展的理論必定要屏棄，但是困難的是對既有的理論提出質疑、接受新的研究觀點與結果。科學的訓練中學習既有的理論是一個必經的歷程，新理論的建立常常引領該學科研究的指數型成長，1950 年代證實 DNA 是遺傳物質，帶出了 1960 年代一連串細菌遺傳學的研究，並

為在 1970 年代萌芽的分子生物學奠定了基礎。但是科學的突破常常需要顛覆之前的理論，愛因斯坦的相對論之於牛頓定律、達爾文的演化論之於本質論、孟德爾的遺傳法則之於混合遺傳法則（blending inheritance），每一次科學思想的革新都得來不易，新理論的建立也都伴隨著科學知識的大爆發。在這些例子裡，對已有知識體系與理論的質疑是最困難的一小步。21世紀是知識大爆發的時代，藉由網路通訊每個人每天都接觸大量的資訊，如何具備質疑與判斷的能力，應該是現代公民的必修學分，希望閱讀《這個觀念該淘汰了》可以是一個好的開始。

目錄

目錄

目錄

Contents

目錄

〈前言〉2014 年 Edge 主題

　　科學因發現新事物和發展新觀念而進步。而發展真正的新觀念通常需要先屏棄舊的觀念。誠如理論物理學家馬克斯・蒲朗克（Max Planck, 1858～1947）說：「要接受一個新的科學真理，並不用說服它的反對者，而是等到反對者們都相繼死去，新的一代從一開始便清楚地明白這一真理。」換句話說，科學因一連串的葬禮而進步。為什麼要等這麼久？

哪些科學觀念該淘汰了？

　　觀念會改變，我們身處的時間也會改變；或許當今最大的改變就是改變的速率。究竟應該捨棄哪些已成立的科學觀念，科學才能更進步？

傑弗瑞・維斯特

Geoffrey West｜理論物理學家、聖塔菲研究所特聘教授及前任校長。

萬有理論

萬物？等等，質疑萬有理論（Theory of Everything）的存在已經沒有任何意義。我絕對也不是唯一一個被萬有理論暗藏的誇飾困擾的人，但是我們面對現實吧，將某人的學術領域歸在「萬有理論」裡似乎有些自大又天真。雖然萬有理論存在的時間不長，可能也已經日趨沒落，萬有理論這個詞彙（而非所花費努力）應該要從正式科學文獻和討論中被移除。

讓我再詳加說明，不受限於特定的問題或學門，找尋有關萬物生成的共通性、規則、想法和觀念是振興科學、鼓舞科學家的重要動力。這也是我們人類（*Homo sapiens sapiens*）的一大特色。或許學名裡重複的亞種名「*sapiens*」是某種充滿詩意、代表某一種刻意理想化的認定。就像對諸神以及上帝的產生，萬有理論的概念暗示最宏偉的全景、所有靈感的啟發：也就是說，我們可以將宇宙萬物濃縮成一小套規則，比如說一套簡明的數學公式，並用這些公式理解宇宙萬物。比如上帝的概念，但這可能會產生誤解，並且對知識是危險的。

牛頓的定律是科學中經典的集大成理論，它指出天上和地下的定律是一樣的；馬克士威的電磁學將永恆電波帶進我們的生命裡；達爾文的天擇說提醒我們終究不過是生物；熱力學定律告訴我們一切都有結束的時候。每一個定律對我們都有深遠的影響，不僅改變了我們對世界的看法，也為科技發展打下基礎，進而帶來了我們很多人得以享受的生活水平。只是，

這些定律在不同層面上都是不完整的。了解這些定律適用的範圍、預測力的限制，以及持續尋找例外、不適用和失敗，的確激發更深層的問題和挑戰、刺激了科學的發展，也帶來了新的想法、技術和概念。

最艱難的科學挑戰之一，是尋找基本粒子的大一統理論和基本粒子間互動，包括延伸到了解宇宙，甚至時空的起源。這樣的理論是根據一套精簡的、可以數學分析的通用法則，整合並解釋所有自然的力量，從重力、電磁學到強弱核力，加上牛頓的定律、量子力學和廣義相對論。基本的量，比如光速、時空維度，還有基本粒子質量，都可以被預測，掌控宇宙起源和演化到星系形成或更多的方程式可以被推知。萬有理論就是這麼組成的，這真的是一個非凡並野心十足的探索，數以千計的科學家超過 50 年來都專注於此，並花費數十億美元。幾乎所有測量方式都使用過了，這個探索雖然離終極目標還很遠，但是已經十分成功，並促成發現夸克和希格斯玻色子、黑洞和大爆炸、量子色動力學和弦理論，以及許多贏得諾貝爾獎肯定的發現。

但是「萬物」可就不是了，生命在哪裡？動物和細胞、大腦和知覺、城市和公司、愛和恨在哪裡？現今地球上如此特別的多樣性和複雜性是如何開始的？最簡化的答案是，這些是因萬有理論裡成員間的動態和互動所產生的、不可避免的後果。時間自幾何和弦能量進變出來，宇宙的膨脹冷卻，從夸克到核子、原子、分子、細胞、腦以及情緒依序生出，這是一個解套的說法，原則上就「只」將日益複雜的方程式和假設的數據，轉換成可以提供足夠準確度的解決方案。就質量而言，這樣極端的簡化可能有些正確性，但是還缺乏了某些東西。

這些「東西」包括像資訊、出現、意外、歷史偶然、適應和選汰等概念，這些都是複雜適應系統裡的特徵，不管是生物體、社會、生態體系或是經濟體，他們都由很多獨立的成分或介質組成，均從其基本的要素中

獲得不可預測（但不會遺漏）的共同特徵，即便互動是可知的。萬有理論的根基是牛頓典範，複雜適應系統完整的動態和結構不能以少量方程式編寫，在多數的情況下，再多的方程式都不夠！再者，甚至在理論上，都無法預測任意準確度。

那麼或許不切實際的萬有理論最令人感到震驚的後果是，它意味著規模宏大的宇宙（它的起源和演化）雖然十分複雜，卻不難解釋，反而還出乎意料的簡單，因為宇宙可以用屈指可數的方程式表達，我們所能想到的就只有一個。這和我們在地球上的體驗恰恰相反，我們是宇宙中最多樣、複雜和最混亂現象的一部分，而理解這樣的現象需要更多、甚至是非數學可分析的概念。所以，在讚嘆尋找自然基本力量的大統一理論時，不要再認為其理論原則上可以解釋並預測**萬物**。我們同時應該探索複雜性的大統一論。成立一個量性、分析的、原則性的、可預測的架構以了解複雜適應系統，無疑是 21 世紀重大的挑戰。就像所有巨大綜合體一樣，這樣的理論不可避免地會不完整，但無論如何，它無疑將會啟發重要並可能十分創新的想法、概念和技術。

馬歇羅‧格列瑟

達特茅斯學院理論物理學家，著有：《知識之
島：科學的局限性和意義的追尋》（*The Island of
Knowledge: The Limits of Science and the Search for
Meaning*）。

Marcelo Gleiser

統一論

好啦，我說出口了！久負盛名的統一論（Unification）該被淘汰了。我說的不是科學家一直在尋找、竭盡所能以少量法則解釋大量自然現象的小規模統一。這樣的科學經濟是我們的主要基石：我們研究並簡化。數個世紀以來，科學家遵守此格言創造奇蹟。例如牛頓的萬有引力定律、熱力學定律、電磁學定律、相變的普遍行為定律……等等。

但當我們將統一的概念適用得太寬，而開始尋找**超統一論**（Über-unification）、也就是萬有理論時，問題就出現了。極端簡化論主張自然所有的力量都不過是一種單一力量展現出的不同形式。這樣的觀念必須被淘汰，我是以沉重的心情這麼說的，因為我早年的職業抱負和形成期都是建立在統一的衝動上。

統一論的概念和西方哲學的起源一樣久遠，第一位前蘇格拉底哲學家泰勒斯認為「萬物源於水」（All is water.），因此創造了以單一本原解釋萬物的學說，柏拉圖提出晦澀幾何形式，認為那是萬物的原型結構。數學便和美學畫上等號，美學和真理畫上等號。從那時候起，柏拉圖追隨者最高的志向就是以純數學角度解釋萬物：囊括萬物的宇宙藍圖、至高智慧的曠世鉅作。雖然有時候這些都被歸類為「上帝之心」（mind of God）這樣模糊的比喻，但顯而易見的，這肯定跟我們本身的智慧有關。我們用自己的想法解釋這個世界，沒理由不用我們本身的想法。

統一的衝動深植於數學家和理論物理學家的靈魂之中，不管是朗蘭茲綱領（Langlands program）還是超弦理論。但困難的地方是，純正的數學並非物理學。而數學的威力正來自於其超脫物理現實。數學家可以創造任何他想要知道的宇宙，恣意遊戲於此宇宙中，但物理學家不行，他的工作是要以我們的方式解釋自然。可是，統一遊戲從伽利略時期開始就是物理學不可分割的一部分，並帶來其應有的結果：大約的統一。

　　是的，就算是最神聖的統一也不過是大約而已。以電磁學理論為例，解釋電力和磁力的程式只有在毫無電荷或磁力（也就是在完全真空）的時候，才會完全對稱。或是看看有名的（完美的）、建立於電磁學和弱核力的「統一」的物理學標準模型。但是我們並沒有真正的整合，因為理論還是保有了兩種力。（用更專業術語解釋，就是兩個耦合常數和兩個規範群。）而真正的統一，比如像 40 年前所提出的電磁力、強力和弱力的大統一論假說，則仍尚未達成。

　　所以到底是怎麼一回事？為什麼這麼多人一直堅持想在自然中找尋那唯一的理論，而自然卻不斷地告訴我們理論不只一個？

　　第一，統一的科學衝動在背地裡有如宗教信仰。幾千年來，西方世界都沉浸於單一信仰，就算是多元信仰的文化，也總有一個領頭的神（宙斯、太陽神或是四面神）。再者，用單一創造性理論解釋自然中各種現象是很吸引人的：解讀「上帝之心」是特別的、是要回應更高的呼喚。相信數學真理現實的純正數學家是秘密團體裡的一群僧侶，只接納同門人。而就高能量物理學而言，所有的統一論仰賴精密、和幾何結構相關的數學：認為我們可以破解存在於數學真理永恆世界、視為自然終極的密碼。

　　最近的實驗數據並不支持此一信仰，沒有超對稱粒子、超空間或是任何黑體，這些統一物理學等待已久的徵兆。也許會有什麼出現，但我們必須去找尋。統一論在高能量物理學上的問題是，你總會超出研究範圍之

外。「大型強子對撞機（Large Hadron Collider）創造了 7 TeV 的龐大能量，卻什麼也沒發現？沒問題！誰說自然得用最簡單的統一論版本？也許所有的一切都發生於更高的能量，超過我們能力所及。」

這樣的觀點也沒有錯，你可以畢生都相信這樣的觀點，並且開心地過上一輩子。或是你可以總結我們能盡力做到的，是建構自然運作的大略模式，而我們找到的對稱性只是對現實的敘述。完美對自然來說，是太沉重的負擔。

很多人認為這是失敗主義者的論點，因為挫折而放棄（就像是「他失去了信心」）。這是大錯特錯，尋找簡單法則是科學家重要的工作，是我每天在做的事。在自然中，有很多重要的組織法則，我們找到的定律則是解說這些組織法則很棒的方法。但是定律有很多，並非只有一個。我們是成功理性、喜歡尋求合理模式的哺乳動物，這就很值得慶祝了。但是，別把我們的敘述和模型與現實搞混了，我們可能在內心將完美視為永恆的謬思，但是自然在此同時也自行運作。而我們能夠理解一點點關於自然的內部運作，也應該知足了。

A.C. Grayling

安東尼・克里夫多・歸林

哲學家、倫敦人文新學院創辦人兼管理人、牛津大學聖安妮學院編制外研究員，著有：《良好的論證：反對宗教、贊同人文主義的例子》（The Good Argument: The Case against Religion and for Humanism）。

簡單法則

　　當兩個假說都同樣受到充分數據支持，具有相同預測能力時，就需要額外的理論準則做為選擇的依據。這些準則不僅包括哪一個假說和其他假說最相稱，或是認定需要被質疑的理論，也包括競爭假說本身的美學特質：哪一個更取悅人心、更優雅、更漂亮？當然還有哪一個假說更簡單？

　　簡單法則（Simplicity）是科學上必須的法則，來自對簡化複雜現象構成要素的渴求。簡單法則假設自然界裡一定存在一股力量，而重力、弱電和強核子都只是此力量的一種形式。這樣的假設代表一般認為世界最終只有一種事物（或是東西、領域，甚至作夢都想不到的現象），雖有不同的形式，原則卻是基本且簡單的。

　　簡單法則雖然吸引人，比起其他想證實簡單法則的人，自然對簡單法則可沒那麼有興趣。如果法則的附加價值仍然被緊抓不放，就生物本質而言，就算從生物體結構和組成本考量複雜性，還是無法完全解釋它的本質；也就代表需要生物體的複雜性，就算考量結構和組成是必須的。

　　複雜法則有兩種測量方法：描述一種現象的訊息長度，以及此種現象演化歷史的長度。以某種角度而言，傑克遜・波洛克的畫以第一種方法測量是複雜的，以第二種方法測量則是簡單的。海邊的圓滑小石頭以第一種方法測量是簡單的，以第二種方法測量卻是複雜的。科學中的簡單法則可能被認為是靠縮短描述性訊息的長度，比如方程式裡的封裝。但是簡單的

程度和結果的逼近度會不會成反比？

　　如果最終每件事都很簡單，或是能被修改得簡單一點，那當然是再好不過了。但是，有些事情或許以本身的複雜性來解釋會更準確恰當，生物體系就是一個很好的例子。抗拒簡化論（reductionism）可能會阻退那些聲稱科學看不見珍珠、卻只注意牡蠣生病的愚蠢批評。

賽特・洛依德

Seth Lloyd | 麻省理工學院量子工程力學教授，著有：《宇宙編程》（*Programming the Universe*）。

宇宙

我知道，宇宙（the universe）已經存在 138 億年了，也很有可能會繼續存在 1000 億年。再說，宇宙能跑去哪裡呢？佛羅里達又裝不下。但是認為宇宙容納所有事物、是太空和時空唯一的容積，這個 2500 年的科學理念是應該退休了。21 世紀的宇宙學堅信大爆炸後，我們所看到的星星、星系和時空並沒有包含所有的實體。宇宙，買房子退休吧。

宇宙到底是什麼？測試一下你對宇宙的知識，請從下列選出最適合的選項完成句子。宇宙——

a. 由所有看得見及看不見的事物所組成（現在存在的、一直存在的、未來會存在的）。

b. 在 138 億年前的大爆炸後產生，包含所有星球、星星、星系、太空和時間。

c. 被一隻巨牛的舌頭從原始火坑沾滿鹽巴的邊緣舔出來。

d. 以上皆是

（正解在文章結尾。）

認為宇宙是可被觀測及測量的理念已經流傳數千年。那些觀測及測量十分成功，以致今日相較於地球生命起源，我們更了解宇宙起源。但是觀測宇宙學的成功卻讓我們知道，對宇宙的認定（前述答案 a 的定義和前述答案 b 的定義）是不可能的。建立宇宙歷史細節的觀測顯示，我們所觀察到

的宇宙，只是無限宇宙裡極小的一部分。自大爆炸以來有限的時間代表我們的觀測只伸展到離地球大約 100 億光年的地方。在我們的觀測之外，還有更多布滿星系的太空無限延展。不管宇宙存在多久，我們都只能觸及有限的部分，而宇宙無限的部分超出我們知識範圍，宇宙只有極小的一部分是可知的。

這真是一個打擊！**宇宙 = 觀測到的宇宙**這個科學概念被拋棄了。或許無關緊要，宇宙包含無限未知的太空有什麼不好？但是問題接踵而來，當宇宙學家更深入探討過去，他們發現更多線索，不論好壞，在我們所知範圍以外，不僅僅是無限太空而已。將時間推回大爆炸，宇宙學家發現了一個被稱為宇宙暴脹（inflation）的時期，宇宙在遠小於一秒的時間內，數次增為兩倍大。多數其他時空也會這樣快速增長。我們的宇宙雖然無限，但只是在暴脹之海裡正在醞釀的一個「泡泡」。

更糟的是，暴脹之海裡有無數個泡泡，每個泡泡裡都有自己的無限宇宙。在各個不同的泡泡裡，物理定律有不同的形式。在某一個泡泡宇宙裡，電子有不同的質量。在另一個泡泡宇宙裡，電子根本不存在。因為包含多個有宇宙，多泡泡宇宙常被稱為多重宇宙。多重宇宙雜亂的性質或許很不討喜（創造多重宇宙一詞的威廉・詹姆士〔William James〕稱其為「妓女」〔harlot〕），卻不容淘汰。就像是對統一的最後一擊，量子力學定律認為宇宙不斷地分裂出多種歷史，或是「多個世界」，而我們所經歷的世界只是其中一個。其他世界有著在我們的世界裡不曾發生的事件。

在 2000 年後，把宇宙認為可觀測的宇宙是過時的概念，在我們所不能及的範圍之外還存在著一系列無限星系。在這些星系以外，無限數量的泡泡宇宙在暴脹之海彈跳。雖然接近但無法靠近的量子力學裡的分支和傳播。麻省理工學院宇宙學家麥克斯・泰格馬克（Max Tegmark）稱這三種增長現象為第一類、第二類和第三類多重宇宙。這會在那裡終結呢？似乎一

個單一、可接近的宇宙要更崇高。

但仍有希望，多重性本身也代表著整體。我們現在知道宇宙包含的事物遠超過我們能看見、聽見或是觸碰的，與其認為現實世界的多重性是一個問題，不如把它當成一個機會。

假設所有能存在的事物都存在，多重宇宙並非瑕疵而是特徵。我們得十分小心，所有存在的事物都是形上學的領域，而非物理。我和泰格馬克發現只要使用些許限制，就可以從形上學領域再回到物理。假設物理多重宇宙包含所有局部有限事物，也就是說任何事物的有限部分可以用有限的資訊描述。這些局部有限事物在數學上都有明確的定義：所有事物的習性都可以透過電腦模擬來完成（更精確地說，以量子電腦）。因為事物為局部受限，我們觀測的宇宙和其他宇宙均被包含在這個計算宇宙中，就某種角度來說，就是一隻巨牛。

正確答案：C。

史考特‧阿特然

法國國家科學研究中心人類學家，著有：《與敵人對話：宗教、情誼，以及恐怖主義者的形成（消失）》（*Talking to the Enemy: Religion, Brotherhood, and the (Un)Making of Terrorists*）。

Scott Atran

智力商數（智商）

　　沒有理由相信，也很少理由不相信「智力商數」（IQ）的測量方式可以反映人類任何基本的認知能力，或是智力的「自然類型」。智商領域普遍性的測量方式並非基於任何近期發現的認知或發展心理學。其測量方式完全破壞領域特殊性的能力（特殊的心智容量）：比如對形狀和位置的幾何和空間推理、對質量和運動的力學推理、對生物類型的分類推斷、對他人信仰和願望的社會推理等等，這些認知能力可能是透過天擇的產生演化而來的特殊能力。

　　在動物或植物界裡從未出現過一般性的適應。對智商或心智能力整體的測量類似於對「身體」的整體測量，並不特別考慮多種特定身體器官和功能，比如心臟、肺、胃、循環、呼吸和消化等等。醫生或生物學家並沒有辦法只從對身體商數（體商，BQ）的單一測量中得到多少資訊。

　　智商是社會上所能接受的劃分和推理能力的一般性測量，智商測試起始於行為主義的全盛期，那時對認知架構還沒引起多大注意。評分系統被設計為平均分數為 100、標準差為 15 的常態分布。

　　在其他社會中，社會智能在某些一般測量的常態分布可能會看起來不太一樣，我們社會中某些「正常」成員的分數，很有可能和另一個社會中「正常」成員的測試分數落在標準差的範圍內。比如說，在被迫選擇任務時，東亞學生（中國人、韓國人、日本人）比較喜歡場地依賴（fielddependent）認知而非物體顯著（object-salient）認知、主題推理而非分類推理、範例為本（exemplar-based）劃分而非規則為本（rule-based）劃分。美國學生普遍和東亞學生的偏好相反。而就這些測量不同劃分和推理技能的測試而言，東亞學生在其偏好的測試分數平均較高，美國學生亦同。這樣不同的分布結果除了顯示基本社會與文化的不同，並沒有其他特別的發現。

　　哪一方面的智商是會遺傳的激烈爭論，已經持續好長一段時間了。最令人注目的研究為雙胞胎被分開扶養或領養。雙胞胎研究很少有大規模的取樣人口，再者，雙胞胎通常在出生後就被分開是因為父親或母親去世，或是因為父母沒有能力扶養兩個孩子，而把一個送給親戚、朋友或鄰居扶養。這就沒辦法排除社會環境或是雙胞胎因扶養方式不同而有了不同的觀念。領養研究最主要的問題是認為領養一定可以提高智商，卻不管任何孩童智商和其親生父母之間的關係。沒有人可以提出任何因果關係，解釋基因（不管是單一或是多個）如何或是為什麼會影響智商。我不認為是因為問題太難，反而是因為智商只是看似有理而非自然類型。

李奧・M. 查魯巴

Leo M. Chalupa

喬治華盛頓大學研究副校長。

腦可塑性

　　腦可塑性（Brain plasticity）是指神經元能夠依經驗改變其結構和功能的能力。沒什麼好驚訝的，因為身體的各個部分都會隨著年齡改變。腦可塑性特別的地方（但不僅限於腦）是，改變是透過某些適應的事件達成。腦可塑性領域主要來自於托斯坦・威澤爾（Torsten Wiesel）、大衛・休伯爾（David H. Hubel）的首創研究，他們發現在早期發育時，讓一隻眼睛因為無法和視覺皮層有任何功能連接而失去視覺，則另一隻視覺正常眼睛和視覺皮層的連接則會增長。

　　這些研究有力地證明初期腦部連接並非固定的，而是可以依早期經驗被修改的。因此，連接是可塑的。這項研究和在 1960 年代所做的相關研究，讓威澤爾和休伯爾獲得了 1981 年諾貝爾生理醫學獎。從那時起，數以千計的研究發現，神經元實際上可以在青少年、成年人或老年人腦部的每個地方改變，從分子到系統層面。因此，到了 20 世紀末，我們認為腦是不可改變的看法演變成似乎腦是可以被改變的。而現在，「可塑性」是在神經科學文獻最常用的詞之一。我確實也在自己的論文中用過這個詞，也在幾本我編輯的書裡用此詞當標題。你可能要問，所以哪裡出錯了？

　　第一，「腦可塑性」廣泛地被使用在各種神經元結構或功能的改變，這讓腦可塑性一詞變得毫無意義。如果任何一種發生在神經元的改變都可以被歸類成可性，那可塑性就包含得太多，以至於它已不再具備任何有用的

資訊。再者，很多研究認為腦可塑性是行為改變的基本原因，卻沒有任何直接證據證明神經元改變。最誇張的研究是，認為特定工作的進步是因練習所致，練習可以提升表現在我們開始研究腦之前就已經為人所知了。功能方面有所進步代表腦有顯著的可塑性，這句話真的有任何意義嗎？「顯著」一詞通常被用來代表老人練習的成果，好像在說年齡大到可以領社會安全福利金的人就算接受培訓也沒辦法進步。

　　腦部訓練產業因此類研究而誕生，很多訓練課程都注重在小孩的腦部訓練。前幾年最有名的就是「莫札特效應」，讓很多對古典音樂根本沒有興趣的家長，不斷地放莫札特給他們的寶寶聽。這種行動似乎已經緩和了，取而代之的是五花八門、聲稱可以提升不同年齡小孩腦力的遊戲。但是在腦可塑性產業成長最多的，是專精於腦老化的產業。這現象很容易理解，大多數人隨著年齡增長，都會有記憶喪失和認知能力衰退的現象。此產業可賺取的利潤很高，最近幾年公司數量不斷增加就是很好的證明。

　　讓孩童或老人從事能挑戰其認知能力的活動當然沒有什麼不好。事實上，可能真的還會受益。當然，做這些訓練總比每天看幾小時的電視好。表現中的某些或所有改變也代表了腦部基本的改變。既然腦控制行為，總沒有其他解釋吧？但我們並不知道，玩某一種電遊而有進步時，腦部到底發生什麼事，我們也不知道如何能讓這些改變持久，或是適用於不同認知環境下。稱這樣的成果為「頭腦訓練」或是「提升腦可塑性」通常只是為宣傳販售某產品。但這不代表我們應該要放棄所謂的腦部運動，這些運動不太可能會造成傷害，說不定還有好處。但是請節制使用腦可塑性、顯著或其他用詞，來解釋因頭腦運動所產生的進步。

霍華德・嘉納

哈佛教育研究所認知與教育學系教授，著有：《重新認識真、美、善》(*Truth, Beauty, and Goodness Reframed*)。

Howard Gardner

改變大腦

　　當我和學生或一般民眾談論任何數位創新時，我的聽眾大概會有以下的反應：「智慧型手機會改變大腦嗎？」或是「我們不應該讓嬰兒玩電子產品，因為可能會影響他們的大腦。」我試著解釋**我們的所作所為**都會影響神經系統，所以這些論點不是沒有意義，就是必須得更開放。

　　以下是一個例子：「使用智慧型手機會嚴重影響神經系統，甚至造成永久的影響？」或是另一個例子：「你是指『影響心智』還是『影響大腦』？」

　　如果問問題的人看起來一臉困惑的樣子，我就知道他／她需要再上一次哲學、心理學和神經科學的課。

維多莉亞・懷特

Victoria Wyatt | 維多利亞大學北美原住民藝術系副教授。

「頂尖科學家」[2]

該是時候讓「頂尖科學家」這句老掉牙的名句退休了：「不需要一個頂尖科學家來……。」

「頂尖科學家」是個人不是法則，而且還是個虛構人物。他或她是個流行用語，但並不是科學家創造的。只是，這老掉牙的詞一直誤導大眾對科學規則過時的觀念，這很嚴重，「頂尖科學家」需要一個公開正式的退休派對。

我先聲明，我對退休盛會的夢想可能帶有些許同行相忌的意味。以前我從沒聽任何人說過：「不需要一個人種史學家來……。」未來也不會有。所以這詞的確沒把人文學科放在眼裡，但這不是我的重點。我的重點是「頂尖科學家」一詞雖然廣受人知，卻非常危險地忽視了科學。我們不能允許這樣的事發生。

「頂尖科學家」處於社會之外、孤芳自賞。廣被接受並常被重複，這個老掉牙的詞反映了大眾認為將科學與個人經驗分離更為療癒。這個老掉牙的詞在科學家和其他人之間建了一道（才智）界線。這帶來了賣座的電影和電視節目，但是卻很陰險。人工建築的界線產生隔離作用。這些界線注重差異和不同。相反地，對關係和過程的探索提供快速的科學發展：系統

2.Rocket scientist 本意為火箭科學家，但也可指學問高深的人。在此將Rocket scientist 譯為頂尖科學家，以呼應原文作者的雙關。

生物學、表觀遺傳學、神經學和腦部研究、天文學、醫學、量子物理學。複雜關係同時也塑造了我們面臨的迫切挑戰：全球流行病、氣候變遷、物種滅絕、有限資源，這些都息息相關。

　　解決這些問題需要理解多樣性、複雜性、相關性和過程。這也是理解當代科學所需要的。只有在政策決策者能夠清楚地了解科學時，也就是當政策決策者清楚明白多樣性、複雜性、相關性和過程對了解科學是非常重要的，而非障礙，我們才可以解決迫切的全球議題。

　　但現今建構出的界線不僅僅充斥於老掉牙的用語，也瀰漫於學院和政策機構。例子隨處可見，大學將研究學者和學生依不同領域部門劃分，每個部門的預算項目單獨列清，研究學者和學生競爭稀少的資源（「跨領域」聽起來雖然時髦，但我們學院現今根據的模式根本不支持多領域），國家以自治個體談判這樣的形式完全無法處理氣候變遷的議題。在我的省政府官僚主義下將監督海洋和森林的部門分開，好像認為生態系統可以被潮汐線一分為二。

　　時間也受到影響。過去與現在分離，現在則和未來分離，好像我們的社會只注重短期的財政和政治期限。片段的時間帶來挑戰，也讓這些挑戰更危急。

　　我們的社會大半依然以簡化、劃分和界線模式操作，但是我們需要的是多樣化、複雜性、相關性和過程的模式。我們的社會結構和現代科學傳遞的訊息是完全衝突的。當政策決策者忽略科學原則時，該如何解決重要的全球議題？

　　真實世界就像影片一樣。每個鏡頭之間的關係使故事完整連貫。相反地，「頂尖科學家」是虛構的，卻深植人心、高高在上，跟社會完全脫節，並不是社會的一部分。是的，這不過是一個老掉牙的詞，但是語言很重要，笑話也有教育意義。是時候讓「頂尖科學家」消失了。

在文章結束前，我要再發表一項聲明：我沒有要冒犯頂尖科學家的意思（我有幾個摯友就是頂尖科學家）。真正頂尖的科學家是存在的，他們住在有著相互關聯、相關性和複雜性的真實世界裡，「頂尖科學家」一詞代表的意義卻恰恰相反，讓它消失對我們大家都好。

奈吉爾・高登費爾德

Nigel Goldenfeld | 高等研究中心物理學系教授、伊利諾大學香檳校區
普遍生物學研究所所長。

個體（不可分-雙重性，indivi-duality）

在物理界，我們依慣例在字尾加**子**（on）代表某個東西的量化單位。比如說，在經典物理學中有電磁波，但這個理論的量子版本，根據愛因斯坦一九〇五年獲諾貝爾獎的理論，我們知道在特定環境下，認為電磁輻射能量是可以光子來表示，要更為準確。這種波／粒子的雙重性是現代物理學的支柱，不僅僅是光子，其他曾被稱為基本粒子也是，比如質**子**、中**子**、π 介**子**、介**子**，當然還有希格斯玻色**子**。（微中子呢？這就有得講了⋯⋯。）

那你呢？你是一個男**子**／女**子**[3]，你也是某種東西的量子嗎？很明顯地，人類不可能只存在一部分，要量子化人類也沒什麼意義。但是基本粒子或單位在概念上來說是有用的，因為他們可以被當作單獨個體對待，沒有相互作用，就像在理想氣體中的點粒子。你一定不符合這個敘述，因為毫無疑問地，你社交、上網、培養文化素養。你和其他人類頻繁的互動，代表你的個體因為你是社會的一部分、以及你只能在這樣的環境下正常運作，而複雜化了。我們可以更進一步地說，你是一個特殊空間分布場的量子，描述人類空間每一個點的密度，而不是電磁場強度。用這樣的論述來解釋生態系在時空的行為實際上是很有力的，特別是解釋絕種，對絕種而

3.為了對應原文的「on」，這裡把person翻成男子／女子，這要和其他粒子的名稱才會都是相同結尾。英文都是「on」，中文都是「子」。

言，不連貫的改變是很重要的。在這裡帶出**不可分－雙重性**（*indivi-duality*）此矛盾地怪異的詞似乎很恰當，對應波／粒子的雙重性。

「個體」（individuality）有很多隱含的意義。它可以表示單獨或是單一，但是其詞源來自於「不可分的」（indivisible）。很顯然地，我們不是不可分的，我們是由細胞所組成的，細胞則是由細胞質、核酸、蛋白質等所組成，細胞質、核酸、蛋白質則是由原子所組成，原子則由中子、質子、電子所組成，一直往下至我們相信是弦理論產物的基本粒子，基本粒子也不是物質最小組成粒子。也就是說，這根本是無限繼續下去，物質沒有不可分割的單位、「基本粒子」沒有意義、沒有終點。所有東西都是從某個東西被製造出來的，無限下去。

但是，這不代表所有東西僅僅是其各個部分的總和。以質子為例，質子是由 3 個夸克組成的，並有一種稱為自旋（spin）的內稟角動量（intrinsic angular momentum），原本被認為是夸克的總和。但是過去 20 到 30 年間的研究卻發現事實並不是如此，自旋來自於夸克和名為膠子（gluons）的短暫波動粒子所產生的相互作用。在共同行為如此強烈時，夸克為一個體的概念就沒有用處。質子是用某種東西組成的，但是組成的性質並不等於各組成部分性質的總和。當我們試著尋找那某種東西時，會發現根本沒有這個東西，就如很多人也這麼描述洛杉磯。

你大概也知道天真的簡化論通常太過簡單。但是還有一點要注意。你知道自己是合成物，但是從某些角度上來說，你根本不是人類。你的身體裡大概有一百兆的細菌細胞，比你的人類細胞要多十倍，所含的基因比人類細胞多一百倍，這些細菌可不是在你身體裡無所事事，它們自我組織，在你的嘴巴裡、腸子裡還有其他群系，這些群系，也就是微生物群系，是由不同細菌間多樣的競爭和合作而維持的，所以我們得以存活。

過去幾年來，基因體學提供我們探索微生物群系的工具，以 DNA 序

列辨別微生物。從這些研究所衍生的故事還沒結束，但是已經可以提供引人注目的解釋。多虧了微生物，讓小寶寶更容易消化母奶，而你可以消化碳水化合物，很大一部分是仰賴只有微生物基因可以製造的酶。假如你服用抗生素，你的微生物群系可能被破壞，在一些極端的例子裡，微生物群系會被單種菌（monocultures）（例如危險的困難梭狀芽孢桿菌〔*Clostridium difficile*〕）入侵，而造成死亡。最重要的發現或許是腦腸軸：你的腸胃微生物可以製造能穿越腦血管障壁的小分子，影響腦的狀態。雖然準確的機制目前還未知，愈來愈多證據顯示微生物可能是影響心智狀態的重要因素，比如憂鬱症和自閉症。總而言之，你大概就是所有組成元素相互作用而產生的集合體。

所以你可能在某種意義上來說，並不是一個個體，那你的微生物呢？其實你的微生物也是一個強烈相互作用的系統：它們在你的生體裡組成密集的群落，不只交換新陳代謝所需的化學物質，他們也釋放分子傳遞訊息。彼此間還可以傳送基因，有時候是回應一個滿懷希望的接收者所釋放的訊息，也就是細菌的求救訊息！孤立的單一微生物並不會做這些事情，所以這些複雜的行為是集體而非單一微生物的性質。就算是相同物種的微生物，其基因體裡可能有 60％基因的差異。還要談「物種」的本能嗎？這是另一個太擬人的科學觀念，對大多數生命都不適用。

目前為止，我敘述了空間的連結，但是還有時間的連結，如果組成宇宙的東西是和空間緊緊相連，認為其是各個部分的總和並不適用，那麼將一個事件歸因於某一特定的要素可能也沒有什麼意義。就像你不能將質子自旋歸因於任何一個質子的組成部分，你也不能將某一事件歸因於單一原因。複雜系統並沒有有用的個體觀念，或是適當的因果關係。

尼古拉斯‧亨弗瑞

Nicholas Humphrey

劍橋大學達爾文學院心理學家，著有：《靈魂之塵：意識的魔術》（*Soul Dust: The Magic of Consciousness*）。

動物腦子愈大愈聰明

　　動物腦子愈大愈聰明，你大概會覺得理所當然，看看人類的演化史，人類腦子比猩猩大，也比猩猩聰明，猩猩腦子比猴子大，比猴子聰明。或者，以 20 世紀的歷史作比喻，機器愈大，數值運算能力愈強。在 1970 年代，我們計算機系一部新電腦占滿了整個房間。

　　從 19 世紀的骨像學到 21 世紀的腦部掃描科學，普遍都認為腦的大小決定認知能力。你會發現特別是在現代教科書中，此理念不斷被重複，靈長類腦的大小和其社會智能有因果關係。我承認我必須負擔一點責任，因為我在 1970 年代支持這樣的想法。但是至今已經好幾年了，直覺告訴我這想法可能是錯的。

　　有太多奇怪的事實都不支持這個說法。首先，我們知道現代人出生時，就算腦只有成年時容量的三分之二，和成年人相較並沒有任何認知障礙。我們知道通常在人腦發育過程中，在認知表現提升時，腦實際上是會縮小的（最值得注意的例子是「社會腦」在青春期的改變，皮質灰質的體積在 10 到 20 歲之間減少了 15%）。最令人驚訝的是，我們知道其他動物，比如蜜蜂或鸚鵡，雖然腦大小只有人腦的百萬分之一（蜜蜂）或是千分之一（鸚鵡），卻也能模仿人類很多的舉動。

　　當然，重點是程式：影響認知表現的不是腦的硬體，而是裝在硬體上的軟體。智慧軟體並不需要更大的硬體基座（事實上，從皮質在青春期減

少的現象看來，更小、更精簡的硬體說不定會更好）。表現高超效能的程式可能需要很多設計，不論是透過天擇還是學習。但是只要程式已經寫好了，新版本對硬體的要求可能會比舊版本來得少。舉一個社會智能的特別例子，我覺得解決「心智理論」問題的演算法很有可能被寫在明信片上，並且可在 iPhone 上操作。不管怎樣，認為人腦必須到兩倍大，才有辦法「次級心智解讀」，這個被大肆吹捧的論點沒有什麼意義。

那人腦大小為什麼會倍增呢？為什麼它需要比你想得大才可以鞏固我們的智能？毫無疑問地，建構和維持大腦子代價很高。所以如果要放棄這「明顯的理論」，我們要用什麼來取代它？我提出的解答是，大腦子的好處是有更大的認知儲備空間。運作零件若是損壞或耗盡，大腦子有多餘的容量可以使用。從成人開始，人類和很多哺乳類動物一樣，開始因意外、出血和退化而失去為數可觀的腦組織。但是因為人類可以利用儲備空間，這些失去的腦組織就不會造成影響。這代表人類隨著年齡較大還可以保持思維能力，而小腦子的祖先則早早就已經失去能力了。（事實是，出生時腦子不幸就特別小的人，也較可能在 40 多歲時得到老年性癡呆。）

當然，很多人因為其他原因而過世，留下尚未使用的腦力。但是如果我們的腦子只有現在的一半大，很多人可能沒有辦法活得這麼久。那麼，長壽對演化有什麼好處呢，特別是那些典型的、生育過後且長命百歲的人類？答案當然是人類（因為沒有其他物種做得到）可以從心智健康的祖父母和曾祖父母受益，祖父母和曾祖父母的照護和教導一直都是人類文化成功的關鍵。

李 · 施莫林

Lee Smolin

加拿大安大略省圓周理論物理研究所物理學家，著有：《時間再生》（*Time Reborn*）。

大爆炸是時間的起點

在我的基礎物理和宇宙學領域裡，最值得退休的理論是大爆炸為時間的起點。

按照一般的說法，大爆炸有兩個意義：第一，大爆炸宇宙學假設我們的宇宙是由一個密度和溫度比星星中心還要高的原始狀態而生（其實是比任何存在的東西都高），而且已經膨脹了 138 億年。我對這個意義沒有異議，這是已經成立的科學事實，細節詳盡地敘述宇宙從一個單一高密度的熱漿膨脹至一個多采多姿的複雜世界，也就是我們的家。通過無數觀察測試的詳細理論，解釋所有我們所見的結構來源，包括元素、星系、星星、星球和生命的分子結構。但和任何上乘的科學理論一樣，此理論還有很多問題需要解決，比如暗物質和暗能量的準確特質，暗物質和暗能量在理論裡扮演重要角色。或是另一個十分有趣的問題：到底有沒有早期的指數膨脹。但是這不代表基本思維是錯的。

讓我擔心的是大爆炸的第二個意義，其假設我們宇宙的起源是時間的起點，宇宙從無限密度和溫度的狀態誕生。根據這個觀念，沒有任何一個東西存在超過 138 億年，根本不用去想之前有什麼，因為在此之前時間根本不存在。

大爆炸第二個意義的主要問題是，它並不是一個很成功的科學假設，因為它沒有回答有關宇宙的重要問題。宇宙必須得經過一種非常特別的狀

態，才能演變至今日的宇宙。認為大爆炸是時間的起點過於普通且毫無限制，因為宇宙開始的狀態有無限種可能。史蒂芬・霍金（Steven Hawking）和羅傑・潘若斯（Roger Penrose）而後證明了一項定理，認為任何以廣義相對論解釋的膨脹宇宙都有時間的起點。和這些觀念相比，我們早期的宇宙是非常單一且對稱的。為什麼？假如大爆炸是時間的起點，那就根本沒有科學答案，因為根本沒有「之前」作為根據以提供解釋。神學家在此時終於抓到機會，他們在科學之門前面等了好久，就為了要提供神學的解釋：上帝創造宇宙並決定宇宙的樣子。

相同地，如果大爆炸是時間的起點，那也沒有科學答案可以解釋自然定律是如何形成的。於是像人本多宇宙的解釋就出現了，但是這不科學，因為這需要動用到我們無法觀察的其他宇宙，也沒有預測可以被驗證為正確或錯誤。

這有可能用科學來解釋：如果大爆炸其實並非時間的起點，而是從一個更早期時代過渡到下個階段的狀態，如果是這樣，這個早期的時代就可以用科學方法來分析了。

如果在大爆炸前時間就已經存在，那霍金—潘若斯定理就不成立。但是有個很簡單的理由就可以證明其錯誤：廣義相對論做為自然敘述是不完整的，因為它沒有包括量子現象。對基礎物理學而言，想要把量子物理學和廣義相對論互相結合一直是個大挑戰，而在過去 30 年已有很大的進展。儘管對問題還沒有絕對的解決方案，從量子宇宙學模型方式的有力證據得知，時間在廣義相對論裡強迫時間停頓的獨特論點已被排除，讓被認為是時間起點的「大爆炸」變成「大彈跳」，能讓時間在大爆炸之前存在，一直到更早期。量子宇宙的完整模型顯示前一個世代是以瓦解做收，密度變得很高，但在宇宙變得無限密集之前，量子過程加入，將崩塌變為膨脹，形成可能是我們的膨脹宇宙的時代。

關於大爆炸之前的世代所發生事和其如何轉變成我們的膨脹宇宙，學說目前有幾種不同說法。其中兩種假設量子彈跳，分別被稱為「迴圈量子宇宙學」和「幾何起源」（geometrogenesis）。另外兩種分別來自潘若斯以及保羅・斯泰恩哈特（Paul Steinhardt）和尼爾・圖洛克（Neil Turok），描述循環的情節，宇宙死亡而產生新宇宙。第五種說法認為新宇宙因量子影響彈跳獨特的黑洞而產生。這些情節解釋支配我們宇宙的自然定律是如何被挑選的，也可以解釋我們宇宙的最初狀態是如何從之前的宇宙演變而來。重要的是，每個假說都預測真實且做得到的觀察，這些假說和其他假說是可以區辨，而且被否證。

在 20 世紀，關於膨脹宇宙的最初三分鐘（史蒂文・溫伯格〔Steven Weinberg〕的用語）我們學到了很多。在這個世紀裡，我們可以期待前一個時代最後三分鐘的科學證據，並學習我們的宇宙是如何從大爆炸前的物理中誕生。

阿蘭・古斯

宇宙學家。麻省理工學院物理學系維克托・魏斯科普夫（Victor F. Weisskopf）講座教授、米爾納基金會（Milner Foundation）基礎物理學獎得主，著有：《膨脹的宇宙》（*The Inflationary Universe*）。

Alan Guth

宇宙始於非常低的熵狀態

此問題的根源至少得追溯至 1865 年，當魯道夫・克勞修斯（Rudolf Clausius）首創「熵」（entropy）一詞，並提出宇宙的熵趨向最大值。此觀念就是當今的熱力學第二定律，最常見的說法是：封閉系統的熵總是增加或維持固定，但是不會減少。封閉系統往最大熵狀態演化，也就是熱力學的平衡狀態。熵在此篇文章中非常重要，可以粗略地定義為：熵是物理系統的混亂程度。在量子敘述中，熵對應於這個溫度、體積和密度的量子狀態總數。

最經典的例子是密封盒中的氣體，如果一開始氣體分子是在盒子的角落，我們可以想像得到接下來會發生什麼事，氣體分子會布滿整個盒子，熵增至最大值。但是反向操作並不會成立：如果氣體分子先布滿整個盒子，我們絕對不會看到分子自然地聚集在一個角落。

這個行為看似自然，卻和我們理解的基本物理定律相衝突。氣體在過去和未來是完全不同的，氣體在未來一直往較高熵狀態演化。這種單一方向的質量行為被稱為「時間之軸」。但是，解釋分子碰撞的微觀定律是時間對稱的，過去和未來並沒有不同。

任何關於碰撞的電影就算倒著演，還是可以演出合理的碰撞。（粒子物理學家發現在幾個罕見的事件中，電影只有在碰撞同時也反射於鏡子中、而且每一個粒子都被重新標示為相應的反粒子時，才能保證會是合理的。

但是這些複雜因素並不會改變主要問題。）所以，有個非常重要、百年之久的老問題：理解時間之軸如何可能從演化的時間對稱定律中產生。

時間之軸的迷思驅使物理學家從我們觀察到的物理定律中尋找可能的原因，卻徒勞無功。這些定律並沒有區分過去和未來。但是，物理學家已經了解低熵狀態總是會演化至一個較高的熵狀態，因為總是會有更多更高的熵狀態。因此，今天的熵比昨天的高，因為昨天的宇宙是在一個較低的熵狀態，昨天的宇宙是在一個較低的熵狀態則是因為前天的宇宙是在一個比昨天更低的熵狀態。傳統思想根據這樣的模式一路回到宇宙的起源，認為時間之軸是未被完全理解的宇宙最初條件性質，宇宙最初條件創造一個熵異常低的宇宙。如同布萊恩・格林（Brian Greene）在《宇宙的結構》（*The Fabric of the Cosmos*）一書所述：

秩序和低熵的最終來源一定是大爆炸……。蛋會四濺，可是四濺後無法回復，是因為其往更高熵狀態前進，更高熵狀態由宇宙開始時的超低熵狀態所衍生。

根據西恩・凱羅（Sean Carroll）和珍妮佛・陳（Jennifer Chen）在 2004 年提案的詳盡闡述，可能有一個新的解決方案可以解決時間之軸這個老問題。由西恩・凱羅、曾建堯和我所做的研究仍在推測階段，也尚未被科學界審查。但提供現在普遍概念的另類思考方式，似乎十分可行。

現在一般認為宇宙最初的條件一定製造了特別低的熵狀態，因為需要低熵狀態解釋時間之軸，（最終狀態並不需要這個假設，因此時間之軸是以時間非對稱條件被引進的。）相反的，我們認為不需要假設任何特別最初狀態，就可以解釋時間之軸，因此，我們不用假設宇宙開始於一個特別低的熵狀態。這個觀念最吸引人的特點是，根本不需要有**任何**違反已知物理

定律中時間對稱觀念的假設。

　　基本觀念很簡單：我們不知道宇宙的最大熵狀態是有限還是無限，那就假設是無限的。那不管宇宙開始時的熵狀態為何，都一定會比最大值低。這就足夠解釋為什麼熵會不斷增加！「氣體分子在盒子裡」的比喻被只有「氣體分子沒有盒子」的比喻取代，以物理學家所稱的玩具模式來說，也就是不使用真實例子解釋基本原則，我們可以想像用一隨機、時間對稱的方法選擇氣體的最初狀態，氣體是由有限數量的無交互作用粒子所組成的。很重要的是，任何定義良好的狀態都有有限的熵，任何粒子和我們座標系統來源之間的最大距離也有限。如果這樣的系統被沿用至未來，粒子在有限時間內可能會往內或往外移動，但最終往內移動的粒子將會超過中央區，並開始往外移動，所有的粒子最後都會往外移動，氣體則會繼續無限地延伸至無限空間。一個時間之軸（熵隨著時間穩定成長）就產生了，並不需要帶進任何「時間不對稱」的假設。

　　這概念一個有趣的性質是，宇宙不需要有開始，但它可以從我們已開始的時間點往兩軸繼續。既然演化定律和最初狀態都是時間對稱的，那在統計學角度上而言，過去從統計學上的角度看來和未來相等，在古老過去的觀察者以和我們相反的方向看時間之軸，其經驗卻是一樣的。

布魯斯・帕克

Bruce Parker | *海洋學家、史蒂文斯科技學院海事系統中心訪問教授，著有：《海洋的力量》(The Power of Sea)。*

熵

　　有人膽敢建議讓熵這個觀念「退休」嗎？我不相信我們在新的觀念被發展前就拋棄舊的觀念。只有當新的、更好的觀念被提出時，舊觀念才會消失或是被修改，它們不會平白無故地消失。所以我們不應該就這樣讓熵退休，但是或許我們應該別把它看得那麼重要，並且了解熵帶來的悖論。

　　熵測量一個系統的失序程度。在物理學界地位崇高，它是定律之一，而不僅僅是一個理論。熱力學第二定律認為在任何封閉的系統，熵都會隨著時間增加。除非設法阻止，否則封閉系統最終會到達最大值的熵和熱力平衡狀態。馬克斯・蒲朗克相信熵（和能量）是物理系統中最重要的性質。亞瑟・愛丁頓爵士（Arthurr Eddington）1927 年在《物理世界的性質》(*The Nature of the Physical World*) 中寫道：「認為熵總是增加的熱力學第二定律在自然定律中有著至上的地位。」但是當我還是學物理的年輕大學生時，我得承認我從不明白他們為什麼這麼興奮（我還不是唯一一個不覺得怎麼樣的學生）。第二定律和第一定律比起來似乎不怎麼重要，熱力學第一定律為能量守恆：能量可以被轉變成不同形式，但是能量永遠守恆。第一定律有個漂亮的偏微分方程（就像所有物理守恆方程式一樣），提供的解決辦法精確地描述和預測世界，並真正地改變我們的生命。第二定律並不是一個守恆方程式，也沒有漂亮的偏微分方程。它甚至不是一個等式。熵和第二定律在科學或工程學上有任何重大影響或改變世界了嗎？

第二定律是統計定律，在觀察分子或量子時，概括所有的初始結論。作為學生，我們很容易了解這個經典例子：在密閉盒子一邊的熱（快速移動）分子如何和在另一邊的冷（緩慢移動）分子混合，以及為什麼它們混合之後就不能被分開，並且都在同一個溫度。我們了解為什麼狀態是不可逆的。我們也了解「時間之軸」的概念。當然，第一定律的數學運算（還有其他物理守恆方程式）在時間的兩軸都適用，但有最初條件和界限條件，所以我們知道往哪一個方向移動。看似我們不需要另一個定律。實際上，第二定律（現被適用於所有情況）似乎是一個假設，而非定律。特別是當它應用於整個所知不多的宇宙時。

就宇宙而言（任何宇宙代表的定義，也有可能比我們現在看得到、觀察得到的宇宙範圍更大），第一定律告訴我們所有的能量均守恆，雖然可能被轉變為其他形式。但是第二定律卻說在未來的某一個時間點，能量轉移就不會再發生。宇宙會達到最大值的熵狀態和熱力平衡。第二定律本質上認為宇宙一定有開始和結束，但這很難被接受，宇宙一定是永恆的，因為如果宇宙有開始的話，那在宇宙開始之前有什麼？事物不可能從無所生（我說的「無」指的是沒有任何東西，也可能是我們不知道的東西）。

當然，當今的大爆炸理論假設一個開端（或是類似的東西），我們目前的宇宙很顯然地從奇點膨脹，但是我們不知道在那之前有什麼，宇宙的振盪模型因為宇宙是永恆的而被提出。根據這樣的模型，假如宇宙終點時熵非常高，而在宇宙起點時熵非常低，那需要什麼樣的過程才能將熵重新設置到低的狀態？若和振盪宇宙相關，那熵或許也可能是守恆的？是否有種能量守恆是不需要作用的（就我們的標準認知而言）？宇宙是否實際上是唯一僅有的永動機（第二定律禁止的裝置）？如果存在是永恆的，那就對了。

熵的觀念一直讓人不解或用錯地方。我們談論宇宙從有序到失序，但

是此假定的秩序不過是宇宙所有物質被壓縮至極小容量，一個奇點，當它膨脹時，秩序就減少，因為粒子散佈更廣。但是秩序一直都存在著。

我們膨脹且演化的宇宙帶來最好的結果是，宇宙不斷增加的複雜性：首先從重力壓縮物質，再來是超新星創造高數字元素，此後是化學演化，而後是天擇驅使的生物演化，成為可以自我延續的生命，最後是我們極致複雜的腦。

複雜性和低熵是同義詞。膨脹宇宙有著無數極低熵的小（和宇宙相比）區域，被較高熵（很多是從低熵區域的產生而來的）的廣大區域包圍。在平衡宇宙的熵時，更高層的複雜性（也就是較低的熵）是否被納入考量？當前很多宇宙學的科學報告試著以公式計算宇宙所有熵的總和，這些公式可能都太過簡化，沒有考慮到我們奇異宇宙中那些未知的物理學。

我們不能讓熵退休，但是否應該重新思考熵？

安德烈・林德

史丹佛大學理論物理學家，首創永恆混沌膨脹（eternal chaotic onflation），米爾納基金會 2012 年基礎物理學獎得主。

Andrei Linde

宇宙一致性和獨特性

20 世紀大部分的時間，科學思想都以宇宙一致性和物理定律獨特性主導。的確，宇宙學觀測指出宇宙在最大規模時，幾乎是完全一致的，精準度比萬分之一還高。

這情況和物理定律的獨特性相似。比如說，我們已經知道在宇宙可觀測部分中，電子質量均同，所以明顯的假設就是電子到哪都攜帶相同能量，是自然常數。長久以來，物理學最重要的目標之一，是要尋找一個能夠結合所有基本相互作用、並能夠清楚解釋所有已知粒子物理參數的單一理論（一個萬物論）。

30 多年前，有一個宇宙一致性的解釋出現，主要觀念是我們的世界因為空間加速膨脹的宇宙暴脹而產生，當空間所有的「皺紋」和不一致性被拉平並消失，宇宙變得極度平滑。若加上一些量子隨機起伏，一致性就有一點不完美，星系就出現了。

剛開始，膨脹理論看起來像栩栩如生想像的奇特產物，但是多虧了數千科學家費盡心血的研究，膨脹理論的各種預測已經被宇宙背景探測衛星（COBE）、威爾金森微波各向異性探測器（WMAP）和蒲朗克衛星（the Planck）的觀測確認，最近剛被第二代宇宙泛星系偏振背景成像（BICEP2）確認。如果像我一樣，認為此理論是正確的，我們終於可以用科學解釋為什麼世界如此一致。

但是膨脹並沒有預測此一致性必須超越可觀測的宇宙之外。來做個比喻：假設宇宙是一顆大足球的表面，有著黑色和白色的六邊形，如果我們將球充氣，每個黑色和白色的部分就會變得非常大。假如膨脹力量夠強的話，那些住在黑色部分宇宙的人永遠看不到白色部分，他們會相信宇宙是黑色的，也會試著用科學證明為什麼宇宙不可能是其他顏色。而那些住在白色部分宇宙的人永遠看不到黑色部分，也會認為整個世界一定是白色的。但是黑白兩部分是可以在膨脹宇宙中共存的，兩方的觀測也沒有相衝突。

　　和黑／白比喻不同，物理中不同「顏色」的數量，也就是物質不同的狀態，可以是非常大的，弦理論目前最有可能成為萬物論，弦理論可以成功地在十維時空（九維空間及一維時間）被組成，但是我們住在一個三維空間的宇宙，其他六維空間在哪裡？答案是它們被緊緻化了，被擠壓得很小，小到我們根本無法往那些方向移動，所以我們認為世界是三維。

　　在弦理論的早期發展時期，物理學家就知道有非常多種方法可以緊緻化那多出來的六維空間，但是我們不知道是什麼讓緊緻化的空間不會膨脹。這個問題在大約 10 年前有了答案，答證實了之前所提出的多種可能性。有些估計大到 10^{500}。每一種可能性都描述一個有著不同真空能量和不同類型物質的宇宙部分。就膨脹理論而言，這代表了世界可能由 10^{500} 大的宇宙組成，有著不同類型的物質。

　　悲觀主義者會說，既然我們無法看到宇宙的其他部分，我們就沒辦法證明這個觀念是正確的；樂觀主義者則會說，那我們也沒辦法不同意這個觀念，因為其主要假設是其他宇宙離我們很遠。既然我們知道最當前的理論提出 10^{500} 個宇宙，那辯論宇宙在任何地方都有相同性質的人，就必須得證明在 10^{500} 個宇宙裡，只有一個是可能的。

　　另外還有，我們的世界裡有很多奇異的巧合。電子的質量比質子的質

量小 2000 倍，為什麼？唯一的「答案」是如果電子有些許不同的話，那我們所知的生命就不可能存在。質子和中子的質量幾乎相同，為什麼？因為如果質子或中子的質量有些許不同，那我們所知的生命就不可能存在。我們宇宙部分的真空空間能量並不是 0，而是一個極小的數字，比天真的理論期望值要小上 100 次方。為什麼？唯一的解釋是我們不可能住在一個比真空能量更高的世界。

我們的性質和世界的性質之間的關係被稱為人本法則，但如果宇宙只有一個，那這個關係無法解釋原因為何，我們便需要推測是上帝特別為人類創造了這樣的宇宙。但是，在一個由不同特質的不同部分所組成的多宇宙中，我們的性質和我們所處世界的性質之間的關係就十分合理。

我們可以回到以前單一宇宙的概念嗎？有可能，但是要回去的話，我們必須：一、提出一個更好的宇宙學理論；二、找尋一個更好的基本相互作用理論；還有，三、提出一個能解釋上述諸多神奇巧合的替代解釋。

麥克斯‧泰格馬克

麻省理工學院物理學家和宇宙學家、基礎問題學會（Foundational Questions Institute）科學主任，著有：《數學的宇宙》（*Our Mathematical Universe*）。

Max Tegmark

無窮

　　我年輕的時候就被無窮吸引，喬治‧康托爾（Georg Cantor）的對角線證明有些無窮比其他無窮大，也讓我著迷。康托爾的無窮之無窮層次影響我深遠。自然中存在真正無窮的事物是我在麻省理工學院所教的每一堂課的基礎，也是所有現代物理學的基礎。但這是一個未經測試的假設，於是問題便產生了：無窮是真的嗎？

　　實際上有兩個不同的假設：「無窮大量」和「無窮小量」。無窮大量指的是空間可以有無窮的容量、時間可以永恆持續、可以有無窮的物理對象。無窮小量指的是連續體，就算是一公升的空間也包含無窮數量的點，空間可以無限地被延伸，但不會有任何不好的事發生，而自然中有著持續變化的量。這兩個假設緊密相連，因為大爆炸最著名的解釋——膨脹，可以無限延伸連續空間而創造無窮數量。

　　膨脹理論出乎意外地成功，也是競爭諾貝爾獎項的大熱門。理論解釋物質的次原子微粒的事件如何轉變為巨大的大爆炸，製造一個大型、平坦、一致的宇宙，微小的密度波動最終生成今日的星系和宇宙大規模的架構，和蒲朗克衛星及第二代宇宙泛星系偏振背景成像實驗的精密測量完美一致。但是預測空間不只是大，而是真正無窮，膨脹也帶出了所謂的測量問題，我認為這是現代物理學最大的危機。物理學從過去預測未來，但是膨脹似乎破壞了此觀念。當我們嘗試預測某件事物發生的可能性時，膨脹

總是給我們同樣的無用答案：無窮除以無窮。問題是不管你做什麼樣的實驗，膨脹預測在離我們有限空間十分遙遠的地方，會有無窮個你，呈現各種物理上可能的結果，宇宙學界雖然努力多年，但對如何從這些無窮中找出適合的答案，依然沒有任何共識。所以嚴格來說，我們物理學家就無法預測任何東西！

這代表當前的理論需要好好地被整理改進一番，讓一個不正確的假設消失。哪一個？我的頭號嫌疑犯是：∞。

一條橡皮筋不能被無窮地伸展，因為就算橡皮筋看起來平滑且沒有終點，那不過是省事的估計。橡皮筋是由原子構成的，假如你把橡皮筋拉得太長，它會斷掉。相同地，如果我們不再認為空間本身是一個可以被無窮延伸的連續體，某種中斷力量就會阻止膨脹製造一個無窮大的空間，於是測量的問題就解決了。沒有了無窮小量，膨脹就無法製造無窮大量，一石二鳥，還解決了其他很多困擾現代物理學的問題，比如密度無窮的黑洞奇點和試著量子化重力時出現的無窮。

在過去，很多德高望重的數學家都對無窮和連續體產生存疑，傳奇人物高斯（Karl Friedrich Gauss）不認為有任何無窮事物存在，並說：「無窮不過是一種表述的方式。」（Infinity is merely a way of speaking.）以及「我反對將無窮量作為完整概念使用，在數學裡是行不通的。」但在過去的一個世紀中，無窮已經變成數學的主流，很多物理學家和數學家也變得對無窮十分迷戀，而根本不去質疑無窮。為什麼？因為無窮是非常方便的估計，我們也還沒有找到任何更便利的替代方案。

以在你面前的空氣為例，掌握 10^{27} 個原子的位置和速度太過複雜，但是如果你忽略空氣是由原子構成的事實，而將空氣近似為一個連續體，一個每一點都有著密度、壓力和速率的平滑物質，你會發現這個被理想化的空氣遵守一個極簡的方程式，幾乎可以解釋所有我們關心的事物；如何建

造飛機、如何透過聲波聽到聲音等等。但雖然省事方便，空氣並非真正的連續。我認為空間、時間，和其他物理世界的構成要素也是一樣的。

讓我們面對現實：就算這有多吸引人，我們沒有任何直接的觀察證據可以證明無窮大量或無窮小量。我們談論無窮數量行星的無窮容量，但是我們觀察到的宇宙只包含大概十的八十九次方個物體（大部分是光子）。如果空間真的是連續的話，那就算是要描述兩個點之間的距離這樣簡單的事，都需要無窮量的資訊，用一個小數點後有著無窮位數具體說明。但實際上，物理學家從未使用超過小數點後 17 位的數字測量任何東西。但是有著無窮小數點後位的實數已經入侵物理學各處，從電磁學領域到量子力學的波函數。就算是單一量子訊息（量子位），我們也使用有著無窮小數點後位的實數。

我們不僅沒有證明無窮的證據，也不需要無窮來研究物理學。我們最好的電腦模擬使用有限的電腦資源，並認為所有事物都是有限的，就能精確地描述所有事物，從星系的組成到明日天氣預報，再到基本粒子的質量。所以如果能不用無窮就知道下一步會發生什麼事——當然大自然也可以，並使用一種比我們使用的電腦模擬技術更深入、更巧妙的方式。物理學家的挑戰是探索此巧妙方式，不使用無窮的方程式描述此巧妙方式，這是真正的物理定律。要認真地開始這項探索，我們必須質疑無窮。我敢說我們也需要捨棄無窮。

勞倫斯・M. 克勞斯

物理學家和宇宙學家、亞利桑那州立大學起源計
畫（Origins Project）主任，著有：《無中生有的宇
宙》（A Universe from Nothing）。

Lawrence M. Krauss

物理定律皆注定

　　愛因斯坦曾說過：「真正使我感興趣的是上帝創造世界時會否還有其他選擇方案。」這裡的「上帝」，當然不是指神。愛因斯坦的上帝指的是這個問題：只有一套物理定律嗎？如果我們改變一個基本常數、一個作用力定律，整個體系會崩塌嗎？這個問題也驅使多數像我一樣的科學家想要嘗試解開管理宇宙最基本規模的基礎定律。

　　我們這一代的科學家和愛因斯坦一樣，都默默認定上述問題的答案是肯定的。我們想要找到那個唯一真實的理論，那個可以解釋為什麼自然有四種作用力、為什麼質子比電子重兩千倍等等的數學公式。近幾年來，這樣的嘗試在 1980 年代達到最大膽的層次，超弦理論學家宣稱他們已經找到萬物論，以弦理論的假設，可以得到一個獨特的物理理論，沒有妥協的空間，最終就可以在基本層面上解釋我們所見的所有事物。

　　不用說，那樣崇高的概念現在得先被放到一邊，因為弦理論到目前為止，並沒有兌現那高尚的承諾。但在過程中，因弦理論的不成功，我們也接納了和弦理論對立的想法：我們測量的自然定律可能完全是意外的，和我們所處的區域環境（也就是我們的宇宙）相關，而不是依任何普遍規則的穩固性來指定的，也不是一般或是必須的。

　　弦理論提出許多新的可能維度，欲和我們觀察到的四維宇宙相容，其他維度就需要是看不見的、捲曲成極小的規模，所以無法被看到。或是需

要將已知的作用力和粒子限制在一個四維空間的「膜」。但是實際上有非常多種不同的方法可以隱藏這些多餘的維度，每一個方法都會製造一個不同的四維空間宇宙，有著不同的定律。再說，宇宙其實也不需要一定都是四維空間，也可能是兩維空間宇宙，以及六維空間宇宙。

你不需要推測這麼多就可以知道結論，我們宇宙的定律可能是在宇宙產生時才存在的。解釋宇宙如何獲得其被測量的特徵，膨脹理論是我們目前最好的理論，理論認為在非常早期時，有一段膨脹的不穩定時期。在不同地區，或許不同的時間，小區域會停止「膨脹」，而宇宙真空相變（cosmic phase transitions）在其他區域發生，改變粒子和場的穩定結構。但是在這樣的情況下，多數的「超宇宙」依然在膨脹，遠離膨脹的每個區域、每個宇宙可以是不同的狀態、有著不同定律，就像在窗戶上的冰晶可以往不同方向結冰。

這些都強烈地指出或許我們在宇宙中測量的「基本定律」裡根本沒有最基本的「基本定律」。它們可能就是意外。而物理在這樣的概念下就是環境科學。

當今很多人都採納這樣的觀點，認為我們能夠了解我們的定律是因為它們是依人本原理被選出來的，也就是說，如果它們有任何不同的話，那生命就不會在我們的宇宙中產生。但是，這樣的觀念充滿問題，我們不但不知道有什麼樣的可能性存在，假如我們改變少量或大量的基本參數，是不是會產生可行的、能夠居住的宇宙？我們也不知道我們是不是典型的生命體。多數在我們的宇宙中演化或會演化的生命可能會很不一樣。

不管怎樣，注重人本就抓不到重點。重要的事實是，我們必須願意放棄這些觀念：我們宇宙中的物理定律反映了基礎的基本秩序、以及定律是被美的法則或對稱法則揀選的。這不是什麼新觀念。假設我們星球的生命為注定的是短視的。我們現在知道天擇和環境傷害主宰生命歷史、決定我

們的存在。假設我們是「演化的頂點」，認為我們是所有演化路程的終點、我們在未來不會演變成完全不同的東西，也是短視的。

認為我們現在居住的宇宙永遠不會變也是短視的。不可能的。就像我們提到的，在遙遠的未來，我們現在看到的星系會消失。但這也可能會更糟。假設我們的定律在時間和空間，甚至是在宇宙中都是適用的，也是短視的。目前希格斯粒子的數據告訴我們，宇宙很可能會再經歷一次宇宙相變，宇宙相變將會改變穩定的作用力和粒子，而我們和我們所見之一切都會消失。

我們開始接受生命並非注定的概念，也必須放棄認為物理定律**注定是**的過時觀念。宇宙意外處處皆是，我們的宇宙很有可能只是一個意外所形成的。

保羅・斯泰恩哈特

普林斯頓大學物理系和天文物理科學系愛因斯坦講座教授，與尼爾・圖洛克合著有：《無限宇宙》（*Endless Universe*）。

Paul Steinhardt

任何事物理論

在基礎物理學和宇宙學一個應該拋棄的普遍觀念為：我們居住在一個物理定律和宇宙性質在不同空間區有不同變化的多宇宙裡。根據這個看法，在我們可觀測宇宙中的定律和性質無法被解釋或預測，因為它們都是隨機設置的。在這樣的情境下，空間中不同的區域相隔得太遠，而無法觀測是否有不同的定律和性質。整個多宇宙有無限多不同的區，在這些區裡，引用阿蘭・古斯的話：「會發生的事將發生，實際上，會發生無限次。」[4] 我在此將這個概念稱為任何事物理論。

任何觀測或多個觀測都和任何事物理論相符。沒有任何一個觀測或多個觀測可以證明任何事物理論是錯的。支持者似乎沉醉於此理論不可能被否證的事實裡。其他科學界的人應該堅決抗議，因為一個不能被否證的觀念超出了標準科學的範圍。但是，除了零星的反對聲浪之外，其他人對任何事物理論驚人地滿意（有些人是勉強接受），科學雜誌裡充滿了重視任何事物理論的文章。這是怎麼回事？

實驗已經證明了我們觀察到的宇宙和基本定律太過複雜，無法以標準科學解釋了嗎？當然沒有！恰恰相反。在宏觀尺度上，最新的測量顯示我們可觀測的宇宙是十分簡單的、由少量參數描述、一直遵守相同的物理定律，在任何方向都顯示一致的結構。在微觀尺度上，歐洲核物理研究中

4.原註：Alan H. Guth, "Eternal Inflation and its implications," arXiv:hep-th/0702178v1 22 Feb. 2007.

心（CERN）的大型強子對撞機（Large Hardron Collider, LHC）已發現希格斯玻色子的存在，和理論學家 50 年前根據可信科學推理的預測一致。

　　一個簡單的結果需要一個簡單的解釋來說明為什麼是這樣。那麼為什麼我們要考慮一個允許所有可能性、甚至是複雜可能性的任何事物理論？動機來自於兩個著名理論觀念的挫敗；膨脹宇宙學和弦理論，兩者都被認為會導向獨特結果。膨脹宇宙學的發明將整個宇宙轉變為一個平滑的宇宙，在不同尺度下皆充滿均勻分布的熱點與冷點。就像我們觀察到的一樣。弦理論應該要能解釋為什麼基本粒子只能有其精準的質量和作用力。在這些觀念上投入超過 30 年，理論學家發現自己無法達到那些雄心壯志。膨脹只要一開始，就會永恆運作，並製造多重宇宙的「口袋宇宙」，其特質在每一個想像得到的可能性下都不同：平坦和不平坦、平滑和不平滑、尺度不變和非尺度不變等等。儘管很多理論學家努力不懈想要保有此理論，當今卻沒有任何已知的原因可以解釋，為什麼膨脹會讓我們可觀測的宇宙在平滑的口袋，並且有我們觀測到的簡單性質。有連續的無數組條件也同樣有可能的。

　　在弦理論中，為了要解釋 1998 年發現的宇宙加速膨脹產生一個相似的爆炸機率。加速被認為是來自於真空的正能量。弦理論並沒有預測一個宇宙的真空狀態和居住於此宇宙的粒子和場獨特的可能性，我們目前對弦理論的理解是真空狀態的複雜關係包含多種不同的粒子及不同的物理定律。真空空間包含多種可能性，所以如理論所宣稱，當然也可以包含適切的真空能量、粒子和場。結合膨脹理論和弦裡論，不可預測性就倍增。現在任何宏觀和微觀可能性的結合都可以發生。

　　我猜如果這些問題在一開始就被大致點出，這些理論可能永遠也不會被接受。在歷史上，如果一個理論無法達到其目標，理論會被改進或捨棄。而我們的案例是，對理論的承諾已經太深遠了，有些主要的支持者認

真地提倡改變目標。他們說我們應該準備好拋棄認為科學理論應該提供有限預測這樣陳舊的觀念，而接受「任何事物理論」目前是最棒的。

我必須在此劃清界限。科學至今有用是因為它解釋並預測為什麼事物是它們所呈現的樣子，而非其他樣子。科學理論的價值是以其通過的艱難實驗測試判定的。「任何事物理論」毫無用處，因為它沒有在眾多可能之中篩選出任何的可能性。也沒有任何測試方法（可以用檢測它的正確性）（很多研究討論可能觀察到的後果，但是這些都只是可能性，並不是確定的，所以「任何事物理論」從來沒有危險。）

當今理論學家的首要任務是決定是否可以阻止膨脹理論和弦理論淪為任何事物理論，如果答案是否定的，那就尋求新觀念來取代它們。因為一個不能被否證的任何事物理論為真正科學理論帶來不公平的競爭，領域的領導者大聲發表意見是至關重要的，表明任何事物理論是不能被接受的，鼓勵有才幹的年輕科學家接受挑戰。愈快讓任何事物理論退休，重要科學就能愈快進步。

艾瑞克・維恩斯坦

Eric Weinstein

數學家和經濟學家、提爾投資公司（Thiel Capital）常務董事。

M理論／弦理論才是王道

如果人們用經濟學家的眼光看待科學，那很合理地，第一個需要被淘汰的科學理論，是在觀念市場中提供最大套利機會的理論。所以僅僅尋找錯的理論是不夠的，我們需要尋找因激勵人心的熱誠和奉獻而阻擋進步的科學觀念，生物學家禮貌地將這些科學觀念稱為「干擾性競爭」，和其成就歷史不成比例。最適合的智力泡沫候選人就是因探索大一統理論而生的觀念，被重新解釋成好像是「量子重力」的同義詞。如果大自然試著禮貌地告訴我們，在量子化重力之前，還有很多其他事必須先完成，「自然」讓尼爾斯・波爾（Niels Bohr）連續兩代優秀追隨者贏得諾貝爾獎的希望破滅，這樣的訊息再清楚不過。

記住現代物理學是架構於一張有三支經典幾何椅腳的板凳上，分別由愛因斯坦、詹姆斯・克拉克・馬克士威（James Clerk Maxwell）和保羅・埃卓恩・莫里斯・狄拉克（P. A. M. Dirac）代表。後兩個椅腳可以被作用力和物質的量子理論，也就是標準模型的改良，第一支椅腳則頑固地不接受這樣的升級，導致此半量子板凳不穩且無用，也就是因為這樣，波爾的追隨者發現需要不計代價地使愛因斯坦的追隨者信奉量子宗教，如此板凳才會平衡。

但是，為了對那些堅持愛因斯坦必須向波爾敬禮的人公平，最大聲的支持者提出合理的挑戰。量子例外論者宣稱，儘管一連串空前的不成

功，弦理論（現在被重新包裝成 M 理論〔M-theory〕，M 可以代表「矩陣〔matrix〕」、「膜〔membrane〕」、「母親〔mother〕」或「魔術〔magic〕」）還是目前最好的理論，因為基礎物理學變得十分困難，沒有人想得到其他令人信服的大一統理論。如果要捨棄此錯誤的觀念，就必須真誠地努力提供其他有益的選擇以解決挑戰，不然我們就一無所有了。

我相信有更好的道路可以通往真象，因為在看似對崇敬的愛因斯坦錯放的忠貞裡，我們對廣義相對論的形式太過虔誠。比如說，在還未重新改良前，我們仔細看看三腳板凳的曲度和幾何，會發現一件驚人的事：三椅腳在任何量子概念被引入前，於經典幾何層面上有微妙的不相容。愛因斯坦的椅腳看似最精簡堅固，明顯考慮到德國波恩哈德·黎曼（Bernhard Reimann）創始的「內在幾何」（intrinsic geometry）學派之中的函數。馬克士威和狄拉的椅腳則比較華麗服飾，採用自由的形式，也就是亞爾薩斯夏爾·埃雷斯曼（Charles Ehresmann）首創的古怪「輔助幾何」（auxiliary geometry）學派存在的原因。這很自然地讓我們想到另一個非常不同的問題：如果現有理論的量子不相容性其實只是將注意力從統一轉移的說法，所以真正癥結是數學家埃雷斯曼和黎曼之間的幾何衝突，而非物理學家愛因斯坦和波爾之前的不相容性？更糟的是，也許所有的基礎都還無法被量子化。如果這三個理論都在幾何層面上有些許不完整，而只有在三個理論都淘汰且被統一幾何取代時，量子理論才會出現？

如果這樣的答案存在，那我們就無法期待一個普遍的幾何理論，因為現有的三個理論在它們個別的領域中，都是最精簡的。這樣一個統一的方法可能需要一套新的數學工具，結合兩大幾何學派的元素，而只有在觀察到的世界可以是某特定的次類型時，才會和物理相關。令人開心的是，在發現微中子質量、重要暗能量和暗物質後，我們所見的世界看起來越來越趨向此特殊層級，可以容納這樣一個混合理論。

我可以繼續講下去，但這不是唯一有意思的想法。最終我們可能會登上一個單一統一理論的高峰，但是能只爬一面山坡就可以被攻頂的智能山峰卻不多。我們需要讓物理回歸到個體的自然狀態，如此一來，獨立學者在尋求思想分享和資源時，就不需要畏懼大型研究團體會排擠往新方向前進且追求真正新穎初步觀念的獨立競爭者。不幸的是，很難鼓勵本身不富有的理論學家扛起責任，在一個將人造嚴峻標準應用於新企劃或想法、並讓 M 理論年復一年存在的團體裡，發展真正的推測裡論。

　　有聲望的弦理論學家可能會眼睛發亮並開玩笑地對年輕競爭者喊出：「預測！」、「否證能力！」或是「同儕審查！」。但可能的競爭對手「幼稚產業」（infant industry）研究企劃，就像俗語所說，非死於其樂而是死於其職。科學例外主義的歷史圍繞著量子重力研究，明示地捨棄 M 理論非為我們所樂見也非必要，因為理論有很多吸引人的觀念。我們只需要堅持將曾是通常提供給新成員、鼓舞研究團體的訓練輪，從已經獨佔其幾十年的人的手中，傳送至新興的對象。我們終將可以等待，看看「最好的理論」，在沒有資深者擁護的特別權利後，自然是否會支持理論成立。

法蘭克・迪普勒

杜蘭大學數學物理學系教授，著有：《永生的物理學》（*The Physics of Immortality*），並與約翰・巴羅（John D. Barrow）合著有：《人類的宇宙論原則》（*The Anthropic Cosmological Principle*）。

Frank Tipler

弦理論

馬克斯・蒲朗克在他的著作《科學自傳》（*Scientific Autobiography*）憶起無法說服化學家威廉・奧斯特瓦爾德（Wilhelm Ostwald）無法從熱力學第一定律推導出熱力學第二定律。「這個經驗給了我一個學習的機會，我認為是很棒的一課：要接受一個新的科學真理，並不用說服它的反對者讓他們理解明白，而是等到反對者們都相繼死去，新的一代從一開始便清楚地明白這一真理。」蒲朗克也寫到他和奧斯特瓦爾德意見相左之處：

這是我研究科學以來最痛苦的經驗之一，我很少，甚至我可以說我從來沒有成功地讓新結果得到普遍認同，是我用確切（雖然只是推論）證據論證的真理。此次也是一樣的。我所有有力的論點都沒有被聽進去。想要讓奧斯特瓦爾德、赫爾曼（Helm）和馬赫（Mach）這些權威人士聽進去根本是不可能的。[5]

幸運地是，蒲朗克的輻射定律獲得普遍認同，並非因他的推論證據而是實驗結果的確認。

理論物理學家，特別是弦論學家，傾向於貶低實驗確證的重要性，

5.原註：Max Planck: *Scientific Autobiography and Other Papers*, trans. Frank Gaynor (New York: Philosophical Library, 1949).

很多人宣稱哥白尼在預測力上不比托勒密優秀。我於是決定檢驗這項聲明，我看了第谷（Tycho）的筆記，發現在 1564 到 1601 年之間，第谷用自己的觀察比較哥白尼和托勒密的預測，總共觀察 294 次。像我預期的一樣，哥白尼的比較好。所以，早在伽利略之前，哥白尼的理論就以被實驗確證過，證實比托勒密的優秀。我以（歷史）實驗測試哥白尼沒有比托勒密好的觀念，而發現觀念是錯誤的：哥白尼贏過托勒密。

現代科學開始時是這樣，現在也應該是這樣。實驗確證是真實科學的保證。而弦理論學家無法提出**任何**方式，用實驗確證弦理論，弦理論應該今天立刻被淘汰。

高登・凱恩

密西根大學維多・魏斯科普夫（Victor F. Weisskopf）榮譽大學物理學教授，著有：《超越超對稱》（*Supersymmetry and Beyond*）。

Gordon Kane

我們的世界只有三維空間

　　物理理論通常預測我們看不見的世界層面。比如說，馬克士威（Maxwell）的電磁學理論正確地預測我們所見的光譜，只是整段光譜的一部分，而其延伸成肉眼看不到的紅外線和紫外線波。弦理論預測我們的世界不只是三維空間，與很多論述和言論恰恰相反，弦理論多半是可預測且可被測試的。在我解釋弦理論的可測試性之前，我先解釋為什麼三維以上的空間制定理論的出現，讓物理世界裡全面理論機制出現重大進展，我沿用史蒂文・溫伯格（Steven Weinberg）的話，將其稱為「最終大理論」。

　　放棄世界只有三維空間的觀念，對我們有什麼好處？1984年夏天，約翰・施瓦茨（John Schwarz）和麥克・格林（Michael Green）發現可以在十維空間寫出數學上一致的量子重力論，弦理論誕生。這是個大收穫，也是條線索。對我和其他理論學家而言，更重要的是，弦理論幾乎能夠解決所有需要解決的問題，而得到一個最終理論。過去10年來已有重大進步。弦理論學家最初過於樂觀，引發過渡補償作用，而現在被愈來愈多的結果日漸沖淡。粒子物理學和宇宙學的標準模式十分成功且經過良好測試，其強大、準確和完整（加上希格斯玻色子的發現）地敘述我們所見的世界，但是它們並沒有解釋或了解弦理論已解決的問題。標準模式的成功證明認為世界是四維空間並無法提供更深入的解釋或理解。

　　要解釋我們的宇宙，很明顯地，就必須投射更多空間的弦理

論到四維空間的宇宙，這個過程有著可以理解但不適宜的名字「緊緻」（Compactification，這是有典故的）。實驗和觀測必須得在四維空間執行，所以只有緊緻化理論可以直接被測試。緊緻化理論解釋為什麼宇宙主要是由物質而非反物質組成、什麼是暗物質、為什麼夸克和輕子有三種相似的類型、獨立夸克和輕粒子的質量為何、希格斯機制的存在以及其如何提供夸克、輕粒子和傳遞力量的玻色子質量、膨脹結束到原子核的開端（而後是標準模型）、膨脹的成因等等。緊緻化弦理論學家成功地預測（在測量之前）2012 年歐洲核物理研究中心發現的希格斯玻色子的質量和性質，並預測「超對稱合作粒子」的存在，如果在 2015 年升級的歐洲核物理研究中心對撞機如預期運行，對撞機可以製造和偵測某些粒子。這是還在進行的研究，還有很多需要被解決或需要更多知識去理解，需要在對撞機裡和暗物質以及其他實驗測試，但是我們已經可以看到所有振奮人心的機會存在。

1995 年，愛德華・維騰（Edward Witten）認為其所稱為 M 理論的十一維空間理論可以提供一個一致的量子物理理論，並可以用不同方式被用來投射至不同的十維空間弦理論上，名字包括混合（heterotic）弦和第二型（Type II）弦理論。這些十維空間理論就可以被緊緻化成四維空間理論（加上六個極小、捲曲的空間），並可以如上所述作出可測試的預測。M 理論也可以被緊緻化而成為不同形式的捲曲七維空間（G2），加上四維大型時間／空間。這樣的研究仍在進行。緊緻化理論可被已使用四個世紀的傳統測試物理理論方式測試，事實上，它們可以用和測試牛頓的第二定律的方式被測試，$F = ma$。$F = ma$ 整體而言是不可被測試的，只有在一次僅有一種作用力時可被測試，且是測試一個已知作用力和質量的對象，你計算預測的加速度並測量它。相同地，緊緻化 M 理論的小型多餘空間可以帶來可計算和可測試的預測。

弦理論可以如何提供幫助，希格斯玻色子質量是一個很好的例子。在標準模型裡，希格斯玻色子質量完全無法被預測，由標準模型延伸出的超對稱標準模型理論預測希格斯玻色子質量的上限，但是無法做出任何準確的質量預測。緊緻化 M 理論可以提供高準確度的預測（由我和我的學生及同事提出），這是在 2011 年，歐洲核物理研究中心尚未提出任何測量和以數據確認前。

　　如果我們想要理解並解釋我們的世界，甚至超越完整的數學敘述，我們需要認真地看待並研究十維空間弦理論或十一維空間弦理論。大家總說弦理論很複雜，事實上，緊緻化 M ／弦理論看似是最簡單的理論，可以包含所有物理世界的現象，並將所有現象結合至一個一致的數學理論。

彼得・沃伊特

哥倫比亞大學數學物理學家，著有：《甚至沒有錯：
弦理論的失敗以及對物理統一規律的探索》（*Not
Even Wrong: The Failure of String Theory and the Search for
Unity in Physical Law*）。

Peter Woit

「自然」論述

　　對任何目前在思索基礎物理學的人來說，最新的 Edge 問題很簡單，答案就是弦理論。認為在十維空間／時間移動的弦為基本單位，而以此統一物理學的觀念在 1974 年誕生，並成為 1984 年以後統一的主導規範。經過 40 年的研究，加上數萬份論文，我們學到的是這不過是空談。弦理論什麼都預測不了，因為如果你適當地選擇如何將十維空間裡的其中六維空間變得看不見的方法，就可以得到任何你想要的物理。

　　儘管如此，弦理論統一觀念的支持者拒絕承認已發生的事，通常引用馬克斯・蒲朗克觀察到的經典例子：科學家對應該被捨棄的觀念忠貞不二直到年老會發生的事。我們非但沒有淘汰失敗的觀念，反而聽到該退休的其實是科學進步的傳統觀念。根據弦理論學家的說法，我們住在多宇宙隱晦的一角，所有事物都趨向這一角，而「所有事物都趨向這一角」和弦理論相合，所以基礎物理學已經抵達終點。

　　用「弦理論」回答 2014 年的 Edge 問題太過簡化。弦理論統一一直是一個停滯不前的觀念，但是弦理論不過是當今同一時期失敗觀念的其中一部分。其他觀念包括所謂的「大一統」計畫，其提出新的作用力和粒子，通常訴諸於新「超對稱」：將已知的作用力和粒子連接看不見的「超對稱例子」（superpartners）。除了找到預測的希格斯粒子，大型強子對撞機另一個重要的發現是證明很多理論學家預測的超對稱例子並不存在。

1974 年那段時期不但帶來了弦理論、大統一和超對稱，也帶來了「自然」的論述。此觀念認為我們粒子物理學最好的模型，也就是標準模型，不過是「有效理論」（effective theory）、一個估計，只有在可觀測距離規模內有效。已故肯尼斯・威爾森（Kenneth Wilson）教導我們如何使用「重整群」（renormalization group）將理論的行為推斷至我們無法觀測的短距離，也教我們如何反推，為被定義在觀測不到的短距離的基礎理論尋找有效理論。

就我們看來，在技術層面上，「自然」（Naturalness）論述不在意在短距離發生的事的細節。「自然」變成 1974 年時代誕生的推測觀念的一部分：包含未被觀測的弦和超對稱粒子的複雜新物理學，可以在很短的距離被提告，我們唯一看得見的是「自然」論述。在這樣的情況下，是技術的「自然」保證我們看不見任何來自小弦或超對稱例子的複雜性。

威爾森是第一個指出標準模型是最「自然」的，但是並非全然如此，因為希格斯粒子的行為。最初他爭論這代表我們不應該在大型強子對撞機能量看到希格斯粒子，而是其他東西。超對稱例子的支持者主張這樣的粒子必須得和希格斯粒子有差不多的能量，因為這樣它們可以被用來抵消「不自然」。早在大型強子對撞機還未開始之前，威爾森就發現這樣的論點是錯的，並決定沒有正當理由不去看「不自然」的希格斯粒子。希格斯粒子對短距離發生的事所生的行為敏感性並不是很好的論點，因為我們根本不知道在這些短距離內到底發生了什麼事。

大型強子對撞機對希格斯粒子而非超對稱例子的觀測，已經造成了理論學家的驚恐。深植人心、流傳四十年的推理認為不可能發生的事現在發生了。很多人認為這不過是多宇宙的另一項證據。在這樣「人本」的觀點下，任何事物於短距離內都可以在多宇宙的其他泡泡宇宙成立。但是我們在**我們的**泡泡宇宙看到「不自然地」簡單的東西，要不然我們就不會存

在。這個推論的崛起代表早就該讓自然論淘汰（加上弦和超對稱例子交互的複雜性）了。

弗里曼·戴森

高等研究院退休物理學教授，著有：《多色玻璃：論
生命在宇宙中地位》(*A Many-Colored Glass: Reflections
on the Place of Life in the Universe*)。

Freeman Dyson

波函數壓縮

88年前，埃爾溫·薛丁格（Erwin Schrödinger）發明了波函數（wave function），用來解釋原子和其他小物件的行為。根據量子力學的規則，物體的運動是不可預測的。波函數只提供我們物體運動的可能性。當一個物件被觀測到，觀察者看到它在哪裡，運動的不確定性便消失，知識移除不確定性，這是大家都知道的事。

不幸的是，論述量子力學的人常用「波函數壓縮」（collapse of the wave function）一詞描述當物體被觀測時會發生的事。這個詞讓人錯以為波函數本身是一個物體的錯誤觀念。碰到其他物體時，一個物體會壓縮，但是波函數不可能是一個物理對象。波函數是可能性的描述，而可能性是無知的言論。無知並非一個物體，波函數也不是。當新知識取代無知時，波函數不會壓縮，它只是不再相關。

David Deutsch

大衛‧德意志

牛津大學物理學家，著有：《無窮的開始》（*The Beginning of Infinity*），並為 Edge 基金會計算科學獎得主。

量子性跳躍

「量子性跳躍」（quantum jump）一詞已經成為比喻大型不連貫改變的日常語言。它在偽科學和神秘主義裡廣大卻重複不斷的領域裡也已經廣為流傳。

「量子性跳躍」一詞來自物理學，確實也被物理學家使用（雖然很少被使用在出版論文中）。它讓人想起量子物理系統裡相互可區分狀態是各自獨立的事實。但是在量子物理學裡並沒有「量子性跳躍」這樣的現象。在量子理論裡，時間和空間的改變總是持續的。好吧，也許有些物理學家仍然支持一個例外：也就是當一個物件被有意識的觀察者觀測時，所發生的「波函數壓縮」。但是這個胡言亂語並非我現在所指的胡言亂語，我指的是關於超小世界的錯誤觀念，比如「當高能量狀態電子轉移至低能量時，釋放光子，電子從一個軌道量子性跳躍到另一個軌道，但電子沒有經過任何兩個軌道之間的中間狀態」。

更糟的是，「在二極管裡的電子因能量不夠而無法穿越障礙時（在經典物理學中，它就會反彈），穿隧的量子現象使電子神秘地出現在另外一端，但電子卻從未處在它有負動能的區域。」

事實是在這樣情形下的電子並沒有單一能量或是位置，而是一系列的能量和位置，而這一系列允許的能量和位置可以隨時間改變。如果整個系列的穿隧粒子能量都低於跨越障礙所需要的能量，電子就會反彈。如果原

子裡的電子真的是處於一個獨立的能量級，且沒有任何事物干涉改變，電子永遠不可能轉移到其他能量。

量子性跳躍是以前被稱為「超距作用」的例子，在某一區域的東西，在沒有任何物質情況下，對另一個區域產生影響。牛頓稱此觀念為「天大的謬論，我相信任何有足夠哲學思維能力的人都不會沉溺於此。」[6] 這個錯誤觀念在離經典和量子物理很遠的領域也有同樣的類比。比如，在政治哲學中，「量子性新跳躍」被稱為「革命」，而荒謬的錯誤是，暴力地掃除現存的政治機構，再重新開始，就可以有所進展。在科學哲學中，湯瑪士·庫恩（Thomas Kuhn）認為科學因革命而進步，也就是一個派系贏過另一個，兩者都無法合理地改變各自的「規範」。在生物學中，「量子性跳躍」被稱為突變（saltation），上一代至下一代間新適應的出現，而荒謬的錯誤是突變論（saltationism）。

牛頓認為有能力的人會犯的錯誤有最大的限度是錯的，但他認為這個錯誤特別嚴重卻是正確的。所有量子性跳躍的不同版本都因相同原因而錯誤：它們都需要必要資訊從無出現，在現實生活中，遠在障礙另一邊的空間必須要等到來自於電子的某種物理改變發生後，並抵達其空間時，才會「知道」是電子而非質子或野牛必須要出現。同樣地，如果不是空間缺口而是資訊缺口：政治機構和生物適應舉例證明，複雜系統如何能更好地對付所面臨挑戰的資訊（知識），而知識只有在逐漸變化和選擇的過程中才會被創造。庫恩的觀念無法解釋科學如何愈來愈快速地提供物理現實的知識。

量子性跳躍在這些領域都無法提供解釋，因此，實際上就是訴諸於超自然。它們都有著西德尼·哈里斯（*Sidney Harris*）漫畫「於是奇蹟出現」（Then a Miracle Occurs.）的邏輯，其描繪一位數學家的證明公式中的兩

6.原註：Letter to Richard Bentley, Feb. 25, 1693, quoted in Richard S. Westfall, Never at Rest: A Biography of Isaac Newton (Cambridge University Press, 1983), p. 505.

步並不連貫。就像理察‧道金斯所說的:「突變論就是創造論」。而在所有的例子當中,填補缺口的現實和真正解釋現象的觀念,要比對量子性跳躍迷思的信念,更有趣且吸引人。

威廉・丹尼爾・希利斯

W. Daniel Hillis

物理學家、電腦科學家、Applied Minds 有限公司聯合主席，著有：《石頭的模式》（*The Pattern on the Stone*）。

因果關係

　　人類天生就會說故事。我們喜歡將事件組織為一連串的因和果，以解釋我們行動後的結果。我們喜歡給予讚賞和責備。從演化角度來看，這可以理解。我們神經系統的終極目標是做出可以行動的決定，以及預測這些決定的後果對生存是重要的。

　　科學是有力的解釋性故事的重要來源。比如說，牛頓解釋作用力如何影響質量加速。這給了我們一個蘋果如何從樹上掉下來，以及行星如何環繞太陽的故事。它讓我們能夠決定火箭引擎需要多有力才能上月球。因果模型讓我們設計像工廠和電腦等複雜的機器，它們都有著一長串美妙的因和果。它們將輸入的東西轉變成我們想要的輸出結果。

　　我們很容易就會認為我們的因果故事就是世界運作的方式。但事實上，這些故事不過是我們用來操作世界的架構，並建構方便於我們理解的解釋。比如說，牛頓的公式 **F = ma** 並沒有真的說作用力導致加速度，或是質量導致作用力，但是我們傾向於認為作用力是條件式的，因為我們通常可以選擇施加作用力與否。但另一方面，我們傾向於認為質量並非我們可以控制的。因此，我們將自然擬人化，想像自然力彷彿決定影響質量，對我們來說，想像加速度決定影響質量比較困難，所以我們用特定的方式講故事，我們讚賞重力使行星環繞太陽，而責怪它讓蘋果落於樹下。

　　這樣為了方便把自然擬人化讓我們以心理說故事的機制，可以解釋自

然世界。因果規範在科學應用於工程時特別好用，用便利於我們的方式安排世界。在這樣的情況下，我們通常可以設定事物，讓這想像的因果關係幾乎是現實。電腦是最好的例子，讓電腦運作的關鍵，是輸入影響輸出，而非相反的方式。用來建構電腦的組件也被建造成同樣的單向關係，這些比如像邏輯閘等的組件，都是特別被設計成能夠將條件式的輸入轉換成可預測的輸出結果。也就是說，電腦的邏輯閘是被建構成因和果的基本組成構件。

當我們認為是輸出的部分影響我們認為是輸入的部分時，因果關係就不存在了。量子力學的悖論是完美的例子，單單是我們對粒子的觀察就可以「導致」另一個遠方粒子處於不同狀態。但其實根本就不矛盾，問題不過就是因為想把我們的故事架構套用在一個不適用的情況上。

可惜的是，因果規範並不只是在量子的尺度上失敗。當我們試著以因果關係解釋複雜動態的系統時，比如活生物體的生化過程、經濟體的交易，或是人類心智的運作，因果規範也失敗。這些系統都有著違背我們說故事工具的資訊流動模式。基因並不會「引起」身高等性狀或癌症等疾病；股票市場上漲並非「因為」債券市場下跌。這些不過是我們徒勞無功的嘗試，想要在不像故事一樣運作的系統上，加諸一個故事架構。對這樣複雜的系統，科學需要更強大的解釋工具，我們將會學習接受我們老舊的說故事方法的限制。我們會了解因果並不存在於自然中，它們不過是由我們心智因便利所創造的產物。

妮娜・雅布隆斯基

Nina Jablonski

生物人學家、古生物學家、賓夕維尼亞州州立大學
人類學系名譽教授。

種族

　　種族一直是一個模糊且捉摸不定的概念。18 世紀時，歐洲自然學主義者林奈（Linnaeus）、布豐（Comte de Buffon）和約翰・布盧門巴赫（Johann Blumenbach）等描述不同外型人類的地理組合。哲學家大衛・休謨（David Hume）和伊曼努爾・康德（Immanuel Kant）被人類外表多樣性吸引，他們認為極度的熱、冷或陽光澆滅了人類潛能。休謨在 1748 年寫到「除了白人，沒有任何其他膚色的文明國家。」

　　康德也有相似的看法。他畢生專注於人類多樣性的問題上，並從 1775 年開始寫了很多相關文章。康德是第一個命名並定義人類地理組合為「種族」（德文為 Rassen）的人。總共有四個種族：以膚色、髮型、頭蓋骨形狀和其他身體特徵區分，另外也以道德、自我進步和文明化能力區分。而種族是以階級化的方式安排，康德預期只有歐洲種族可以自我進步。

　　為什麼休謨和康德的科學種族主義會如此盛行，但約翰・戈特弗里德・赫爾德（John Gottfried von Herder）等其他反對意見卻更有邏輯且縝密？或許因為康德在當時被認為是一位偉大的哲學家，而他的地位在 19 世紀提升，很多主要哲學著作都廣為流傳和閱讀。有些康德的支持者同意他的種族看法，有些則為此致上歉意。而更普遍的則是忽略。再者，減少或是否認非歐洲人（特別是非洲人）人性的種族主義，促成了跨大西洋奴隸交易，而奴隸成為歐洲經濟成長最重要的引擎。這樣的想法更因當時著名

的聖經解釋而發揚光大，認為非洲人注定勞苦。

膚色是最顯著的種族特徵，和各式各樣含糊不清的想法及不同種族內在本性的傳聞有關。膚色代表道德、個性和文明化能力，並為迷因（meme）。19 世紀和 20 世紀初，「種族科學」（race science）崛起。種族的生物現實被新類型科學家所累積的新科學證據證實，特別是人類學家和遺傳學家。這個時代目睹了優生學和它的衍生物出現，以及種族純淨的概念。社會達爾文主義的出現更加強了白種人的優越是自然順序的觀念。種族科學家並不認為所有人均來自於數千年遷徙和混居所生的複雜基因混合體，歐美兩地許多優生學家也不認同這種人的進展方式。

20 世紀中期見證了探討種族的科學論文持續地激增。到了 1960 年代，兩個因素促成了生物種族概念的結束。第一個是對全球人類族群個體和基因多樣性的研究增加，另一個是在美國以及其他地區民權活動的開始。不久以後，具有影響力的科學家譴責「種族」研究，因為種族本身無法以科學定義。當科學家尋找族群間分明的界線時，根本就找不到。但是儘管科學思維有了重大改變，相關的人類種族和膚色階級概念卻依然在主流文化中屹立不搖。種族刻板印象強大且持續，特別是在美國和南非，那些征服和利用深膚色勞工已經成為經濟成長的關鍵。

種族在科學上結束後，卻依然是一個名稱和概念，但慢慢變成代表一個不太一樣東西。今天很多人認為自己屬於某一個種族群，而不管科學對於種族本質的看法。這些族群成員的共有經驗產生了強大的社會性連結。對很多人來說，包括很多學者，種族雖然已非生物學上的概念，卻成為階級和族群的社會階級的混合物。

臨床醫師持續將觀察到的健康模式和疾病配對至「白人」、「黑人」（或非裔美國人）、「亞洲人」等等的舊種族概念。即便是在發現很多疾病（比如成年發病型糖尿病、酗酒、高血壓等等）出現明顯的種族模式，是因為

病患都來自於相似的環境條件，但是如果依種族分組還是能有一致性。在流行病學研究中使用種族自我劃分是站得住腳甚至受到提倡。當我們將足夠的變數：比如階級的不同、族群社會規範和態度列入考量，種族間健康差異的醫學研究就變得沒有意義。

種族最近一次的大改造來自於基因體學，且多半來自於生物醫學背景。醫學在普遍意識的神聖位置給了種族概念新的自尊。種族現實主義者集中基因體學證據以支持種族不同的真實生物現實，而對種族存疑者則看不到任何種族模式。很明顯的是，人們看到他們想看到的，並建構他們預期的研究結果。在《種族解碼：社會正義的基因體戰鬥》（*Race Decoded: The Genomic Fight for Social Justice*，2012）一書中，加州大學社會學家凱薩琳・布里斯（Catherine Bliss）具說服力地將種族描述為：「一個於特別社會和歷史時間，在看法和規範中製造一致的信仰系統。」

種族在歷史上有地位，在科學上卻已無立足之處。全然的不穩定性和錯誤解釋的可能性讓種族無法作為科學概念。發明新字彙來解釋人類多樣性和不公平雖然不容易，卻是必須的。

理察・道金斯

Richard Dawkins

演化生物學家、牛津大學大眾認知科學系名譽教
授，著有：《現實的魔法》（*The Magic of Reality*）。

本質主義

　　我稱為「心智不連貫的暴君」的本質主義來自柏拉圖，有著典型希臘幾何學家看事物的觀念。對柏拉圖來說，一個圓形或直角三角形是理想的形狀，可以用數學定義，但是從未實行。在沙上面畫的圓形是不完美的相似值，相近於處在某個抽象空間的理想柏拉圖圓形，這對像圓形等的幾何圖形適用，但是本質主義已經被適用於活體上，恩斯特・邁爾（Ernst Mayr）認為這就是造成人類太晚發現演化的主因，一直到 19 世紀才發現。如果你像亞里斯多德一樣，認為活生生的兔子不過是理想柏拉圖兔子的相近值，那你就不會想到兔子可能是從非兔子祖先演化來的，也有可能會演化成非兔子後代。根據字典對本質主義的定義，如果你認為兔子的**本質**是在兔子的**存在**「之前」（不管「之前」可能代表什麼，本身就是胡謅），演化就不是會馬上跳入你腦中的觀念，而且當他人提出的時候，你可能還會不接受。

　　古生物學家們會充滿熱情地爭辯某一個特定的化石是南方古猿人（*Australopithecus*）或是人屬（*Homo*）。但是任何演化學家都知道一定有剛好位於兩者之間的個體。本質主義者會愚蠢地堅持必須要將化石放進一個屬。沒有一個**南方古猿人**母親會生下一個**人屬**小孩，因為每個小孩都和其母親屬於相同的物種。使用不連貫名稱標記物種的系統是為了和一段時間（也就是現在）相符合，而祖先已經很便利地從我們的意識中被移除

了（「環狀分布種」〔ring species〕也被策略性地忽略）。如果奇蹟出現，每個祖先都被保留為化石，不連貫的命名就不可能。創造論者不理智地喜歡認為「缺口」對演化學家而言是難堪的，但是差距對分類學家來說，是偶然的恩賜，分類學家當然想要給物種單獨的名稱。爭辯一個化石「真的」是**南方古猿人**或是**人屬**就像爭辯喬治高不高，喬治 177 公分高，你還需要更多嗎？

　　本質主義也在種族詞彙裡出現。多數的「非洲美裔」都是混血兒。但是本質論思維已根深蒂固，在美國正式表格上，每個人需要勾選一種種族／族群，沒有任何中間的選項。另一個不同但也有害的觀點是，就算一個人的八個曾祖父母裡只有一個是非洲後裔，他還是會被稱為「非裔美國人」。就如同李奧納·泰格（Lionel Tiger）對我說的，我們現在有很糟糕的「汙染比喻」。但我主要想強調的是，我們社會本質主義的決心強迫一個人只能被分配至一個單獨的類型。我們似乎沒有能力思考一個居中的連續體。我們深受柏拉圖本質主義之害所苦。

　　墮胎和安樂死等道德爭議也深受其害。什麼時候一個腦死的受害者才被定義為「死亡」？在發育時期的哪一個時間點胚胎成為「人」？只有腦子被本質主義感染的人才會問這種問題。一個胚胎從單細胞受精卵逐漸發育成新生兒，並沒有哪一個瞬間就成為「人」了。世界被分成理解此真相的一方和悲嘆的一方，「但是肯定有**哪個**時間點是胚胎變成人類的時候」，不，真的沒有，就算中年人不是在某一天變老。雖然不盡完美，但是比較好的說法是，胚胎經過不同階段，從 1/4 人變成 1/2 人、3/4 人……。本質論者會強烈反對這樣的說法，控訴我否認人類**本質**的各種可怕行為。

　　演化也和胚胎發育一樣是漸進的。我們的每一位祖先，都可以回溯到我們和猩猩共同的根源，再往前推就都屬於同樣的物種。而猩猩的祖先也一樣，回溯到相同的祖宗。我們由一條由曾生存、呼吸和生育過的生命所

組成的 V 型鏈連接至現代猩猩，鏈中每個連結都是和其相鄰個體屬於同一物種的成員，就算分類學家堅持要將他們在其認為合適的點分開，強迫他們貼上不連貫的標籤。如果所有居於中間的物種，從 V 型的兩端到共同的祖先，都活了下來，道德家就必須要拋棄他們將智人視為神聖基座的本質論，以及「物種歧視」（speciesist）的習慣。殺一隻猩猩，或是依此推論，殺任何一種動物，和墮胎一樣都是「謀殺」。的確，一個早期的人類胚胎，沒有神經系統，大概也感覺不到痛和恐懼，可能很合理地會比成年豬受到更少的道德保護，因為成年豬很顯然地感受得到痛苦。考慮到演化和其他漸進現象，我們的本質論者要求嚴格定義「人類」（辯論墮胎和動物權利）和「活著」（辯論安樂死和結束生命決定），根本沒有意義。

我們定義貧窮「線」：你不是在貧窮線「上面」就是在「下面」。但是貧窮是一個連續體。為什麼不以貨幣單位來表達你到底有多窮？美國總統選舉荒謬的選舉團制度是另一個、甚至特別嚴重的本質論思想表彰。佛羅里達州所有的 29 張選舉人票一定得完全是共和黨或完全是民主黨，就算全民投票的結果是平手。但是州不應該**本質上**是紅的或藍的：應該是各種不同比例的混合。

你一定還可以想到很多「柏拉圖死亡之手」（本質主義）的例子。科學上令人困惑，道德上亦有害。本質主義需要讓它淘汰。

彼得・理查森

Peter Richerson

加利福尼亞州大學戴維斯分校環境科學和政策系
退休名譽教授，著有：《不只靠基因》(*Not by Genes Alone*)。

人類本性

　　人類本性概念在對人類感興趣的演化學家間廣為風靡，但仔細檢視時，這是個空洞的概念。更糟的是，此概念讓混淆了想要使用它的人的思考過程。有用的概念就像關節一樣，界線是自然的，人類本性把骨頭砸個粉碎。

　　人類本性暗示定義我們特徵的共同核心是我們物種的特徵。演化生物學教導我們這種物種本質論是錯的。物種是不同個體的集合體，然而個體在遺傳上非常相似，足以成功地交配繁殖。多數的物種和其祖先及近緣物種有多數共同的基因，就像我們和人猿一樣。在多數的物種中，充足的遺傳變異讓個體之間有不同的遺傳組成。很多物種包含因地理位置所造成的遺傳變異，現代人就是個例子。好幾萬年前，我們的屬大概包含一些在非洲的種和三個歐亞物種，所有的物種都能順利交配而在現存基因體裡留下痕跡。大多數的物種和組成它們的族群都不停地演化。在全新世開始農業生活的人類經過了一波的遺傳改變，以適應高澱粉作物和其他農產品的飲食，以及適應在密集安定人類族群中蔓延的流行病原體環境。現今有些人類人口因為「大量疾病」面臨新的選擇壓力。對抗這種疾病的演化是可以偵測的。有些遺傳學家認為影響我們行為的基因經歷最近選汰以適應複雜社會的生活。

　　人類本性的概念讓人們在錯誤的地方尋找解釋。看看最著名的人類本

性論點：人性本善或是本惡？最近的幾年，實驗家已經作了公有地悲劇的實驗，並觀察人們如何解決悲劇（如果他們解決的話）。最典型的結果是大約 1/3 的參與者都成為無私的領導者，使用任何實驗家提供的工具解決合作的難題，大概有 1/10 的人是自私的，利用任何可能的合作。其餘的是謹慎的合作，彈性道德觀者。這樣的結果和每個人的個人經驗相符：有些人總是誠實和大方，有些人就是個神經病，而很多人是介於兩者之間。如果不是這樣的話，那人類社會就會完全不一樣。在這個主題上爭論人類本性是無用的，因為如果我們停下來好好想一想，它忽視了我們都知道的東西。

達爾文對生物學最大的貢獻是放棄本質主義，並專注於變異和遺傳上。雖然有機遺傳在那時尚未明瞭，達爾文依然有顯著的進展。他也解決了人類個別差異的主要問題。在《人類的由來》（ *The Descent of Man* ），達爾文主張人類在生物學上是普通的物種，有適度的地理變異。但是在很多方面，人類行為變異的量比其他物種要多上許多。在麥哲倫海峽開始狩獵採集生活的火地島人和來自舒茲伯利（Shrewsburry）的優閒紳士自然主義家完全不同，但是這些不同主要是因為不同的習俗和傳統，而非身體上的不同。達爾文也發現傳統的演化，並不受到天擇影響。傳統由人類選擇而塑造，有點像馴化的人工選汰，天擇處於配角的地位。

在《嬰兒的生物素描》（ *Biographical Sketch of an Infant* ）一書中，達爾文描述小孩如何輕而易舉地學習護理員。與複雜的遺傳相比，使用 19 世紀自然主義家的工具觀察傳統、習俗和語言的繼承相對簡單，在分子生物學高科技工具下，仍有許多基本的秘密未解。最近對強調模仿和教學機制的研究已經開始揭露這些過程更深層的隱藏認知因素，以及支持達爾文傳統習得和演化現象因素的結果。

人類本性的缺陷在了解學習、文化和文化演化時完全表露無遺。人類本性思維產生的結論認為，行為的原因可以被分為先天和後天。先天被

認為是因，是在後天之前發生的，不管是在演化還是發育時期。會演化的是先天，而文化變異（不管是什麼）一定是先天的果，這是不正確的。如果石器給我們的模糊看法是真的，文化和文化變異大概從南方猿人後期開始，就已經是我們血液裡基本適應能力。過去 200 萬年來科技的詳盡解釋認為腦演化變大和其他解剖改變相符。我們有文化改變產生基因演化的明顯例子，比如乳製品帶來成人乳糖酶持久性（lactase persistent）。在社會上所學的科技可能也在這兩百萬年來做了一樣的事。人類社會學習的能力早在第一年就開始發展，發展學家必須得設計很靈巧的實驗，來偵測在語言和精確模仿行為開始的幾個月前，嬰兒在學習什麼。至少從 12 個月大開始，在任何文化發現與基因表現互動的機會下，社會學習開始傳遞文化發現給小孩。對自閉兒來說，這種社會學習機制多少嚴重地受影響，所以導致多少有嚴重「發展性障礙」（developmentally disabled）的成人。

　　人類文化被視為人類生物學的一部分最恰當，就像我們的雙足步行方式，它是我們用來適應世界上多數地球和兩棲生長地的變異來源。人類本質的概念，就像更廣義的本質主義，讓我們無法好好思考人類演化。

茱莉亞‧克拉克

Julia Clarke

德州大學奧斯汀分校地球科學學院無脊椎古生物學
系約翰‧A.威爾森百年成員副教授。

始祖鳥

　　我想要結束的概念是，演化過程應該順應我們認為熟悉、踏實，或許甚至普遍的詞彙和概念。更要緊的是，我希望不用一再解釋我們發現的每一種新的有羽毛恐龍標本是不是鳥。

　　在很多方面，這是一個可以理解的問題。多年來，多數科學家都認為現生鳥是恐龍的後代。恐龍是鳥的祖先這樣的觀念已經由《侏儸紀公園》滲入大眾意識。所以當科學家發現一種新的有羽毛恐龍時，人們，包括科學家和科學記者，都想知道「牠會飛嗎」？或許也不是很令人驚訝。考慮到所謂的**始祖鳥**，第一隻被發現的有羽毛恐龍，屬名 *Archaeopteryxm*，在科學論文中辯議不斷：牠是鳥嗎？

　　身為一個研究現生鳥演化的古生物學家，我發現這樣的對話一直重複。比如說，當我描述一個從化石紀錄中新發現的小型有羽毛物種時，在詳敘牠的已知特徵後，我可能發現牠也有某類型的飛行能力。不可避免地，我們得暫停一下，因為問題來了：「好，那牠是鳥嗎？」對科學家和他們沒完沒了的修飾詞及複雜的用語不耐煩，提問者想要清楚地知道答案。（好，但是牠會飛嗎？請直接告訴我。）

　　這些問題可能聽起來夠天真，或許也是很自然會被問的問題。但是，就算它們看起來像是科學問題，它們多半不是。它們主要是關於什麼是我們想要認為是實體（鳥）類別的一部分，以及那個類別（飛）的哪一部

分。我們可能會認為目前我們已經能清楚區分，但是試試用模糊鏡頭看一億年前的生命。

古生物學家使用骨頭的形狀和外形，在極少數情形下，也使用羽毛印痕來追蹤死亡已久物種的生態。為了這麼做，他們使用活種形態／功能關係的數據，這個研究本身困難且持續進行。但更困難的是將沒有在任何現有種上出現的結構組合，用來解釋研究的動物是如何移動。比如說，會飛的鳥在肩胛骨和鳥喙骨之間有一關節，是上臂骨肱骨和肩帶相交的地方。但是在化石紀錄裡，我們有一些前肢有羽毛且長度驚人（我們應該稱其為翅膀嗎？）的物種，卻沒有上述的關節連接。羽毛和其相對比例的細微特徵可能和任何現生鳥都不同，這種生物會是鳥嗎？

牠是怎麼移動的？牠是持續拍翼飛行，卻和現存物種的飛行方式不同？如果我們可以時光旅行到白堊紀森林，我們把這個動作稱做「飛行」嗎？那如果物種拍動翅膀只能在樹林間移動呢？如果牠拍動這些「翅膀」只是為了要爬樹或是跳躍？如果牠只有在幼年時會飛，而成年體積變大時，有羽毛的前肢只是為了求偶，卻不再飛了？

所有的假設都已經被提出，而對居住在侏儸紀和白堊紀的不同物種來說也都是真的。我們可以討論這些生物到底會不會飛，以現代的觀點來看是不是鳥，只是我們就冒著忽略更引人注意的科學問題的風險。很快地，我們會掉進定義（以及保衛）詞彙的兔子洞裡，但更有益於我們的是尋找更精確的方式，理解現生鳥中構成飛行要件出現（相對演化首次出現）的各種特徵。

羽毛最先出現在成年時無法飛行的分類群中。在羽毛之前，簡單的絨羽先出現在暴龍科和其他與現生鳥有親緣關係的物種中。從上百種骨頭和羽毛特徵中已經暗示了恐龍間長遠的譜系關係，我們卻仍想將「鳥」和「飛行」互相連結。

我並不是第一個認為辯論什麼應該被稱為「鳥」和如何界定「飛行」是無用的，並且和演化思維不符。但是我很驚訝這場辯論即便在專家間也歷久不衰。比如說，討論如何定義正式分類學名稱「鳥綱」（Aves）還在持續。透過演化過程解析久遠的事件是有爭議性的，但也是二分法，大概是最分類思維的最佳方式，這樣的思考模式氾濫，且產生錯誤的爭議，而模糊了重要的問題。在很多新性狀中，追蹤非同時期改變的更複雜形式，可以得知為何形狀和外形的演化為何會成功的通則。

我們測試的不同假說彼此應該是並列的關係，而不是對立關係。但是，我們慣用的分類常常被刻意地將它們列入這種明顯的關係。的確，在科學中我們有很多**始祖鳥**，那些持續存在的證據，顯示我們對實體類別抱持類似的強烈集體認知想法，認為這樣的想法是直覺且自然的。這會讓我們裹足不前。

庫爾特・葛雷

Kurt Gray | 北卡羅來納大學教堂山分校社會心理學系助理教授。

計數自然

「我非常驚訝種和變種之間的區別是如此完全地模糊且專斷。」

—— 達爾文，《物種起源》，1859 年。

　　幾個世紀以來，只有一種方法可以為廣大生物多樣性帶來秩序，那就是林奈式分類系統（Linnaean classification）。18 世紀時，林奈提出以特徵分類物種的方法：他們看起來一樣嗎？他們有相同的行為嗎？使用林奈式分類系統，你可以將自然界的物種分門別類。你可以計數，並自信地說：「大象有兩種」，或「熊有四種」。有些心理學家也將同樣的秩序應用在心智，宣稱「情緒有六種」、「人格有五種」或是「道德關懷有三種」。這些心理學家受林奈的精準、秩序和俐落的觀念所啟發，唯一的問題是，林奈是錯的。

　　林奈時期比達爾文提出天擇演化論早 100 多年，他深信物種是固定且不可改變的。林奈根深柢固的宗教信仰讓他認為物種是神旨的產物，而他的任務就是將這些不同的種類分類，也是他的座右銘「上帝創造，林奈組織」。如果上帝創造了特定數量的不同物種，分類並計數它們就有道理。「上帝創造了幾種蠑螈？」的問題就有意義。

　　但是，演化卻摧毀了物種的神聖。物種不是一開始就全部都被創造，而是隨著時間慢慢出現，重複著一個簡單的步驟和方法：遺傳、變異和選汰。演化讓我們看到各式各樣的生物，不管是細菌、仙人掌還是人類，都

是不同環境中一連串基本過程的共同過程。共同過程代表物種之間的界線不是存在於自然中，而是不同人心中，自然界裡有多種中間型的動物（比如肺魚），和雜交種（比如獅虎），都違反了簡單分類。再者，以地質年代來看，這些分類更是隨性，物種隨著板塊分離和碰撞而分歧和趨同。

生物學已經發現物種並非永恆神意的顯示，而是以直覺讓這個世界更有條理。只可惜，心理學卻沒跟上腳步。很多心理學家相信心智世界是固定且可數的，心理狀態的出現反映深層本質。初級心理學教科書包含心理種類的編號清單：五種人類需求、六種基本情緒、三種道德關懷、三種愛、三種心智，這些清單主要根據在計算者的直覺。

與 18 世紀林奈時期的人一樣，這些憑直覺的分類曾是我們能做到最好的，因為心理學缺乏一個基本的心理學過程。但是，社會認知和神經科學已經揭露了這些過程，並發現不同的心智經驗，比如情緒、道德、動機，是基本情感和認知過程的結合。此研究認為心理狀態並非被清楚定義的「東西」，有著歷久不衰本質，而是模糊的構想，在不同的環境中產生的共同心理過程中出現。

誠如演化能夠在特定環境中表露共同過程而創造眾多物種，心智也可以創造眾多種類。你沒有辦法像細數雪花和顏色一樣計算情緒和道德關懷。當然各個情況和彼此會有描述性的相似和相異之處，但整合是隨性的，而且大多依賴於研究者的直覺。這也是為什麼科學家永遠無法同意任何東西的基本數量，一個科學家可以將心智經驗分為三種，另一個四種，再另一個則是五種。

該是時候讓心理學捨棄計算自然，並認清心理種類並非各自不同，也不是真實的。生物學早就知道物種是專斷的，而且是被建構出來的。我們為什麼慢了 200 年？最有可能的答案是人們，甚至包括心理學家和哲學家，都相信直覺（心智的產物）準確反映心智結構。只不過，數十年的研

究顯示直覺並不實際，並指出心智直覺並非基本心理過程的準則。

　　心理學家必須要從計數轉向結合。**計數**只是單純描述世界，一個心理學家在一個時間一個文化中對心智經驗的直覺順序。**結合**尋求基本心理學元素，並發現他們如何互動以創造心智世界。在生物學中，計數會問「有多少種蠑螈？」而結合會問「什麼樣的過程導致蠑螈多樣性？」計數必須得在特定的環境和時間下，但結合認為這些因素本身都是過程。心理學必須要跟上生物學，從計算個別種類轉向探索基本的系統。

　　這樣的過程已經開始了。美國國家心理健康研究院主任湯瑪士·殷索爾（Thomas Insel）在精神病理學研究中已將系統排於種類之上。他不使用《精神疾病診斷與統計手冊》[7]，並指出直覺分類阻礙心理學基本過程，並防止治療方法的發現。美國國家心理衛生研究院（National Institute of Mental Health，NIMH）贊助檢視基本的情感、概念和神經系統的提案，此或許也可以解釋「不同的」憂鬱症和焦慮症為什麼常常同時發生，以及選擇性血清素再回收抑制劑（selective serotonin reuptakeinhibitor，SSRI）為什麼可以幫助治療多種症狀。精神病理學無法輕易地被歸類，而其他心理現象也不行。

　　當然，我們需要去蕪存菁。為了能有意義的討論，分類自然世界還是必須的。就算是在演化過程力量已不容爭辯的生物學中，多數人還是認可林奈式分類系統的使用，並繼續沿用林奈幾個世紀前所提出的名稱。重點是不要將人為建構和自然秩序混淆。對人類有幫助的在自然中並不一定是真的。直覺分類在心理學是必要的第一步，但是當林奈更了解世界時，自己也發現了系統和物種名稱是隨性的。心理學必須認清這個事實，並將林奈和18世紀拋諸腦後。

7.*Diagnostic and Statistical Manual of Mental Disorders*，簡稱DSM，由美國精神醫學學會出版，是一本在美國與其他國家中最常使用來診斷精神疾病的指導手冊。

麥克・薛莫

Michael Shermer

《懷疑論者》雜誌（Skeptic）創辦人、《科學人》雜誌（Scientific American）專欄作家，著有：《信任的腦》（*The Believing Brain*）。

與生俱來＝永久

　　認為一個生物體的性狀和特徵是「與生俱來的」，就代表這是永久的特點，這樣的科學觀念應該被淘汰了。例子：神和宗教信仰。

　　達爾文在 1871 年《人類的由來》一書中提出理論，認為「相信無所不在的心靈機制是普遍的」，因此我們物種的演化特徵是與生俱來就在我們腦子裡的，科學家做了很多實驗和調查來證明為什麼總是和神牽扯在一起。人類學家已經發現人類普同性，比如對死亡和死後生活、幸運和不幸運，還有特別是魔術、迷思、儀式、算命和民間傳說等特定超自然信仰。行為遺傳學家在雙胞胎實驗中發現，40% 到 50% 對神信仰和宗教的不同來自於基因，實驗結果在出生即被分離、在不同環境中撫養的雙胞胎中最顯著。有些科學家甚至宣稱找到了「神基因」（或更準確一點，「神基因複合體」），讓人類需要心靈超脫和相信某種更高深的力量。就算是宗教故事特定的元素，比如毀滅性的洪水、處女生子、奇蹟、死而復生，看似獨立發生，在不同文化中一遍又一遍地在歷史上演，也暗示著宗教和對神的信仰是與生俱來的要素。在今天之前，我也一直都相信這樣的理論。

　　當／如果我們在火星上建了永久的殖民地，而其中的科學家不相信任何事物，抱持完全世俗的世界觀，那我倒想知道在十代（或一百代）之後看看神是不是回來了。但在這個實驗發生前，我們得考慮地球上所發生的自然實驗的結果。比如在西方世界，民意調查機構博德曼基金

會（Bertelsmann Stiftung）於 2013 年，在 13 個國家（德國、法國、瑞典、西班牙、瑞士、土耳其、以色列、加拿大、巴西、印度、南韓、英國和美國）調查 1 萬 4000 人的宗教信仰，發現多數國家對宗教和神信仰都有下降的趨勢，特別是年輕的一代。在西班牙，85% 超過 45 歲的受訪者回應中度虔誠到非常虔誠，但 29 歲以下則只有 58% 如此回應。歐洲的普遍情況是，只有 30% 到 50% 的人認為宗教在生命裡是重要的，而在多數歐洲國家，少於 1/3 的人聲稱他們相信神。

就算是在超虔誠的美國，調查者發現 31% 的美國人認為他們「不虔誠或不很虔誠」。調查結果和普優基金會（Pew Foundation）2012 年的民調相同：美國快速成長的宗教人口是「不信教者」（那些沒有任何宗教的人），占了 20%（33% 是 30 歲以下的成年人），再細分為 6% 的無神論者和不可知論者，和 14% 的無宗教者。原始數字很驚人：美國成年人人口（18 歲以上）為 2 億 4000 萬人，依上述比例就是 4800 萬為「不信教者」，或是 1440 萬無神論者／不可知論者，和 3360 萬無宗教者。世代的不同也顯示不信仰的趨勢，「偉大的」一代（於 1913 至 1927 年出生）占了 5%、「沉默的」一代（於 1928 年至 1945 年出生）佔了 9%、「嬰兒潮世代」（於 1946 至 1964 年出生）占了 15%、「X 世代」（於 1965 至 1980 年出生）占了 21%、「上千禧世代」（於 1981 至 1989 年出生）占了 30%、「下千禧世代」（於 1990 至 1994 年出生）占了 34%。

以這樣的速度來看，我預測「不信教者」在 2220 年會達到百分之百。

現在是時候，讓科學家捨棄神和宗教是與生俱來就在我們腦子中的理論。就像其他人一樣，認知偏見也會讓科學家往試著解釋普遍觀點的方面思考。所以我們眼光要放遠，比如說拿今天和百分之百相信神的 500 年前相比，或是和我們舊石器時代狩獵採集的祖先相比，雖然他們有些迷信的儀式，但並不相信神，也沒有和類似於現代人對神或宗教的宗教信仰。

這些都指出對神的虔誠信念和信仰是其他認知過程（比如作用偵測）和文化傾向（需要有歸屬感）的副產品，雖然是與生俱來的，但可以由理由和科學除去，就像移除那些在五個世紀前，曾被學識淵源的歐洲學者和科學家支持的迷信儀式和超自然信仰一樣。比如說，當時最常用來解釋作物歉收、天氣異常、傳染病和各種疾病及壞運的理論是巫術，而解決的方法是將女人吊在火葬場上，再放火燒死；但現今沒有任何正常人會相信這種方式。隨著農業、氣候、傳染病和其他因果因素，包括機會這方面科學知識的進展，而巫術理論也就因此不再適用。

所以，其他形式的與生俱來＝永久的概念一直是這樣運作的，以後也會是這樣，比如暴力。我們可能與生俱來就暴力，但是我們可以使用科學測試的方法大大降低暴力。因此，就我的測試案例而言，我預測在 500 年後，因果論的神理論就不再適用，21 世紀認為神是與生俱來就在我們腦中、並成為我們物種永久特徵的科學理論將會消失。

道格拉斯・羅西科夫

媒體分析師、紀錄片作家，著有：《當代的震擊》
(*Present Shock*)。

Douglas Rushkoff

無神論前提

我們不需要讚賞全知的神創造萬物，就可以懷疑在我們稱為現實的空間裡，有些怪得美好的事正在發生。我們大多數的人住在這裡，覺得充滿生活目標。不管這樣的方向是不是宇宙真實且預先存在的條件、是不是 DNA 帶來的幻覺，或者是不是某種有一天會從社會互動中出現的東西，都還未被確定。但是至少，這代表我們的經驗和對生命的期望不能再被認為是適當觀測和分析的阻礙，而不被列入考慮。

但是科學對物質主義莫名的承諾讓我們對時空起源產生晦澀難懂的假設，認為時間本身必須是大爆炸的副產品，而意識是事物的副產品。這樣的敘事隨著資訊朝著複雜性、奇點和機器人知覺持續演化，這是個和聖經預言裡對世界末日最直接詮釋同樣的冒險故事。

認為時間可能在事物前發生，而比起一個物理因果現實的後果，意識可能更像是前兆，這樣的可能性比較合理且不會完全沉浸於故事書邏輯裡。

以無神作為科學推理的基本法則，我們讓自己不必抵抗新奇的人類意識、隨著時間的持續性和意識有價值的可能性。

羅傑・海菲爾德

科學博物館群（Science Museum Group）外事主任，
與馬丁・諾瓦克（artin Nowak）合著有：《超級合作
者》（Super Cooperator）。

Roger Highfield

演化是「真實的」

　　政治家、詩人、哲學家和宗教家常常談論真理。相反地，多數的科學家則認為描述研究的某一領域為「真實的」太誇張，雖然科學家真的追求數學真理。比方說，量子理論是真實的，因為不管多奇怪、擾亂人心並與預期相反，諸多的實驗支持關於世界如何運作的預測。相同地，當我在大學念化學時，也沒有人跟我說元素週期表的「真理」是什麼，但我讚嘆門得列夫（Mendeleev）是如何看出原子的電子結構。為什麼生物學家常常在談論演化是真理？畢竟，沒有人能說所有關於演化的報告都是「真實的」。用關於真理的修辭去對抗非理性信仰是個錯誤。

　　實驗結果、化石紀錄、DNA 紀錄和電腦模擬都已確立的演化事實，更高智能設計和其他創造者的批評已經被不屑一顧。如果演化生物學家真的要追求真理的話，他們應該要更注重在尋找生物學的數學規則，追隨休厄爾・萊特（Sewall Wright）、約翰・伯頓・霍爾丹（J. B. S. Haldane）、羅納德・費雪（Ronald Fisher）等巨人的腳步。

　　生物學的混亂已經讓生物學很難分辨演化的數學基礎。或許生物學定律是物理學和化學定律推論的結果。或許天擇並非物理學的統計結果，而是一個嶄新且基本的物理定律。不管是哪一種，那些物理學家和化學家所依據的普遍真理（「定律」）似乎在生物學中找不到。

　　十多年前和今天並沒有多大改變，當已故的偉大約翰・梅納德・史密

斯（John Maynard Smith ）在一本關於科學最有影響力方程式一書中的一章，執筆寫下演化博弈論（Evolutionary game theory）：他的貢獻並沒有包含任何一個方程式。但是已經有很多生物過程的數學公式存在，而演化生物學終將看到高中生在學習牛頓運動定律時，也學習生命方程式的那一天。

再者，如果物理學是成熟科學領域該有的典範，也就是不浪費時間和精力對抗反對科學的創造者的行為，我們也需要停止盲目地遵循演化機制是無法討論的真理這樣的觀念。重力像演化一樣存在，但是牛頓的重力觀是被吸收在愛因斯坦一世紀前發明的觀點之中，就算是現在，當我們終於洞悉暗宇宙的本質時，還是有人要爭辯我們對重力的理解是否需要修改。

安東・蔡林格

維也納大學和量子光學與量子信息研究所（Institute for Quantum Optics and Quantum Information）物理學家、奧地利科學院（Austrian Academy of Sciences）主席，著有：《光子之舞》（*Dance of the Photons*）。

Anton Zeilinger

量子世界裡沒有現實

認為量子世界裡沒有實體的觀念應該要被拋棄。這個觀念的出現有兩個原因：一、因為物理性質無法以精值表示；和二、因為在量子力學廣大的解釋範圍裡，有些人認為量子狀態並不描述一個客觀現實，而只是在觀察者心裡發生的性質，因此，意識扮演了重要的角色。

來看看著名的雙狹縫實驗。這樣的實驗和相似的實驗不僅僅用在單一光子上（或是任何類型的粒子，像是中子、質子或電子），甚至也被用在大型粒子束，比如被稱為巴克球（Buckyballs）的球狀分子 C_{60} 或 C_{70} 碳分子。在適當的實驗條件下，於兩條狹縫後方的屏幕上巴克球的分布，這樣的分布有最大值和最小值，干涉圖形因穿過狹縫的概率波干涉現象而產生。但是（在愛因斯坦和尼爾斯・波耳著名的辯論後）我們可能會問：「巴克球分子是從哪一個狹縫穿過的？」假設每個分子必須穿越兩個狹縫中的其中一個，不是再自然不過的嗎？

量子物理學告訴我們這不是個有意義的問題。除非我們做了實驗，找到粒子的位置，不然我們不能分配明確的位置給粒子。在我們這麼做之前，巴克球的位置，以及它會穿越的狹縫，便是意義空洞的概念。

假設我們現在測量一個在巴克球束中特定粒子的位置。我們就可以得到答案。我們知道它在哪裡：它不是接近第一個狹縫就是接近另一個狹縫。這樣看來，位置是實體的要素，而量子物理學描述這個實體。有趣的

是，假如我們對一個物理量（也就是粒子的位置）有正確的知識，另一個物理量（也就是在干涉圖形中的知識）就不明確。

那意識在這裡扮演什麼角色呢？量子力學告訴我們粒子在還未被觀測之前，是處於一個穿越兩條狹縫的疊加狀態。如果我們現在在兩條狹縫後各放一個偵測器，那其中一個偵測器將會記錄粒子。但是量子力學告訴我們測量裝置和粒子位置相互纏結，因此裝置本身就缺乏明確的經典效應，至少在原則上是如此。這樣的纏結一直持續到觀察者紀錄結果。所以如果我們採納這樣的推論，那便是觀察者的知覺讓實體出現。

但是我們不需要想得這麼遠。假設量子力學只不過描述可能測量結果出現的**機率**。因此觀測將潛力轉變成事實，在我們的案例裡，巴克球的位置成為一個可以被理智談論的量。但是不管它是否為一個明確的位置，巴克球存在。即使我們無法知道巴克球所在位置的值，巴克球在雙狹縫實驗裡仍是**真實的**。

史蒂夫・吉丁斯

Steve Giddings | 加州大學聖塔芭芭拉校區理論物理學家。

時空

　　物理學一直被認為在探討空間和時間的基本架構。狹義相對論（special relativity）將時間（time）和空間（space）變成時空（spacetime），而廣義相對論（general relativity）教導我們時空本身彎曲和皺褶，時空一直是物理學基礎的一部分。但提供現實一個量子力學敘述的需求挑戰空間和時間是基本的概念。

　　我們特別面臨調和量子力學原理和重力物理學的問題。剛開始，物理學家相信這代表時空可以大量波動而失去意義，雖然是僅在極短的距離。但是嘗試調和量子原理和重力現象顯示了對時空基本角色更深遠的挑戰。當我們研究黑洞和宇宙演化時，這個挑戰更是明顯。時空構造在長遠距離上似乎很有問題。

　　量子力學是物理學不可避免的一部分，並且十分不容易改變。如果量子原理控制自然，那看起來時空是從更基本的量子構造而生的，而時空的出現或許和原子交互作用而生的流體行為粗略類似。

　　基本時空的問題在很多正在發展的觀點上更是常被暗示，最值得注意的就是黑洞物理學，遵守量子原理的演化一定違反了認為訊息不可能比光速傳播得快的經典時空格言。這個標準時空看法有個地方看來錯得離譜。考慮到量子原理和暗能量的存在，當我們檢視宇宙的大規模架構時，證據比比皆是。而時空最終在極長的規模經歷強大的量子波動，看似失去意

義。更多暗示則來自波動時空的候選數學方法。

　　捨棄古典時空為基本概念的觀念，這樣明顯的需要是深遠的，而尚未有任何新觀念能接替。有很多基本量子架構的方式存在，有些提出承諾，但是沒有一個可以清楚地解決幾十年來在黑洞和宇宙學的難題。接替觀念的出現很可能是物理學下一次主要革命的關鍵要素。

Amanda Gefter

雅曼達・蓋夫特

科學作家、《新科學人》（New Scientist）顧問，著
有：《闖進愛因斯坦的院子》（*Trespassing on Einstein's
Lawn*）。

唯一宇宙

　　物理學有一個歷史悠久的傳統，就是當面取笑我們最基本的直覺的。
愛因斯坦的相對論讓我們放棄絕對空間和時間的概念，而量子力學則讓我
們放棄所有其餘的物理觀念概念。但是，有個不屈不撓的觀念依然屹立不
搖：唯一的宇宙。

　　當然，我們對宇宙的看法隨著時間改變，宇宙的歷史動態、起源膨
脹、膨脹加速。宇宙甚至被降級為只是無窮宇宙中的多宇宙的其中一個，
無窮宇宙永久被事界（event horizon）分割。但是我們依然堅信，身為銀河
的居民，我們都住在一個單一時空，我們在有秩序宇宙中的共同角落：我
們的宇宙。

　　但是在最近的幾年中，單一共同時空的概念將物理學變成矛盾。史蒂
芬・霍金在 1970 年代的著名研究首先提出質疑，認為黑洞會散發輻射和蒸
發，從宇宙消失，據信也帶走一些量子訊息。但量子力學是基於訊息絕對
不會遺失的原理。

　　這就是難題。一旦訊息落至黑洞，就不可能爬得出來，除非它比光
速快，或是違反相對論。因此，唯一可以保存訊息的方式，就是它一開始
就從來沒有掉進黑洞。以處在黑洞外的加速觀察者的觀點而言，這並不困
難。多虧有相對效應，從加速觀察者的居高點，當訊息接近黑洞時，延展
並放慢，穿越事界之前，就在史蒂芬的輻射中心被燒成灰。但是就慣性的

下落觀察者來說，那就是一個不同的故事了，下落觀察者進入黑洞，穿越視界，並沒有注意到任何奇怪的相對效應或霍金輻射，感謝愛因斯坦的等效原理（equivalence principle）。對下落觀察者而言，訊息最好掉進黑洞裡，要不然相對論就有麻煩了。換句話說，為了要維護所有的物理定律，訊息的一個複本需要在黑洞外面，而其他的複本則掉進黑洞裡。喔，最後還有一件事，量子力學不允許被整套複製。

史丹佛大學物理學家李奧納特‧蘇士侃（Leonard Susskind）最後解決了訊息悖論，他堅持我們限制我們對世界的描述，不是只描述黑洞視界外的時空區域，就是黑洞內部。兩者的任何一種都是一致的，只有當你同時談論兩者時，才會違反物理定律。這個被稱為「視界互補」（horizon complementarity）原理告訴我們黑洞的內部和外部並不是單一宇宙不可缺少的一部分。它們是**兩個**宇宙，但並不是在同一時間。

直至去年，視界互補都能圓滿解釋訊息悖論，去年物理學界被一個新的、更折磨人的難題震驚，也就是所謂的防火牆悖論。在這樣的論點下，我們的兩位觀察者發現自己對單一訊息有著相互矛盾的量子敘述，但是現在矛盾發生在兩個觀察者都仍在視界外時，在慣性觀察者落下之前。也就是說，矛盾發生時，他們應該還在同一個宇宙。

物理學家開始思考解決防火牆悖論最好的方法是採用「極強互補」（strong complementarity），也就是不僅將我們的敘述限制於被視界分隔的時空區域，也限制於各觀察者的參考架構，不管他們身處何方，就好像每個觀察者都有自己的宇宙。

原始的視界互補已經損害了多宇宙的可能性。如果你因為描述被視界分隔的兩個區域，而違反物理學，那試想當你描述被**無窮**視界分隔的無窮區域時，會發生什麼事！而現在極強互補則在損害一個單一共同宇宙的可能性。你的第一個想法，可能會認為它會製造自己的多宇宙，但是它沒

有。是的，有多位觀察者，是的，每個觀察者的宇宙都跟其他人的一樣好。但是如果你要待著物理學定律對的那一邊，那你一次只能談論一個宇宙。真正意思就是在一個時間只**存在**一個宇宙，這是宇宙唯我論。

讓唯一宇宙提早退休是很激進的策略，所以這最好在科學進步上有所貢獻。我認為是有的。第一，它可能會釐清令人難堪的低四級巧合：宇宙微波背景輻射在天空高於六十度時，就沒有溫度波動，讓空間的大小保留在我們可觀測宇宙的大小，就好像現實在觀察者的參考架構邊緣突然停止。

更重要的是，它可以提供我們一個更好的量子力學概念。量子力學蔑視理解，因為它讓東西可以在互相排除的疊加狀態盤旋，當光子穿越這個狹縫**和**那個狹縫時，或是當貓同時是死的**和**活的。這阻礙我們的布耳邏輯、取笑排中律（Law of the excluded middle）。更糟的是，當我們真正觀察某個東西時，疊加消失，而單一現實奇蹟式地顯露。

有鑑於唯一宇宙的退休，這些都看起來比較不像奇蹟一點。畢竟，疊加是參考架構的疊加。在任何一個單一的參考架構中，一隻動物究竟是生或死是明確的。只有在你試著將多個架構拼湊在一起、錯誤假設它們統統都是同個宇宙的一部分時，貓才會同時是死的**和**活的。

最後，唯一宇宙淘汰的可能可以在物理學家推進量子重力計畫時提供一些指引。比如說，如果每一個觀察者都有自己的宇宙，那每一位觀察者都有自己的希爾伯特空間（Hilbert space）、自己的宇宙視界，以及自己版本的全像術（holography），而我們需要量子重力理論提供一套一致的條件，可以連結不同觀察者操作上可測量的東西。

調整我們的直覺和適應物理學發現的奇異真相從來不是件容易的事。但是我們可能必須得改變立場，接受有我的宇宙，也有你的宇宙，但是沒有**唯一**宇宙的概念。

哈伊姆・哈拉里

物理學家、大衛森科學教育協會（Davidson Institute of Science Education）主席、魏茲曼科學學院（Weizmann Institute of Science）前院長，著有：《風暴眼的觀點》（*A View from the Eye of the Storm*）。

Haim Harari

希格斯粒子結束粒子物理學的一章

希格斯粒子（也稱作上帝粒子，也被利昂・萊德曼〔Leon Lederman〕稱為該死的粒子）的發現，終結了建立粒子物理學標準模型的想法，至少這是我們在報紙或是來自斯德哥爾摩[7]的布告上讀到的。50 年前這個觀念的採用，的確是標準模型發展的里程碑。但是在現實上，它並沒有解決任何依然存在的問題，這些問題已經困擾標準模型超過 30 年了。

自然教導我們所有事物（其實不是所有，比如說什麼是暗物質和暗能量呢？）都是由 6 種夸克（為什麼是 6 種？）和 6 種輕子（為什麼是 6 種，為什麼數目一樣？）所組成的。它們以清楚的模式排列，準確地複製（為什麼？）自己 3 次（為什麼 3 次？）。這 12 種粒子帶有剛好是 0、1、2 或 3 個單位的正或負電荷，以 1/3 電量倍數增加（為什麼只有這些電荷，而沒有其他的，為什麼夸克電荷和輕子電荷有關？）粒子質量只能被大概 20 個自由參數描述，參數各不相關，看起來好像是從奇異宇宙樂透中選出來的，範圍幾乎包含 10 個數量級。

是的，希格斯概念給了我們一個誘人的機制，讓這些粒子有質量而非沒有質量。但是這就是問題的來源。為什麼是這些質量？這些數目是誰選的、又為什麼這麼選？物理學的所有，甚至科學的所有，都是基於用 12 個有著完全隨意質量值的物體，創造宇宙所有物質，而沒有人有絲毫線索知

7.斯德哥爾摩是諾貝爾獎的頒獎地。

道它們是從哪來的？

　　這些神秘的質量值據稱反映了希格斯粒子「耦合」夸克及輕子的力量。但是這就像在說 12 個人的體重反映了他們站在體重機上時，數字出現的事實。並不是一個很令人滿意的答案。標準模型真正的迷團是，就像物理學總有的謎團，「然後呢？」一定有什麼在這之上，可以解決暗物質、暗能量、粒子質量和粒子簡單、不同及重複的系統模式的謎團。

　　希格斯粒子對解開這些迷團完全無用，除非最後的答案是希格斯粒子的確是上帝的粒子，而粒子質量是這些而非其他是上帝意圖。又或者不是一個上帝而是 12 個有著不同數字品味的神。好消息是將會有一些振奮人心的發現等著我們，破解所有物質的基本結構，超越標準模型提供的暫時見解，我們絕對還沒有萬有理論，還差得遠了。

莎拉・德默斯

Sarah Demers | 耶魯大學物理學系助理教授。

美學動機

粒子物理學的標準模型有美學的缺點，帶來了下列問題：為什麼這麼多自由參數？為什麼不是一個優雅、單一的基本作用力？為什麼是三代夸克和輕子？現在我們有基本粒子如何獲得質量的機制，為什麼它們和希格斯場有特定的耦合涵蓋巨大範圍的質量？為什麼有更激烈的基本作用力力量？每個問題的潛在危險是回答「就是這個樣子」。

除了這些美學的考量，我們在已探索宇宙中的預測和觀察也互相矛盾。我們還沒找到能提供加速膨脹的能量來源、沒有足夠的重子物質來解釋天文觀測。我們住在一個應該不可能逃過殲滅的大口袋裡。 事實上，我們處處可見物質，但是沒有足夠物質和反物質不對稱資料可以解釋物質過盛。我們可能永遠找不到這些問題的答案，但是清楚地解釋每一個問題最少需要一些調整，最多需要從根本上修改現存的模型。現存模型的問題不只是優雅而已。

包括我自己在內的實驗家一直以數據追尋有美學或部分有美學動機的理論。經過數年來使用能量前沿的大型強子對撞機，以及在世界各地對粒子、核子和原子物理學進行的縝密測量，「新物理學」參數空間的大型區域已經被排除了。理論學家已經轉移方向，修整他們提出的模型，促使我們採納更有挑戰性的實驗條件。

這樣的互動似乎是良性且肯定很有趣。緊密的互動讓新觀念的測試快

速進步。就算尋找非標準模型物理學帶來了新的限制而非發現，進行可能為大統一理論提供證據的測量仍令人激動。但是，我們目前稀少資源的年代需要更嚴密的思考。是時候更加小心地審查我們理論的基礎。

將美學考量帶入科學工具中，已經帶來巨大的進步。對優雅的需求已經一再地讓科學家發現基本建構。能夠考量美學也是讓我們有些人成為科學家的一個原因。我並不是說我們必須永久捨棄美學，但是我們現在處於一個數據豐富的粒子物理學時期，之前歷經了好幾年數據缺乏（至少在能量尚未開發的領域）的時期。確定數據有最終決定權在科學實踐上是最重要的，我們擁有的數據可以提供很多關於標準模型的資訊。當我們考慮接下來該繼續那一個實驗時，面臨的風險更大。

在這個階段，96% 的宇宙內容還是未知，當我們談論理論動機時，認為美學考量和矛盾同等重要是錯誤的。無法解釋暗能量、無法確認偵測到暗物質，以及沒有充足的物質／反物質不對稱機制，在達到優雅之前，我們還有太多空白需要填補。理論學家會繼續追尋大統一論，包括提升數學以提供更多進步。實驗家有機會和責任來提供方向，以中立的方式找尋我們數據和標準模型預測之間的歧異。這當然也包括大肆測量新發現的希格斯玻色子。

我們現在該承認，有些傑出理論同事發明的模型，我們雖然追尋已久，但可能只是（美麗的）孤注一擲，沒有確定性。下一個重要的理解層級很可能會來臨，因為數據費心決定的限制逼著我們前進，而不是運氣。

瑪麗亞・斯皮羅普盧

Maria Spiropulu 加州理工學院物理學系教授。

自然、階級和時空

當今在物理學被提及的自然、階級和時空，遲早要被淘汰。

建構理論模型的自然「策略」和階級「問題」，理論包括粒子標準模型和其交互作用（稱它為 STh，大衛・葛羅斯〔David Gross〕的標準理論），和新發現的類希格斯粒子測量一起瓦解。在我們於大型強子對撞機詳盡地測量希格斯粒子前，我稱它為「類希格斯粒子」。不管怎樣，我們已經為自己寫了個關於希格斯基本能量的故事，一個真實世界似乎不遵守的故事。

因此，因需要「自然」而不是「精確調整」（我們應該很早之前就要客觀看待的主觀概念）所產生的奴役。在我們說話的同時就被消除了，而通往高能量的道路可能比我們想像得更驚人。

在路的盡頭（可能也沒有盡頭，假如路又繞回來我們面前），重力和時空加入物理學概念的混合，困難又怪異，而我們也必須要改良這些觀念，如果我們不想讓它們全部消失的話。

在相關的物理學觀念上，關於暗物質的粒子性質概念可能也會瓦解。未來將會有關於我們量子宇宙基本概念的大革命（和發現）。

艾德・瑞吉斯

Ed Regis

科學作家，與喬治・邱奇（George Church）合著有：
《再生》（Regenesis）。

科學家應該知道任何科學知識

1993 年，兩位諾貝爾獎得主，史蒂文・溫伯格和利昂・萊德曼，分別出書，認為應該在德州沃克西哈奇建構周長 54 英里的超導超大型加速器（Superconducting Super Collider，SSC），以探索希格斯純量玻色子，萊德曼半開玩笑地封其為「上帝的粒子」（兩本書分別是《終極理論之夢》〔*Dreams of a Final Theory*〕和《上帝粒子》〔*The God Particle*〕）。時運極為不佳，兩本書都剛好在美國國會終止此項計畫資金時問世。

不過也沒差，因為最後希格斯玻色子在 2012 年被科學家在更小型的加速器——周長 17 英里的大型強子對撞機——裡發現，位於日內瓦歐洲核物理研究中心。

就像在科學中常常發生的，新發現同時也帶來了幾個新問題，希格斯當然也不例外。比如說，為什麼希格斯粒子質量恰恰好是這樣？還有比希格斯更基本的粒子可以解釋希格斯玻色子特定的性質嗎？真的有多於一個的希格斯玻色子嗎？可惜的是，在基礎粒子理論中，這些問題的答案都變得愈來愈、甚至過分地昂貴。在超導超大型加速器被取消之前，預期的費用最初是 39 億美元，到 1991 年，最終數字超過 110 億。但是知道這些關於希格斯玻色子問題的答案，到底真的值多少錢？如果你會出錢的話，你願意付多少錢知道這些答案？樂觀地假設你可以了解希格斯玻色子是如何解釋（如果它提供解釋的話）電弱對稱破缺（electrowcak symmetry breaking）

現象的問題。

　　科學早就已經知道有一些新知識的發現，必須建構在很荒謬地甚至可笑的結構，費用也同樣高。這樣看來，就需要考慮這些應該被吃錢獸被提供的知識到底值不值得。

　　顯然沒有因國會終止大型加速器而受到影響，在 2001 年費米實驗室（Fermilab，它的加速器相對迷你，周長 4 英里）的一個研究小組認真地建造一個**超**大型強子對撞機（VLHC），一個周長為 233 公里（145 英里）的巨型怪物。這個龐然大物將會佔地 400 平方英里，比羅德島州還要大。

　　接著，在 2013 年夏天，希格斯被發現的一年後，一群粒子物理學家在明尼阿波里斯市會面，提出一個周長為 62 英里的對撞機，這群粒子物理學家認為此對撞機可以帶來「新物理學在 W 和 Z 玻色子、上夸克和其他系統間接影響的研究。」[8] 這樣的提議像詐騙、垃圾郵件或雜草一樣源源不絕。但是遲早，夠了就是夠了，就算是科學也不例外，再說科學也不是神聖不可侵犯的。一直永久不停地付愈來愈多的錢，而得到愈來愈少的知識（微不足道事物的假設性瑕疵、似乎已經接近全無的界線），是很愚蠢的。

　　基本粒子物理學家顯然沒有聽過「成長的極限」或是任何東西的極限。但是他們應該讓自己了解這個概念，因為基礎並非自動地勝過應用科學。錢的總數是固定的花在閃閃發亮的新超級大對撞機上的每一塊錢，就是支出在其他地方，比如醫院、疫苗培育、流行病預防、災害救濟等等。和小國一樣大的粒子加速器可以被認為是超過為了艱深、理論性和幾乎是神秘的知識成長，而犧牲的合理經濟範圍。在對超導超大型加速器的事後分析中（Goodbye to the SSC），科學歷史學家丹尼爾・凱弗里斯（Daniel Kevles）認為物理學的基本研究應該要進行，「但並非不計代價」[9]。我同意。有些科學知識就是不值它所需的費用。

8.原註：Community Planning Study: Snowmass 2013, "Energy Frontier Lepton and Photon Colliders."
9.Engineering & Science, Winter 1995.

西恩・凱羅

Sean Carroll

加州理工學院理論物理學家，著有：《宇宙末日的粒子》（*The Particle at the End of the Universe*）。

可否證性

　　科學理論總是聽來奇怪且反直覺，也被各式各樣想要成為「科學的」胡謅對抗，在這樣的世界裡，區分科學和非科學就很重要，哲學家稱之為「分界問題」。 卡爾・波普（Karl Popper）提出著名的準則「可否證性」：一個理論如果可以做出能被明確證明為假的預測，那這個理論就是科學的。

　　這個觀念的意圖很好，卻未考慮周全。波普關心的是佛洛伊德的心理分析學和馬克斯主義的經濟學，這些在他看來是非科學的。不管人或社會到底發生什麼事，波普宣稱，像這樣的理論總是能夠說故事，只要數據和理論架構相符合。他將此和愛因斯坦預先做出量性預測的相對論比較。（廣義相對論的其中一個預測是，宇宙應該膨脹或是收縮，而讓愛因斯坦修改了理論，因為他原先以為宇宙是靜止不動的。所以就算是這個例子，可否證性準則也沒像它看起來這麼明確。）

　　現代物理學延伸至和日常生活相離遙遠的領域，有時候和實驗的連結至多也很空泛。弦理論和其他量子重力的方法只有在能量極高、高至我們在地球上可以找到得的任何東西時，才可能會顯現。宇宙論的多宇宙和量子力學的多世界詮釋假定了我們無法直接觀測的領域。因為它們不能被否證，有些支持波普的科學家認為這些理論是非科學的。

　　但真相是相反的。不管我們能不能直接觀察它們，這些理論所包含的主體要嘛是真的要嘛不是。以某種**推衍法則**而拒絕考慮它們可能的存在，

儘管他們可能對世界的運作是很重要的，才是非科學到了極點。

可否證性準則代表關於科學某種真實和重要的東西，但是在需要精細和準確情況下，它是個遲鈍的工具。強調好的科學理論有兩個主要特性，是比較好的方式：理論是**明確的和以實驗為依據的**。**明確**代表理論清楚確定地描述現實如何運作。弦理論認為在參數空間的特定區域，普通粒子是一維弦裡的一段或一圈。我們可能無法進入相關的參數空間，但是它是理論的一部分，無法被避免。在宇宙學的多宇宙中，和我們宇宙不一樣的區域確實存在，雖然我們到不了。這區分了上述理論和被波普分類為非科學的方法。（波普自己知道理論「原則上」應該可以被否證，但是這個修飾詞常常在當代討論中被遺忘。）

「以實驗為依據的」準則需要多加注意。從表面來看，這個準則可能被誤認為「做出可以被否證的預測」。但是在真實世界裡，理論和實驗的相互影響並非如此清楚。一個科學理論最終由其解釋數據的能力來判斷，但解釋的步驟可能並非直接相關。

看看多宇宙，它常常被認為是現代宇宙學一些細微調整問題的可能解決方法。比如說，我們相信在真空空間存在一種極小但非 0 的真空能量。這是解釋被觀測到的宇宙加速的主要理論，獲得 2011 年諾貝爾物理學獎。理論學家面臨的問題不是真空能量很難解釋，而是預測的值比我們觀測到的要大上非常多。

如果我們所見在我們身邊的宇宙是唯一的，真空能量是獨特的自然常數，我們面臨解釋它的問題，但如果我們住在一個多宇宙中，真空能量可能在不同區域完全相異，一個解釋馬上就浮現了：在真空能量很大的區域，條件是不適合生命居住的。於是就有了選擇效應，我們應該預測小量的真空能量。的確，使用這樣精確的推論，史蒂文‧溫伯格早在宇宙加速被發現之前，就預測了真空能量的值。

我們無法（就我們所知）直接觀察多宇宙的其他部分，但是它們的存在，對如何解釋在我們可觀測到的多宇宙部分的數據，有很大的影響。在這樣的清況下，觀念的成功或失敗最終是以實驗為依據的：它的優點並非它是一個很棒的概念，或是使一些含糊的推理規則臻於完整，而是它幫助我們解釋數據。就算我們從沒去過那些其他的宇宙。

科學並不僅僅是不切實際地建立理論，而是關於解釋我們所見的世界，發展符合數據的模型。但是要讓數據符合模型是複雜且多面的過程，需要理論和實驗的互相妥協，也需要漸進培養對理論本身的理解。在複雜的情形下，像幸運餅乾籤運一樣長的箴言，比如「理論應該可以被否證」，可不是認真思考科學如何運作的替代品。還好科學往前推展，大多不理會業餘的高談闊論。如果弦理論和多宇宙理論幫助我們理解世界，它們慢慢會被接受。如果最後它們被證明太過含糊，或更好的理論出現，它們會被捨棄。過程可能混亂，但大自然是最終的指引。

尼古拉斯・卡爾

Nicholas G. Carr

新聞記者，著有：《玻璃籠子：自動化和我們》(*The Glass Cage: Automation and Us*)。

反軼聞主義

　　我們的生活中處處充滿軼聞，從出生到死亡經歷一連串事件，但是科學家可以很快地摒棄軼聞的價值。「軼聞」變成像罵人的話一樣，至少用在研究和其他真實的探索時是如此。在這樣的見解下，一個個人故事，便是一件讓人心神不寧或扭曲的事，阻礙了大量觀測或數據統計上縝密的全面分析。但是就像今年 Edge 問題的解釋，在客觀和主觀之間的界線並未達到歐幾里德的理想。界線是可以協商的。實驗經驗如果要提供完整的見解，就必須容納統計和軼聞。

　　藐視軼聞的危險是，科學完全和真實的生活經驗分離，忘了數學平均和其他類似的測量都是抽象的。有些著名的物理學家最近質疑對哲學的需求，暗示哲學已經因科學探索而過時。我猜這個想法也是反軼聞主義的症狀。哲學家、詩人、藝術家，他們的原始材料都包括軼聞，比起科學家，他們更是指引我們存在意義為何的嚮導。

蕾貝卡・紐伯格・郭登斯坦
Rebecca Newberger Goldstein
哲學家、小說家，著有：《柏拉圖遊 Google》（*Plato at the Googleplex*）。

科學淘汰哲學

　　哲學的過時總被認為是科學帶來的後果。畢竟，科學總是重複地承接並且最終回答哲學家毫無希望地猶豫了過久的問題。從一開始就是這樣。那些狂熱的古希臘人，泰勒斯等人，推測物理世界的最終組成要素和規範變化的定律，提出需要物理學和宇宙學回答的問題。這些都已經過去了，科學將哲學的異想天開轉變為可以實驗測試的理論，在科學爆炸的時代，當認知和情感神經科學的進步將意識本質、自由意志和道德等問題（那些終年存在的哲學課程），在功能性磁振造影（fMRI）的關注下，強化了科學家的認知。哲學在知識的角色（或是依照故事走向）是傳達單一訊息：「極其需要科學」。或是換個比喻，哲學是一個低溫儲藏室，問題存放在架上，等著科學來處理。或者，再換一個比喻，哲學家是早洩者，太快射精而讓精液毫無用處。你選一個比喻，故事要傳達的訊息是，科學擴展的歷史是哲學萎縮的歷史，而自然的進展隨過時的哲學而終結。

　　這個故事哪裡有問題？第一，它本身並不連貫。你不能說是科學淘汰哲學，卻不使用任何哲學論點。你需要區分世界科學和非科學理論的清楚準則，但被要求回答所謂的分界問題時，科學家幾乎都自動轉向「可否證性」的概念，由卡爾・波普提出，他是誰？哲學家。但是不管你運用哪一套標準，它的辯論都會牽涉到哲學。在無法避免的問題中：我們到底在科學中做什麼，也是一樣，特別是對那些爭論哲學過時的人更是如此。我們

在提供現實的敘述，延伸本體論以發現在最好的科學理論中被使用的主體和作用力嗎？就像科學領域認為的，我們學到了基因和神經元、費米子和玻色子，或許還有一個多宇宙嗎？或是這些只是理論詞彙，並不是被用來解釋世界上的事物，只不過是被稱為理論的預測工具裡的比喻？科學家可能在意的哲學問題是，當他們在從事科學時，他們是否真的在討論觀測以外的事物。更重要的是，認為科學淘汰哲學的看法需要一個科學領域的哲學辯護。（如果你覺得不用，那也需要一個哲學論辯。）

趾高氣昂的科學主義需要哲學的支持。這裡學到的一課應該是全面適用的。理性將哲學加入科學中。理性的使命是要讓我們的看法和態度完全連貫。這需要（威爾弗里德‧塞勒斯〔Wilfrid Sellars〕的用語）調解我們在世界上的「科學」圖像和「明顯」圖像，也包括哲學提供科學需要的推論，可以讓科學稱其圖像為描述性的。

或許區分科學的舊分界問題是錯誤的。更重要的分界是區分在知識的科學主張中相關聯以及兼容的。這讓我冒險建議一個比文章標題更烏托邦的答案來回答今年的 Edge 問題，科學應該放棄什麼觀念？放棄「科學」本身這個觀念，可以有別於更具包容性「知識」的產生。

伊安・博格斯特

電腦遊戲設計者，喬治亞理工學院伊文・艾倫（Ivan Allen）學院榮譽院長和交互計算系教授，著有：《異類現象論》（*Alien Phenomenology*）。

Ian Bogost

「科學」

「所有主題都被探討了」，《性高潮的科學》（*The Science of Orgasm*）的封面簡介如是說。這本書於 2006 年出版，作者是一位內分泌學家、神經科學家和「性學家」。書中內容包括生殖器和腦的連結，以及腦如何製造性高潮。此書「闡述如何高潮、什麼是高潮，以及為什麼會高潮」，封面簡介如此保證。

不管此書的好壞，《性高潮的科學》代表在一般對話中隨處可見的趨勢，一個以「科學」的優越角度出發的主題，最能被完全理解。這樣的做法有多普遍？Google 圖書製造一億五千萬「的科學」搜尋結果，包括很多標題有這個詞的書。聰明花費的科學、動作的科學、香檳的科學、恐懼的科學、堆肥的科學，多不勝數。

「X 的科學」是科學修辭學的一個例子，認為任何被稱為「科學」的就是科學。還有其他例子，比如「科學家已經證明」，或是更普遍的簡短版「研究顯示」，這些訴諸於科學權威的詞彙，不管他們得出的結論和據稱的研究（結論的根據）到底是否一樣，

這些趨勢都可以正當地被冠上**科學主義**的名字，認為實驗科學代表一個回答關於世界的問題，最完整，權威性和合理的方法。科學主義不是一個新的錯誤概念，卻愈來愈受歡迎。最近，史蒂芬・霍金發表哲學「已死」，因為哲學無法跟上物理學的進步。科學主義假設了解宇宙唯一有效的

方法是追求科學，而其他的方式不是比科學差點，就是空洞無意義。

　　毫無疑問地，科學修辭學的崛起有一部分要感謝科學主義，「X的科學」的書，和研究發現可以追溯至明顯科學實驗的起源，慢慢取代意義的哲學、詮釋和思考原因，以及其他活動的重要性。我們不再思考氣泡酒的社交用途和它帶來的愉悅，反而考慮氣泡的大小如何代表品質，以及為什麼氣泡在細長香檳杯中比在寬口香檳杯中持續得久。

　　但是科學修辭學不只是冒著落入科學主義的危險之中，科學修辭學也將留意事物的建構和運作。這種不是科學該被讚賞的東西完全歸功於科學：多數「X的科學」的書觀察標的物質形式，不管是神經化學、電腦或經濟。但是留意一個主題的物質形式和科學並沒有任何必要的關聯。文學學者研究書的歷史，包括書從陶片到紙草到手抄本的演化。當創造作品時，藝術家依賴對顏料、大理石和光學的物理方法的深層理解。主廚需要對食物的化學性和生物性有精密的掌握，才能煮出佳餚。認為科學和物質世界的觀測有特別關係，不只是錯的，簡直是污辱人。

　　除了鼓勵科學為人類知識的唯一方向，並帶著物質主題逃跑，科學修辭學也損害了科學本身。它讓科學看起來簡單、容易和有趣，但是科學多半是複雜、困難和單調的。

　　具體的例子；臉書上著名的「我他媽的愛科學」（I f*cking love science）發表不同關於「X的科學」主題的簡短摘要，多數是圖片和稀奇生物的敘述，比如紅毛犰狳，或是祝霍金等著名科學家生日快樂。但是就像科學小說作家約翰・斯凱勒（John Skylar）去年合理地堅持馬上停止這樣的行為，多數人並不他媽的愛科學，他們他媽的愛圖片，那些紅毛犰狳和赫赫有名科學家的圖片。圖片帶來的賞心悅目消除了大眾理解科學到底是如何運作的需要，科學緩慢地且有條理地運作，很少被注意，薪水也不高，身在看不見的實驗室和研究設施裡。

科學修辭學是有後果的。和科學操作沒有特別關係的事物必須多多使用科學詞彙定義他們的工作，才能贏取注意力或支持。網路使用的社會學忽然轉變為「網路科學」。長期被接納的統計分析準則變成「數據科學」。多虧了教育和研究資金重要性的轉移，不能加入 STEM（科學、技術、工程和數學〔science, technology, engineering, and math〕）領域變成成員的人，就會被排除在外。可惜的是，科學修辭學對這些新挑戰提出策略性的回應，除非人文主義者重新定義他們的工作為「文學科學」，他們就冒著被邊緣化、缺乏資金和遭到遺忘的風險。

　　在推廣觀念時，你得推廣會被接納的觀念。但是在一個世俗的年代，「科學」的抽象可能會冒險取代所有其他的抽象，如果任由科學修辭學茁壯，唯一剩下的將會是一個稀釋、平淡、同樣的科學版本。

　　我們不需要在神和人、科學和哲學、詮釋和證據間作選擇，科學在尋求證明自己是世俗知識的至上形式時，已經不小心地將自己升等為神學。科學並非實踐而是意識形態。我們不需要摧毀科學，才能將它帶回現實，但我們必須得把它帶回現實，而第一步是捨棄已經成為科學最虔誠準則的修辭學。

山姆・哈里斯

神經科學家、理智工程（Project Reason）的共同創始人與董事長，著有：《甦醒：不用宗教仍能通往心靈之路》（*Waking Up: A Guide to Spirituality without Religion*）。

Sam Harris

「科學」的狹隘定義

搜尋你的腦，或是留意你和其他人的談話，你會發現科學和哲學之間沒有真正的界線，或是其他嘗試提出世界是基於證據和邏輯的合理主張，與科學和哲學間也沒有真正的界線。當這些主張和其證明方法容許實驗和／或數學敘述時，我們傾向說我們的考量是「科學的」。當考量和其他比較抽象的事物、或是和我們本身思維的一致性相關，我們通常說是「哲學的」。當我們只是想知道人在過去的行為，我們稱其興趣為「歷史的」或「新聞的」。當一個人對證據和邏輯的信奉薄弱得危險，或是在恐懼、癡心妄想、部落意識或狂喜之下就消失了，我們認為這是「虔誠的」。

真正知識學科之間的界線現在和大學預算和建築一樣小。杜林裹屍布是不是中世紀的偽造品？這是當然歷史的問題，也是考古學的問題，但是放射性碳定年的技術讓它成為一個化學和物理的問題。我們應該在意的是，哪些觀測是科學態度的**必要條件**，真正的區分是在要求人們相信的好理由以及對不好的理由滿意之間。

不管哪個發生，科學態度都能夠處理。的確，如果聖經無誤和耶穌基督復活的證據是**真的**，我們就可以**在科學上**欣然接受基督教基本教義教條。當然問題是，證據不是很糟糕就是不存在，因此我們在科學和宗教間建立（在操作上，從沒在原則上）分隔。

對這一點的困惑已經產生了很多關於人類知識本質和「科學」限制的

奇怪觀念。害怕被科學態度侵佔的人們，特別是那些堅持相信某一個鐵器時代的神的人，常常會貶低如**物質主義、新達爾文主義**和**簡化主義**，好像這些教條和科學本身有著必要的關係。

讓科學家成為物質主義者、新達爾文主義者和簡化主義者，當然有好的理由。但是，科學並不需要科學家成為上述的任何一種，也不代表成為其中一種需要成為別種。如果有二元論的證據（非物質靈魂、輪迴），那一個人不必是物質主義者，就可以是科學家。但事情總是這樣，證據卻是異常地薄弱，所以實際上所有的科學家都是某種物質主義者。如果有反對天擇演化的證據，那一個人可以不用是新達爾文主義者，就可以是科學物質主義者。但事情總是這樣，達爾文提出的整體架構和其他科學中的架構一樣獲得公認。如果可以證明複雜系統製造不能用其組成部分理解的現象，那不用是簡化主義者，就可以成為一個新達爾文主義者，便是可能的。基本上，多數科學家發現他們處於此處，因為科學裡物理學除外的分支都必須採用不能以粒子和場理解的概念。我們很多人都有過如何看待此解釋性僵局的「哲學」辯論。我們無法以量子力學為基礎而預測雞的行為、或是剛出現的民主，就代表那些高階的現象是其基本物理學**以外**的東西嗎？我會說「不是」，但是這不代表我預期有一天我們會只使用物理學的名詞和動詞描述世界。

但是就算認為人類心智完全是物理的產物，意識的現實還是很奇妙，幸福和痛苦之間的不同還是很重要。這也不代表我們會找到一個從物質出現而完全明白易懂的心智，意識可能永遠看起來像奇蹟。在哲學界裡，這被稱為「意識難題」，有些人同意這個問題存在，有些人則不同意。如果意識能證明是概念上無法簡化的，我們可以體驗和重視的都依然神秘，那科學世界觀的其他部分就會完整無缺。

修補困惑的方式很簡單：我們必須拋棄科學和其他人類理性是不同的

這樣的觀念。當你遵守邏輯和證據的最高標準時，你就是以科學思考，反之，你就不是。

丹尼爾・丹尼特

哲學家、塔夫茨大學認知學中心奧斯丁・弗萊徹（Austic B.Fletcher）物理學教授和聯席主任，與琳達・拉斯克拉（Linda LaScola）合著有：《佈道的危機：當信仰不復存在》（*Caught in the Pulpit: Leaving Belief Behind*）。

Daniel C. Dennett

難題

　　有人會反對意識難題（由哲學家大衛・齊爾莫斯〔David Chalmers〕在 1996 年《意識腦》〔*The Conscious Mind*〕一書中所提出）完全不是一個科學觀念，因此也不是 2014 年 Edge 所要考慮的問題，但是既然採用此詞的哲學家也說服了幾個認知科學家，他們的科學研究只解決意識「簡單」問題，這個觀念是科學的：它限制科學思維，當科學家嘗試建構意識的真正科學理論時，扭曲科學家的想像。（我就不舉例子了，因為他們說答案是要針對觀念，而不是人。）

　　當然在一開始的時候，哲學家的想像實驗（thought experiment）大肆成功地支持認為殭屍是「可以想像的」，因此是「可能的」的直覺反應，而這樣的可能性，（僅僅是、有邏輯的）殭屍的可能性，「顯示」意識難題在任何意識如何改變行為控制、自省報告、情緒回應等各方面在神經科學方面都尚未被碰觸。但是如果讚嘆哲學家所得的「結果」的科學家仔細看看研究，想像實驗缺陷的哲學重要文獻，我希望科學家會強烈反對、抱持懷疑。（光是想像他們費力看完關於這些主題的文獻，我就覺得很丟臉。）

　　你知道，簡單、直覺的想像實驗隱含的論點沒有其他支持是不可能成立。我們不只必須定義可想像性，還需要定義理念的可想像性，以及理念的肯定可想像性（和理念的否定可想像性不同等等）。永動機想像得到但是理念上不能想像，或是理念上肯定可以想像？可不可以「形態上想像」殭

屍，據稱是有很大的不同的。**你**形態上可以想像什麼，你確定嗎？法蘭克・傑克森（Frank Jackson）對不准看到顏色的色彩科學家瑪莉的直覺反應，必須配置假想的小配件以防止瑪莉夢到顏色，或是瑪莉也許生來是色盲（但除此之外卻有一個完全正常的腦！）或是她配戴無法拆卸的眼鏡，對著她可憐的眼球播放黑白影像。這不過是被認真提出並駁回的複雜幻想的其中一部分。

我不是在建議科學家研究這件事，但是如果他們好奇想知道哲學家會讓自己承受什麼樣的扭曲，以「拯救」這些倒退的直覺，科學家可以諮詢北卡羅來納大學安柏・羅斯（Amber Ross）的超人類病人分析（Superhumanly patient analysis），羅斯在她 2013 年的博士論文〈不可思議的腦〉（Inconceivable Minds）中拆解了所有糾結在一起的的困境。

意識難題是個顯示如果意識能被解釋，科學需要重大革命的觀念，還是顯示人類想像力脆弱的觀念？這個問題現在沒有答案，科學家應該考慮採取謹慎做法，不要馬上提供支持。神經科學家就是如此處理超感官知覺（ESP）和念力的，假設（但可以被更改）它們是想像出來的。

蘇珊・布萊克摩爾

心理學家，著有：《意識：緒論》（*Consciousness: An Introduction*）。

Susan Blackmore

意識相關神經區

　　意識在神經科學是一個很熱門的話題，有些絕頂聰明的研究學家尋找意識相關神經區（neural correlates of consciousness〔NCCs〕），卻從未找到。此尋求依據的意識內隱理論是錯誤的，需要被放棄。

　　意識相關神經區的觀念很簡單，而且直覺地誘人。如果我們相信「意識難題」，在腦子裡，主觀經驗如何由客觀事件而生（或是被創造，或是被造成）的謎團，那想像腦子裡一定有個特別的地方讓這一切發生，就很容易。或者，如果沒有一個特別的地方，那就是某種「意識神經元」，或是過程或模式或關聯系列。我們可能還不知道這些客觀事物如何製造主觀經驗，但是如果能夠辨認哪些是造成的原因（依照邏輯），我們就會離解決謎團更進一步。

　　這聽起來非常合理，因為這代表使用一條經常使用的科學道路，從相互關係開始，再到因果解釋。麻煩的是，這仰賴一個二元而最終不可行的意識理論。基本直覺認為意識是額外的，在其依賴的物理過程以外，也和物理過程不一樣。尋找意識相關神經區仰賴這些不同。在相互關係的一邊，你使用腦電波圖（EEG）、功能磁共振造影（fMRI）或其他種類的腦部掃描測量神經過程，在另一邊，你測量主觀經驗，或「意識本身」。但怎麼做？

　　一個常用的方法是雙眼競爭（binocular rivalry）或是可以用兩種不同方

式觀看的模稜兩可圖型，比如在兩個不同方式變換的奈克方塊。要找到意識相關神經區，你得找到哪一個版本是有意識地被感知，因為知覺會變來變去，接著你將知覺和在視覺系統發生的事相互連結。問題是那個人得一字一句地告訴你：「我現在意識到這個」或是「我現在意識到那個」。他們也可以壓一個桿子或按一個按鈕（其他動物也可以做得到），但是在這些情形下，你在測量物理回應。

這找得到意識嗎？可以幫助我們解決謎團嗎？不行！

這個方法和其他腦功能的相關性研究其實沒什麼不同，比如像是連結在紡錘臉孔腦區的活動和辨認臉，或是前額葉皮質和某種決策能力。它將一種物理測量連結至另一個。這不是沒有用的實驗。比如說，當聲稱的視覺經驗轉變時，知道視覺系統中的哪個神經活動改變，是很令人讚嘆的。但是發現這個並沒有告訴我們此神經活動造成某種稱為「意識」或「主觀意識」的特別東西，而腦中發生的其他事情都是「沒有意識的」。

我能理解想要認為就是這樣的誘惑。二元思維對我們來說很自然。我們覺得自己的意識經驗是來自物理世界不同的順序。但就是同樣的直覺帶來看起來難的難題。也是這個同樣的直覺製造了哲學家的殭屍，一個在各方面都和我一樣的生物，但是他沒有意識。這個同樣的直覺讓人們，很明顯毫無障礙地，寫出腦過程不是有意識就是沒意識。

我真的在否認這個區別嗎？是的。就算直覺上很可信，這是個魔幻的差別。意識不是腦過程（而非其他）某種奇怪又美妙的產品。意識是由在複雜社會世界中一個聰明的腦和身體所建造的幻覺。我們可以說話、思考，並認為自己是行為主體，因此製造了一個有意識和自由意志的堅韌自我，這樣錯誤的觀念。

我們被意識的奇怪外型欺騙了。當我問自己：「我現在意識到什麼？」我總是可以找到答案。窗外的樹、風聲、我擔心但解決不了的問題，任何

一個在當時看似最強烈的。這就是我說的現在有意識、有感質。但是在我發問之前，發生什麼事？但我往回看，我可以用記憶來主張我意識到這個或那個，但是沒有意識到其他，仰賴明確、邏輯、一致和其他類似的特性來決定。

　　這太容易導致一個認為只要人是清醒的，他們就一定是對某種東西或其他東西有意識的觀念。而這又馬上導向一個觀念，認為如果我們知道要找什麼，我們可以看某人的腦子內部，並找出哪些過程是有意識的，哪些是沒有的。但是這些都是胡說八道。我們能找到是想法、知覺、記憶和讓我們認為自己有意識的言語及注意過程的神經相互關係。

　　等終於有一個更好的意識理論可以取代這些受歡迎的幻覺時，我們就會明白根本沒有難題、魔幻區別以及意識相關神經區。

托德・薩克特

紐約州立下州醫學中心生理學和藥理學系教授、神
經學教授。

Todd C. Sacktor

長期記憶永遠不變

　　一個世紀以來，心理學理論認為記憶只要從短期被鞏固為長期，記憶就是穩定且不會改變的。不管某個長期記憶是否會慢慢被遺忘，或是永遠存在但無法被找到，是辯論過的問題。

　　過去 15 年來，對記憶神經生物學基礎的研究似乎支持心理學理論。短期記憶是由突觸上的生物化學變化傳達，改變突觸的力量。長期記憶和突觸數量的長期改變有強烈的關聯，不是增加就是減少。這在直覺上很有道理。生物化學變化是快速的，也可以立即反向進行，就像短期記憶。而另一方面，突觸雖然小，卻是在顯微鏡下看得到的解剖構造，所以被認為可以穩定數週，或許數年。不同傳訊分子的抑制因子可以很容易地防止短期記憶被鞏固為長期。相反的，卻沒有任何已知因素可以抹滅長期記憶。

　　最近的兩項證據顯示長期記憶的主導理論已經過時了。第一項證據是發現再鞏固（reconsolidation）。當記憶被喚起，它們經歷一段簡短的時間，在那段時間裡，記憶可以再次被影響最初轉換短期記憶為長期記憶的多數相同生物化學抑制因子破壞。這代表長期記憶不是永遠不變的，而是可以被轉換為短期記憶，再被轉換回長期記憶。如果此轉換沒有發生，那特定的長期記憶就有效地被破壞了。

　　第二項證據是發現幾個確實會抹滅長期記憶的因素。這些包括持續活化 PKMzeta 酶的抑制因子和蛋白質轉譯因子（似普恩蛋白〔prionlike〕永存

特性）的抑制因子。相反的，增加分子活動提升舊的記憶。這些和長期記憶有強烈關聯的持續突觸數量改變，可能因此是持續生物化學改變的下一步。抹滅記憶因素如此稀少，代表也許長期記憶的儲存機制相對簡單，不像短期記憶，需要數百個分子，而只需要幾個分子一起合作。

記憶再鞏固讓特定的長期記憶可以被操控。記憶抹滅是極其有力的，長期記憶很有可能在同一時間破壞很多。當這兩個領域結合，特定的長期記憶會以先前理論從未想像得到的方式，抹滅或被加強。

布魯斯・胡德

英國布里斯托大學實驗心理學學院社會發展心理學
教授，著有：《自我的幻覺》（*The Self Illusion*）。

Bruce Hood

自我

　　要求放棄自由意志自我看似多餘，因為這個觀念既非科學，而也不是
第一次因沒有實驗支持而被排除。自我不需要被發現，它多半是我們經驗
的預定假設，所以它真的也不是以科學探究的方法揭露的。挑戰自我已經
不是新概念，佛洛伊德的無意識自我因為沒有實驗支持，在 1950 年代的認
知革命就被排除了。

　　但是自我，像一個概念上的殭屍一樣，拒絕死去。它在最近的決策理
論中不斷地出現，是一個有著自我意志可以被排除的主體。它在認知神經
學以解釋者身份再次出現，可以整合來自不同神經基質的平行訊息流。就
算這些自我的出現被認為是方便討論多平行過程新出現結果的方法，學習
心智的學生依然繼續默默支持有一個決策者、經驗者、起源點的觀念。

　　我們知道自我是被建構出來的，因為它很容易可以由損害、疾病和
藥物而被拆解，它一定是處理輸入、輸出和內部代表的平行系統的一個新
興特質。它是幻覺，因為雖然感覺很真實，但這種體驗並非它外表所現。
自由意志也是一樣的。雖然我們可以感受做決定的心理苦惱，我們的自由
意志不可能是我們心智的某種所羅門王，衡量著好壞，因為這樣就會產生
邏輯無限回歸（infinite regress）的問題（誰在**他**的頭裡？問題一直接續下
去）。我們所做的選擇和決定是根據加諸我們身上的情況。我們沒有自由意
志去選擇塑造了我們決定的經驗。

我們應該繼續在意自我嗎？畢竟，沒有自我而活著很困難，我們也不是這樣思考的。體驗、提出和談論自我，我們很容易地提出一個我們所有人都可以認同的現象論。將自我預設為解釋人類行為的原因，讓我們能夠在嘗試了解思緒和行動時，於因果關係鏈上突然畫上句號。說到人類時，這麼做很容易，但是將相同方法用在動物上時，就被控訴為擬人觀，這多值得注意啊！

　　捨棄自由意志自我，我們不得不重新檢視真正在我們思緒和行為背後的因素，以及它們互動、平衡、取代和抵消的方式。只有這樣，我們才能開始慢慢了解自己到底是如何運作的。

湯瑪斯・梅辛革

Thomas Metzinger

約翰尼斯・古騰堡－美茵茲大學哲學家，著有：《自我隧道》（*The Ego Tunnel*）。

認知主體

　　思考並不是你做的事情。大多數的時間，思考發生。關於心智游移（mind wandering）的頂尖研究清楚地顯示，我們多數人在超過三分之二的有意識生命裡，如何無法控制自己的意識思考過程。

　　西方文化、心智的傳統哲學，甚至是認知神經科學都被認知主體的迷思深深影響。這是笛卡兒自我的迷思，思維的積極思考者，能夠隨時終止或中止認知過程，心智正常、表現理性、朝目標前進的知識主體。這是認為有意識思維是個人層面的過程，是屬於你的（一個完整的人）必需品。這個理論現在已經被實驗證明推翻了。實際上，我們有意識的想法其實是次個人的過程，就像呼吸或腸胃道的蠕動。認知主體的迷思認為我們是心理上自主的生物。現在我們知道這是一個自鳴得意的過時童話。是時候放棄這個觀點了。

　　發展迅速的心智游移研究領域最近顯示在有意識的生命裡，我們大約花三分之二的時間放空，做白日夢、幻想、自傳體計畫、內在敘事或是憂鬱反芻（depressive rumination）。根據研究的不同，我們清醒時間的 30% 到 50% 都是被自然發生的刺激和任務無關思維佔據。心智游移可能有正向的方面，因為它和創造力、仔細未來計畫，或是長期記憶的編碼有關。但是它的整體表現成本（比如說，就閱讀能力、記憶、持續注意力任務或工作記憶而言）顯著，也被完整記錄。所以對普遍、主觀健康有負面影響。一

個游移的心智是不快樂的，但這可能只是超出有意識自我控制和理解範圍之外的更全面過程中的一部分。忽然失去內在自主，我們每天都經歷幾百次，似乎是根據一個腦中循環的過程。自主和後設知覺（meta-awareness）的起伏可能是在我們內外在世界間的注意翹翹板，由強調自然次個人思考的腦網絡和以目標為目的的認知之間的競爭造成。

心智游移並不是讓我們注意力從當下知覺分離的唯一方法。另外還有「心智空白」（mind blanking）時間，這些事件通常不會被記得，很常被外在觀察者忽略。再者，睡眠時也有明顯複雜且無法控制的認知現象論。成人每晚有一個半小時到兩個小時是處在快速眼動睡眠（REM sleep），在他們幾乎無法控制意識思考過程時作夢。非快速眼球轉動（NREM〔non-rapid eye movement〕）睡眠在第一階段也產生相似的、像夢一樣的結果，但是非快速眼球轉動睡眠的其他階段則多半是困惑的、非漸進的以及保存的認知／象徵性心理狀態。因此，以最真實的方式來看，保守估計是在我們生命中一半以上的時間，我們並非認知主體。這排除了生病、喝醉或失眠，這些情況下人們受認知控制的失常形式折磨，比如思考壓抑、擔心、反芻和反事實意象，並被擾人思緒、後悔、羞恥和罪惡感所困擾。我們還不知道小孩何時或如何獲取一個意識自我模型，允許受控制的、理性的思考。但另一個遺憾且實驗上可信的假設是，我們大多數的人隨著生命走向終點，也逐漸失去認知自主。

有趣的是，非自主意識相關神經區和神經科學家稱為「預設模式網絡」（default mode network）有很多共同之處。心智游移的一個普遍功能可能被稱為「自傳式自我模型維護」（autobiographical self-model maintenance）。心智游移創造一個自我欺騙的適應形式，也就是隨著時間創造個人身分的幻覺。這幫助維持一個虛幻的「自我」，建立如獎勵預測（reward prediction）和延遲折扣（delay discounting）等重要成就的基礎。身為哲學家，我的概念

觀點是，只有在一個生物體讓自己成為一個自我，而且在不同時間都是相同的，它才可以認為獎勵事件或其他目標成就是目標的實現，因為發生在同一主體上。我稱此為「虛構身分構成原理」（the principle of virtual identity formation）。很多智能和適應行為的高等形式，包括風險管理、道德認知和合作社會行為，因實用而假設一個自我模型，將生物體塑造為隨著時間持續的單一主體。因為我們真的只是認知系統（也就是，沒有任何精確身分準則的複雜過程），隨著時間構成的（虛幻）身分只能在虛構層面上被達成，比如說，經由自動敘事的創造。這可能是心智游移更基本和電腦化的目標，也可能和作夢共享。如果我是對的，自傳式自我模型的預設方式建構一個一般領域的功能平台，讓長期動機和未來計畫為可能。

　　心理自主，以及它如何能被改善，將會是未來熱門的話題之一。在心理和政治自主間，有更深層的連結，你不能只維持一個，因為這不僅是身體行動，也是心理行動，自主和自由有關，以最深層和基本的方式相關。但是自主行動的能力不僅暗示著理由、論辯和理性。更基本地，它代表有意地約束、中止或終止我們自己身體、社會或心理行為的能力。此能力的失常便是我們所稱的「心智游移」。它並不是一個內在行為，而是無心行為的一種形式，心理活動的一種非自願性形式。

Jerry Coyne

傑瑞・科恩

芝加哥大學生態演化學系教授，著有：《為什麼演化是真的》(*Why Evolution Is True*)。

自由意志

　　幾乎對所有的科學家都認為二元論已死。我們的思緒和行動是一個肉電腦（也就是我們的腦）的輸出物，一個必須遵守物理定律的電腦。因此，我們的選擇也應該遵守這些定律。這結束了二元性或是「自由主義」自由意志的傳統觀念：認為我們的生命由一系列決定組成，而我們對決定是有所選擇的。我們知道我們現在不可能選擇另外一個決定，這可以由兩個地方得知。

　　第一個是由科學經驗而來，沒有任何證據顯示心智和物理的腦分開。這代表「我」（不管「我」到底是什麼意思）可能有選擇的幻覺，但是我的選擇原則上是可以由物理定律預測的（除了任何在我神經元裡活動的量子不確定性〔quantum indeterminacy〕）。總而言之，自由意志的傳統概念胎死腹中，自由意志的傳統概念被生物學家安東尼・卡西摩爾（Anthony Cashmore）定義為：「相信生物行為中有一個組成要素，是比個人基因和環境歷史以及可能的隨機自然定律所產生的無法避免後果更多的。」[10]

　　第二，近來的實驗支持我們的「決定」通常在我們意識到做了決定之前發生的觀念。愈來愈複雜的研究使用腦部掃描，認為這些掃描通常可以在一個人意識到做了選擇的幾秒前，預測他會做什麼選擇。的確，認為我

10.原註： Anthony R. Cashmore, "The Lucretian Swerve, " Proc. Nat. Acad. Sci. 107:10, 4499-504; DOI10.1073/pnas.0915161107 (2010).

們「做了一個選擇」可能本身就是一個後續發生的空談，或許是演化來的。

在受到逼問時，幾乎所有科學家和多數哲學家都承認，他們同意決定論和物質主義勝出。但是他們對這三緘其口。不散播我們的行為是物理過程確定結果的重要科學訊息，他們反而發明了和決定論相符合的新自由意志「相容」版本，他們說：「當我們點草莓口味的冰淇淋時，真的不可能點香草口味，但我們仍然對另一個感覺有自由意志，而那是唯一重要的感覺。」

只不過，什麼是「重要的」在哲學家間也有不同意見。有些人說重要的是我們複雜的腦演化而吸收許多輸入，在提供輸出之前（「決定」），用複雜程式處理它們（「反芻」〔rumination〕）。別人說重要的是那是**我們**的腦，沒有別人可以替我們做決定，就算這些決定是注定的。還有些人主張爭辯我們有自由意志，因為我們多數人在沒有被脅迫的情況下選擇：沒人拿槍抵著我們的頭說：「選草莓口味」。但這當然不是真的：我們腦中的電訊號就是槍。

最終，相容自由意志一點都不「自由」。它是個語意的遊戲，選擇變成幻覺，並非它所看起來的樣子。我們可不可以「選擇」是科學問題，不是哲學，而科學告訴我們，我們是複雜的牽線木偶，隨著基因和環境起舞。哲學看著表演說：「注意**我**，因為我改變了遊戲。」

既然科學都已經摧毀了「自由意志」傳統的意義，為什麼它還在呢？或許有些相容論者深受他們**可以**選擇的感覺所感動，一定要讓其和科學相符合。其他人明白地說將「自由意志」歸類為幻覺會傷害社會。如果人們相信自己是布偶，就會被虛無主義所害，而沒有起床的意志。這樣的態度讓我想到伍斯特主教太太聽到達爾文的理論時說的話（大概是杜撰的）：「天啊，猿人的後代！讓我們祈禱這不是真的，如果是真的，讓我們祈禱這不會廣為人知。」

讓我不解的是，為什麼相容論者花這麼多時間，試著協調決定論和一個歷史上為非決定論的觀念，但卻不處理雖然更艱難卻重要的任務，說服大眾物質主義、自然主義和其後果的自然概念：心智由腦製造的。

這些不相容論者的結論意味著重新思考我們如何懲罰和獎賞人。當我們發現一個因為精神疾病殺人的人，和一個因為童年被虐待或生長於不好環境的人，有著一樣多的「選擇」，我們會發現不是每個人都值得被減輕罪刑，現在只有被認為無法選擇好與壞的人才可以。因為如果我們的行為是注定的，任何人都不能做出選擇。當然懲罰犯罪還是需要的，以阻止其他人、改造犯人以及把罪犯從社會中分開。但是現在這可以被放在一個更特定的立足點：要如何介入才可以同時讓社會和罪犯受益最大？我們就可以拋下報應為正義的觀念。

接受不相容論也終結了道德責任的概念。是的，我們該對自己的行為負責，但是只有在因為行為是由可被確認的個人做出時。但是如果你不能選擇當好人或壞人，揍人或是救一個溺水的小孩，我們所說的**道德**責任是什麼意思？有些人可能會主張丟棄這個觀念同時也放棄了一項重要的社會公益。我認為恰恰相反：否決道德責任，我們就不用再以某種專制、神聖或其他標準判斷行為，而是以行為的後果，什麼對社會是好的或壞的。

最後，否決自由意志代表否決許多仰賴自由選擇一個神或救世主的宗教的基本理念。

認為自由意志的某個版本必須要獲得維持，否則社會將會瓦解，這樣的恐懼激勵了一些相容論者，但不會被實現。主體的幻覺強而有力，就算是像我一樣的極端不相容論者也總會表現得好像我們可以選擇，就算我們知道我們沒有。我們在這件事上沒有選擇，但至少可以思考為什麼演化給了我們這樣強大的幻覺。

羅伯特・普羅文

神經科學家、馬里蘭大學巴爾的摩分校物理學系名譽教授，著有：《為什麼屁股不說話》（*Curious Behavior*）。

Robert Provine

常識

　　我們希望自己聰明、有意識和敏銳，一生都在思考何去何從。這是幻覺。我們被腦子創造的簡略、受潛意識敘述所矇騙，有時候我們會把非理性或虛構事件當成事實。這些敘述很有說服力，所以變成了常識，我們使用它們來引導我們的生命。在腦部損傷的情況下，神經學家使用「虛談症」來描述病人的行為，卻無法製造一個精準的生命事件敘述。我建議我們對日常、非病理學的虛談也一樣小心，並放棄認為我們是理性動物、完全有意識地掌管著生命的常識的假設。的確，我們可能是身體的過客，不過是湊湊熱鬧，只知道我們狀態、方向和目的地的間接知識。

　　行為和腦科學偵測到合成的、由神經系統製造的現實架構。對感官幻覺的研究表示，認知不過是我們對物理刺激的本質最好的估計，而並非一個精確的事物和事件的表現。我們自己身體的圖像是腦部功能形狀怪異的產品。對過去事物的記憶也和不確定性奮鬥，這不是從腦子的神經數據庫取出資料，而是持續建構、並因錯誤和偏見而定。在觀察者有意識地察覺對刺激的偵測和回應之前，腦子也做出決定和展開行動，我自己的研究發現人們談論敘述以理性化他們的笑聲，比如：「這很好笑」或「我覺得丟臉」，而忽略了笑的非自願性本質和頻繁的感染力。

　　我們的生命為一連串這樣對自我和他人行為及心理狀態的粗略估計所引導，這些粗略估計雖然不完美，但具有適應性並足夠精確，能讓我們

勉強過得去。不過，身為科學家，基於常識的預設解釋，對我們來說是不夠的。行為和腦科學提供通往理解的道路，挑戰精神生命和日常行為的迷思。其中一件有趣的事是，現實常常完全被顛覆，揭露隱藏的過程，並提供我們是誰、我們在做什麼，以及我們要去哪裡的真相。

強納森·哥德夏

神經科學家、馬里蘭大學巴爾的摩校區物理學系特聘研究員，著有：《為什麼屁股不說話》(The Storytelling Animal)。

Jonathan Gottschall

藝術科學不存在

　　15000 年前在法國，一位雕刻家游泳滑行了幾乎一公里，進入一個山洞。這位藝術家以陶土塑造了一頭大公牛，從後方跨騎母牛，然後將他的作品留在地下深處。蒂多杜貝爾洞穴的 2 頭牛直到 1912 年，才被探勘洞穴的人發現。這是 20 世紀令人震驚的洞穴藝術發現之一，回溯千年的複雜洞穴藝術。此發現讓我們對穴居人祖先完全改觀。他們不是毛茸茸、咿咿呀呀的穴居人，他們有著藝術的靈魂。他們告訴我們人類本質上，不是只是文化上，是創造藝術、利用藝術和熱愛藝術的猿人。

　　但是為什麼？為什麼雕刻家鑽進洞穴、創造藝術，然後將其留在黑暗之中？還有為什麼最初藝術會存在？學者發明了很多故事，想要回答這些問題，但是真相是我們不知道。原因是這個：科學偷懶。

　　很久以前，有些人宣稱藝術不能以科學方式學習，不知道為什麼，幾乎所有人都相信。人文和科學組成，如史蒂芬·傑伊·古爾德（Stephen Jay Gould）所稱，分開的、互不重疊的範疇（nonoverlapping magisteria），一方用的工具對另一方完全不適用。

　　大部分的科學相信了此一論點。不然我們還能如何解釋科學對藝術的忽視？人們活在藝術中。我們閱讀故事、在電視上看故事、從歌裡聽故事。我們作畫並欣賞它們。我們美化自己的家，就像園丁裝飾鳥巢一樣。我們購買漂亮產品，這也解釋了我們閃閃發光的汽車和線條流暢、現代美

感的蘋果手機。我們用身體製造藝術，以節食和運動雕塑，用珠寶和色彩繽紛的衣服打扮，以皮膚作為人體畫布，展現刺青。在所有地方都一樣。如同已故丹尼斯・德頓（Denis Dutton）在《藝術本能》（*The Art Instinct*）一書中主張：「所有人類本質上都擁有相同的藝術。」

我們對藝術奇特的熱愛，就像我們的智慧、我們的語言或我們對工具的使用，讓我們的物種與眾不同；但我們卻對藝術了解得那麼少。我們不知道它為什麼最初會存在。我們不知道我們為什麼渴望美。我們不知道藝術如何影響我們的腦，為什麼我們喜歡某一種聲音或顏色的組合，而討厭另一種。我們不太清楚其他物種的藝術來源，我們也不知道人類什麼時候成為藝術的物種。（根據一個重要的理論，藝術在 5 萬年前，於某種具創造力的大爆炸後出現。如果這是真的，那它是怎麼發生的？）事實上，我們甚至沒有一個好的定義，可以說明藝術**是什麼**。總之，沒有任何東西是對人類如此重要，卻一點都不受理解。

最近幾年，科學工具和方法更常被使用於人文學科上。神經科學家可以告訴我們，當我們聽一首歌或欣賞一幅畫時，腦中發生什麼事。心理學家正在研究小說和電視節目如何塑造我們的政治觀和道德觀。演化心理學家和文學家一起合作，探索敘述的達爾文起源。其他文學家正在開發「數位人文」，使用計算程式從數位文獻提取大數據。但是人文的科學研究大多分散、初步、沒有計畫，並沒有構成一個研究計畫。

如果我們想要有更好的答案，來回答藝術的基本問題，科學必須要全力以赴、刻不容緩。沒有科學的話，人文學者只能提出藝術起源和重要性的動人故事，卻沒有任何工具可以耐心篩選相互競爭觀念的領域。這就是科學方法幫得上忙的地方，區分較準確的故事和較不準確的故事。但是強韌的藝術科學需要人文學者豐富縝密的知識和科學家精巧的假設。我不是在要求科學取代藝術，我是在要求合作。

這樣的合作面臨很多阻礙。未經檢視的假設認為藝術的某個東西讓它抗拒科學。廣為人知但通常不被提起的信念是，藝術不過是人類生命裡不必要的裝飾，和科學重要的事物比起來，就相對地不重要。還有怪異的想法，認為科學必定會摧毀其試圖想解釋的美（好像太空人會讓星星不發光一樣）。但是德爾斐箴言[11]：「認識你自己」仍然清楚在耳邊響起，這是知識探究的重要基本指示，而在我們發展藝術科學之前，人類對自我的認識永遠都會有個大洞。

11.Delphic admonition，相傳是刻在德爾斐阿波羅神廟的箴言，共三句，最有名的一句是「認識你自己」，另外兩句是：「妄立誓則禍近」和「凡事不過分」。

喬治・戴森

George Dyson

科學歷史學家，著有：《圖靈的大教堂：數字宇宙開啟智能時代》（*The Ego Tunnel*）。

科學和技術

「科學和技術」一詞假定了一種密不可分的關係，卻可能沒有我們想的如此牢固。科學可以沒有技術，技術也可以沒有科學。

純數學就是科學沒有技術而蓬勃發展的一個例子，從畢氏定理到日本寺廟幾何。皇朝時代的中國忽略科學但發展了複雜的技術，想像一個掌握技術，而壓制科學直到只有技術存在的社會，太過容易了。或是某種特定的技術居於主導地位，而讓科學進步停滯不前，才能保住自己主導的地位。

科學帶給我們技術，並不表示技術總會帶給我們科學。科學隨時都會過時。拋開只要技術蓬勃發展，科學也會進步的想法，可能會幫助我們防止這樣的錯誤發生。

亞倫・艾達

演員、作家、導演、公共電視網電視節目〈小路上
的大腦〉（Brains on Trail）主持人，著有：《我偷聽到
自己跟自己的對話》（*Things I Overheard While Talking
To Myself*）。

Alan Alda

事物非真即假

是該認真思考事物非真即假這個觀念的時候了。

我不是科學家，我只是科學的愛好者，所以可能也輪不到我說話，但是就像所有的愛好者一樣，我時時掛念我愛的人。我想要她自由、生動，而且不會被誤解。

對我來說，真理麻煩的不僅僅是永恆、普遍真理的概念很有問題，就連簡單、邏輯真理也需要被改進。上是上，下是下，當然沒錯。除了在特別情況下之外。北極在上、南極在下嗎？站在極點的人是頭朝上還是朝下？這還有點取決於你的角度。

我在學校研究如何思考時，第一個學到的邏輯規則是，事物不能同時在同一方面既是又不是。「同一方面」的概念很重要。一旦你換了參考架構，你也改變了曾為不可改變事實的感實性（truthiness）。

死亡看似挺明確的。身體就是一團東西。生命沒了。但如果你退一步想，當身體慢慢變成肥料時，身體其實是在一個移轉階段，是另一種方式的存在。

這不是說沒有事物是真的，或是所有事物都是可能的，只是認為事物一直都是真的，如果沒有否認聲明的話，可能沒什麼幫助。目前，依其所示，占星學非常不可能是真的。但是如果證明有機物曾經從火星彈了出來，打到地球，帶來一線生命，我們可能得修改認為行星不會影響地球生

命的陳述。

　　我想，這只是一個小小的建議，科學真理是否應該被認為是我們現在以**一種特定方式**知道並了解的東西。當大眾認為科學家無法做決定時，就不再相信科學。有人說紅酒對身體好，另一個人說就算只喝一點點都對身體有害。接下來，有些人就認為科學不過就是另一個信仰系統。

　　科學家和科學作家一直都非常努力地處理這件事。「目前研究顯示⋯⋯」一詞警告我們這還不是事實。但是有時候，就算進一步的研究可以將某個東西放在一個新的參考架構中，它的完全真實性也仍被公開。於是大眾可能會懷疑科學家是否只是在爭論要養哪一種寵物。

　　在我看來，事實是可行的單位，在特定的架構或環境下是有用的。它們應該盡可能地準確和不可辯駁，在容許的最大範圍內以實驗測試。當架構改變時，它們不需要因為不真實而被捨棄，而是被認為在其領域內依然是有用的。多數研究事實的人接受此看法，不過我不認為大眾完全了解。

　　這就是為什麼我希望我們在任何時候、宇宙的任何地方，暗示我們知道某件事物是真的或假的時，要更小心翼翼。

　　特別是當我們講話時剛好是頭朝下的時候。

加文・施密特

Gavin Schmidt

氣候學家、美國國家航空與太空總署戈達德太空研
究所主任。

簡單答案

　　更準確地說，是認為複雜問題有簡單答案的概念。宇宙是複雜的。不管你是對一個細胞的功能、亞馬遜生態系、地球氣候，或是太陽發電機感興趣，幾乎所有系統和其對我們生命的影響都是複雜且多層面的。我們很自然地會問關於這些系統的簡單問題，而我們很多重要的見解也來自於對這些簡單問題的深度檢視。但是，回答這些簡單問題的答案從不簡單。在真實世界裡，答案絕不會是：「42」。

　　但我們集體表現得好像是有簡單答案的。我們繼續閱讀尋找那個讓我們應對困惑的方法、那個能告訴我們「真相」的數據、那個證明假設的最後實驗的研究。但是多數的科學家同意這些徒勞無功，科學是一個方法，製造接近現實的估計值，其有用性慢慢增加，而不是通往絕對真相的道路。

　　相反地，主導我們公眾言論的聲音，認為明確性和事物非好即壞、非白天即黑夜、非黑即白的看法相等。他們不僅忽視不同濃淡的灰色，也錯過了整個美好的多彩色譜。要求以簡單答案來回答複雜問題，我們剝奪了讓這些問題有趣的特質。

　　撰寫新聞稿或是推銷科普書籍時，科學家有時候也支持這樣限制性的架構，事實是，這很難避免。但是我們應該更謹慎。世界很複雜，我們需要接受這樣的複雜性，才能有希望找到堅實耐用的答案，可以回答我們不可避免會繼續提出的簡單問題。

馬丁・里斯

皇家學會前任會長、劍橋大學宇宙學和天體物理學系退休教授、三一學院教師，著有：《從當前到無限》（*From Here to Infinity*）。

Martin Rees

我們永遠不會遇到科學理解的障礙

很多人以為我們的見解會無限地增加，所有科學困難的問題最終都會被打敗。但是我們可能需要放棄這個樂觀的想法。人類智力可能會遇到阻礙，就算在多數的科學領域，只是在短時間內不會發生。

宇宙學有件明顯未完成的事物。愛因斯坦的理論認為空間和時間是平滑且連續的。但是，我們知道沒有物質可以被任意地切成小塊，所以最終你會得到單獨的原子。同樣地，空間本身是有顆粒和「量化」的結構，不過是在幾兆小的規模。我們缺少一個對物理世界基礎統一的理解。

這樣的理論會將大爆炸和多宇宙帶進嚴格科學的範圍內。但是它不代表探索的結束。的確，這對 99% 既不是粒子物理學家、也不是宇宙學家的科學家來說，並不相干。比如說，我們對飲食和托兒的理解依然很稀少，專家的建議年年都在改變。這似乎和我們談論星系和次原子粒子時的信心滿滿完全相反。但是生物學家被複雜性的問題困住，而這些問題比很大和很小的問題更令人沮喪。

科學有時候很像高樓的不同樓層：粒子物理學在一樓、其他物理學在上一層、再來是化學等等，一直往上至心理學（經濟學家在頂樓）。也有相應的複雜性階級：原子、分子、細胞、有機物等等。這個比喻在某些方面很有用，其表達科學是如何獨立於其他之外地被追尋。但是這個比喻卻沒有提到一個關鍵的方面。在大樓裡，不穩定的根基危及上面的樓層。但是

應對複雜系統的「更高層」科學並沒有像大樓一樣，被不穩定的基礎所危害。

每種科學都有其獨特的見解和解釋。就算我們有個超級電腦，可以解決大量原子複雜問題的薛丁格方程式（Schrödinger's equation），電腦的結果也不會提供多數科學家想要的理解。

這不僅對應對真正複雜事物（特別是有生命的）的科學來說是真的，甚至當現象是單調時，也是如此。比如說，試著理解為什麼水龍頭漏水、海浪消散的數學家，並不在意水是 H_2O。他們認為液體是一個連續體，他們使用黏性和渦動等「新興」概念。

幾乎所有的科學家都是簡化論者，他們認為所有事物不管多複雜，都遵守物理學的基本方程式。但是就算超級電腦可以解決消散海浪中的原子、遷徙鳥類或熱帶雨林等複雜問題的薛丁格方程式，而確定（比如說），一個原子層面的解釋不會帶來我們想要的啟發。腦子是一群細胞的組合，而一幅畫是不同化學顏料的組合。但是在這兩個例子裡，有趣的是形式和結構，也就是新興的複雜性。

自我們遙遠祖先漫遊在非洲大草原以來，我們人類並沒有改變多少。我們的腦演化，以應對人文尺度的環境。所以，我們可以解釋讓直覺困惑的現象，當然很了不起，特別是那些組成我們的微小原子和包圍我們的浩瀚宇宙，但不論如何，我要冒險勇敢地說，也許有些現實的層面本質上就是超出我們理解範圍之外的，因為要了解它們就需要後人類智慧，就像歐幾里德幾何是超出非人類靈長類動物理解範圍的。

有些人可能會反對這樣的提議，並指出可以計算的事物應該沒有極限。但是可以計算和可以在概念上被理解並不相同。舉一個瑣碎的例子，如果提供圖形的方程式給任何學過笛卡兒幾何的人，他們可以很容易地想像一個簡單的圖形、一條線或一個圓形。但是提供（看似簡單的）可以畫

出曼德博集合（Mandelbrot set）的演算法時，沒有人可以想像其驚人的錯綜複雜，即便對電腦而言，畫出圖形是很簡單的工作。

　　相信所有的科學以及現實所有層面的合適見解，都是人類精神力量可以理解的，是過度人類中心的思想。真正的長遠未來是取決於有機後人類或是智能機器，大家對此持不同的意見，但不論如何，一定有關於現實的見解等著他們去探索。

希瑞恩・桑默勒

Seirian Sumner | 英國布里斯托大學行為生物學系資深講師。

生命依共同的基因工具組演化

　　基因和他們的交互作用網決定一個生物體的表現型——他長什麼樣以及他的行為。現代演化生物學一個最大的問題之一，是了解基因和表現型間的關係。普遍的理論認為所有動物基本上都是由相同調節基因（regulatory gene）建構的，一個基因工具組，表現型在物種間的不同只是因為這些共同基因使用的不同。但是科學家現在從多種不同的有機物中製造大量數據，這些數據告訴我們不應該再認為保守基因的共同工具組是所有生命的基礎。我們需要檢視基因新穎性在表現型多樣性和革新的角色。

　　保守基因共同工具組的觀念來自於「演化發生生物學」（Evo-devo, Evolutionary Developmental Biology）世界。簡而言之，它提出演化在所有的生物體中使用相同的成份，但是修改了食譜。在發育的不同時期和／或身體不同部分表現基因，同樣的基因可以被用在不同的組合，以允許演化性、製造表現型多樣性和革新。動物看起來不一樣不是因為分子機械（molecular machinery）不同，而是因為機械的不同部分在不同時間和地點、以不同的組合被啟動至不同程度。組合的數量很大，所以這是一個看似可信的解釋，可以用來說明即便是來自於小量基因的複雜和多樣表現型的發展。比如說，人類在基因體裡只有 21000 個基因，但是我們可能是演化最複雜的產品之一。

　　一個典型的例子是，發育中的超級調控者**含同源匣**基因（Hox gene），

在每個主要動物群裡，告訴身體哪裡發展腦、尾巴、手臂、腳的基因組。老鼠、蟲、人……等都有含同源匣異形基因。是從一個共同的祖先繼承下來的。另一個工具組基因是調控眼睛發育或頭髮／羽毛的顏色。工具組基因存在已久，在所有動物中都找得到，功能在所有動物中也幾乎是相同的。不可否認地，保守基因是構成生命的分子建構重要的一部分。

但是，我們現在可以新定序任何生物體的基因體和轉錄組（transcriptome，在任一時間地點表現的基因）。我們有海藻、蟒蛇、綠海龜、河豚、褐背綬帶鳥、鴨嘴獸、無尾熊、倭黑猩猩、貓熊、瓶鼻海豚、切葉蟻、帝王斑蝶、太平洋蠔、水蛭……等的序列數據，清單快速成長。每一個新的基因體都帶來一套獨特的基因。線蟲 20% 的基因是獨特的。每一個支系的螞蟻都含有大約 4000 個新基因，但是其中只有 46 個目前是在所有 7 個螞蟻基因組中被保留的。

很多這些獨特的（「新的」）基因在生物革新的演化上是重要的。近緣但形態不同的淡水水螅，因為一小群新基因而產生。新基因在蜜蜂、胡蜂和螞蟻等工作階級的出現是很重要的。蠑螈的特定基因可能在其驚人組織再生力上有特定功能。對人類來說，新基因和白血症及阿茲海默症有關聯。

生命在基因體上是複雜的，而此複雜性對不斷演化的生命多樣性至關重要。我們很容易就可以看到天擇如何改良革新：比如說，一旦第一隻眼睛演化了，眼睛經過有力的選擇，以增加對主人的適合性（生存）。解釋新穎性是如何開始就比較具挑戰性，特別是解釋如何從保守基因工具組而生。達爾文演化解釋生物體和其性狀如何演化，但是並沒有解釋如何產生。第一隻眼睛是如何出現的？或者，更精確一點，所有動物眼睛發育的主要調節基因最初是如何產生的？演化新表現型性狀的能力，不管是形態上的、生理學上的，或是行為上的，對生存和適應是十分重要的，特別是在改變的（或是新的）環境中。

一個保守基因體可以用重新排序（在基因裡或是之間）、調節改變，或基因體複製創造新穎性。比如說，脊椎動物在演化歷史上兩次複製了全部的基因體，而鮭魚則再經歷了兩次全部基因體的複製。複製減少對某個複製體功能的選擇，能讓其複製體變種並演化成新基因，而其他複製體仍正常運作。保守基因體也可以包含很多隱性的基因變異（新穎性的好材料），這些基因變異並不受選汰作用影響。非致死變異可以潛伏於基因體裡，不被表現或是在對表現型沒有致命影響的時候被表現。調節基因的表現和蛋白質的分子機制仰賴最低訊息、規則和工具：轉錄因子可以辨認少量鹼基對序列的結合位置，提供了很大的結合可塑性。很多使用不同轉錄、轉譯和／或後轉譯活動的保守基因，其上位改變是基因體新穎性的來源。比如說，達爾文雀科鳴鳥的鳥喙形狀演化是被基因多效性改變調節的，控制骨頭發育的保守基因中的信號模式改變，則產生基因多效性改變。就算只是有限基因工具組的結合力量，也提供大量潛力可從舊機制演化新穎性。

　　但是研究存在於所有演化譜系中的獨特基因，告訴我們**新生**基因誕生，而不是舊成分的重新排序，對表現型演化是重要的。基因體裡過量的非編碼 DNA（noncoding DNA）如果是基因體的熔爐，用來開發及創造新基因和新功能、最終是表現型革新。那就不會再那麼令人不解，目前的思維是基因體持續地製造新基因，但是只有一些是有功能的。

　　我們的故事簡單地開始：所有的生命都是演化些許修改共同分子工具組而生的產品。但是不可想像的時代已經來臨，我們可以分解任何生物的分子構造。這些數據正在重組事物。很令人驚喜？其實並沒有。或許在此最重要的一課是，沒有任何理論是完全正確的，好的理論是會一直演化並接受革新的。讓我們演化理論（保留證明正確的部分），而不是讓它們消失。

凱文・凱利

Kevin Kelly

《Wired》雜誌資深撰稿人，著有：《超棒工具：成就無限可能》（*Cool Tools: A Catalog of Possibilities*）。

完全隨機突變

　　通常被稱為「隨機突變」的現象，事實上並不是數學的隨機模式。基因突變的過程是極度複雜的，有多種途徑，需要不只一種系統。目前的研究認為多數自然突變是修復損壞 DNA 的過程出錯時發生。修復中的損壞或是錯誤均非隨機，不管是發生的地方、發生的原因，或發生的時間。反而，認為突變是隨機的，單純只是非專家，甚至一些生物學老師廣泛支持的假設。並沒有任何直接證據支持這樣的假設。

　　相反地，有很多證據顯示基因突變在型式上相異。比如說，突變率隨著細胞上的壓力增加或減少，是廣被接受的。這些不同的突變率包括來自生物體的掠食者或競爭的壓力而產生的突變，也有因環境和後生的因素所引起的突變。另有顯示在 DNA 裡某個已經發生過突變的地方，有更高的機會發生突變，而創造一個突變熱點群，是一個非隨機模式。

　　雖然我們不能說突變是隨機的，我們**可以**說有大量的混亂元素，就像在灌鉛的骰子時也是一樣。但是灌鉛的骰子不應該和隨機混淆，因為長久下來（也就是在演化的時間框架），加權偏差會有顯著的後果。所以，明白地說：證據顯示機會在突變中扮演主要角色，任何天擇都需要機會，但是這不是隨意的機會，而是灌鉛的機會，有著多種限制、多種偏見、數不清的群集效應，以及偏態分布。

　　那為什麼隨機突變的觀念還持續？「隨機突變」的假設是哲學必需品，

以對抗早期遺傳獲得性徵（inherited acquired trait）的錯誤觀念，通常稱為拉馬克演化（Lamarckian evolution）。作為早期粗略的估計，將隨機突變當作一個知識和實驗的架構是可行的。但是欠缺直接證據以證明隨機突變，此觀念已經到了需要淘汰的地步。

　　有幾個相關的原因可以解釋為什麼這個沒有根據的觀念一直被重複，卻沒有證據證明。第一是害怕非隨機突變會被創造論者誤解和曲解，否認天擇演化的現實和重要性。第二是如果突變不是隨機的，並且有某種模式，那這個模式在演化中便製造了一個微觀方向，但是生物演化是微觀行動累積而成的宏觀行動，這些微觀模式就開啟了演化宏觀方向的可能性。這引發了各種警訊。如果真的有演化宏觀方向，那是從哪裡來的？又往何處去？到目前為止，關於演化宏觀方向證據的共識十分稀少，除了同意複雜性的增加。但認為演化有**任何**方向的概念和現代演化理論目前的教義完全相反，以至於隨機的假設屹立不搖。

　　捨棄完全隨機突變的概念，我們可以獲得一些實際的好處。可以利用突變有偏差的觀念，以更容易地設計修改使用這些偏差的基因過程。我們可以更深入了解疾病突變的起因並治療它們。有了這樣新的理解，我們可以有更好的方法可以解決宏觀演化一些剩餘的謎團。捨棄完全隨機突變的概念另一個重要的部分是，了解在突變裡運作的機會元素不是「不完美的」突變，而是包含了一些有生產力的秩序，可以被我們或天擇使用的某種小東西，它的用途是什麼或可以被如何使用，仍是未知，但是我們如果對隨機突變的概念緊握不放，就永遠不會知道答案。

艾瑞克・托普

維斯特基金會（Gary and Mary West Foundation）創新醫療主席、斯克里普斯研究所基因體學教授，著有：《醫學的創意毀滅》（*The Creative Destruction of Medicine*）。

Eric J. Topol

一個人一個基因體

我們學到受精卵分裂，最終生成人類，最新估計共有 37 兆的細胞，每個都有相同、真實的基因體複製。只不過，這個看似簡單、不會改變的原型突變了。

雖然一個人一個基因體的經典教學在 10 年前開始受到被質疑，但一直到最近，藉由我們新發現的單細胞測序（single cell sequencing）和高解析度序列基因體雜合（high-resolution-array genomic hybridization），才遭明確地駁斥。比如說，2012 年的研究發現，59 位被解剖的女人中，37 位的腦細胞裡有 Y 染色體上的 *DYS14* 基因[12]。很多人覺得這很難接受。但是索爾克研究院的學者最近做了解剖人腦神經元的單細胞測序，發現顯著比例的細胞（多達 41%）具有結構 DNA 突變。名為鑲嵌現象（mosaicism）的數量在腦中比預期得高很多，並讓我們質疑我們的單細胞測序科技是否可能有缺陷，才導致這樣的結果。但事實並非如此，因為太多獨立研究也提出了相似的結果，不管是在腦子裡還是在其他器官，比如皮膚、血液和心臟。去年，由耶魯大學理查・利夫頓（Richard Lifton）和瑪汀娜・布克內（Martina Brueckner）帶領的團隊，發現很大一部分孩童的先天心臟病，有著在父母親基因裡都沒有的突變，大概佔了嚴重心臟病出生缺陷的 10%。

12.原註：William F. N. Chan et al., "Male Microchimerism in the Human Female Brain," PLOS ONE, Sept. 26, 2012. DOI: 10.1371/journal.pone.0045592.

這些在一個人生命中自發的細胞**新生**突變（*de novo* mutation），是遺傳學家沒有預期到的，他們認為遺傳力是一個代代相傳的故事。更多散發病（sporadic disease）的研究持續出現，並可以歸因於這些**新生**突變，比如肌肉萎縮性脊髓側索硬化症（amyotrophic lateral sclerosis，路格里克氏病）、自閉症和精神分裂症（schizophrenia）。突變可以在人的一生中很多不同的時間點發生。在 14 個被墮胎的已發育人類胚胎樣本中，70% 有重大的結構突變，儘管這不能代表活胎也會是如此[13]。同一時段裡，6 名非因癌症過世的人，在所有檢視的器官中，包括肝、小腸和胰臟，都有大量的鑲嵌現象[14]。

但是我們依然不知道這是否只是學術的關注，還是有重要的致病作用。當然，我們已經知道，晚期在「終末分化」（terminally differentiated）細胞發生的鑲嵌現象，在癌症的發展中是很重要的。免疫細胞的鑲嵌現象，特別是淋巴球（lymphocyte），是健康完善免疫系統的一部分。但除此之外，我們每個人帶有多種基因體的功能重要性還是不清楚。

這所帶來的後果可能很大。當我們用血液樣本評估一個人的基因體時，不知道可能的鑲嵌現象存在於此身體的各個部分。解決這個問題還需要很多研究，現在已有技術可以做得到，那無疑地就能夠在未來幾年更了解我們與眾不同的異質基因體自我。

13.原註：James R. Lupski, "Genome Mosaicism XOne Human, Multiple Genomes," Science 341, 358 (2013) DOI: 10.1126/ science.1239503.

14.原註：Maeve O. Huallachain et al., "Extensive genetic variation in somatic human tissues," Proc. Nat. Acad. Sci., 109:44, 18018-23 (2012).

提莫・漢內

Timo Hannay | 麥克米倫《數位科學》總裁、SciFoo 聯席籌辦者。

先天與後天

　　任何科學理論都應該告終。當你在人類無知領域下工作時，會發生的事。但多數理論最壞也不過是些微注意力分散或是知識迂迴，逃不出學術界的迴廊。真正值得被槍擊的是已經逃至真實世界並造成真正傷害的科學錯誤概念。或許目前最好的例子是先天與後天的概念。

　　這是個迷人的概念：押頭韻、幾近詩意的名字，極其直覺性又好表達。法蘭西斯・高爾頓（Francis Galton）是優生學創始者、博學多聞，也是達爾文的表弟，他首次使用此詞。不幸的是，就像高爾斯其他極差的觀念一樣，「先天與後天」創造了概念謬誤和政治影響力的有害混合品。

　　在解釋基因的影響和環境的影響時，多數人最常犯的基本錯誤是，假設你可以完全區分兩者。重要的神經心理學家唐納德・赫布（Donald Hebb）被問到先天或後天哪一個影響人類性格比較多時，據說他回答：「長方形的長還是寬建構長方形面積比較多？」

　　這是個聰明的答案，只不過卻更加強了錯得離譜的觀念，認為基因和環境各自獨立的概念，就像牛頓的空間和時間。事實上，它們比較像愛因斯坦的時空，深深纏繞在一起，有著可以引起反直覺結果的複雜互動。

　　當然，專家已經知道了。比如他們發現多數孩童不只從其父母繼承基因，也繼承了環境，因此有了離異同卵雙胞胎（多數基因相同，但環境不同）。再者，延伸的表現型，也就是生物體受基因驅使，以修改其環境，已

被透徹理解超過 30 年了。表觀遺傳學科學雖然仍在研究中，已經發現很多基因可以被核甘酸以外的因素改造的不同方式，並顯示這些很大一部分是由基因的環境決定的（當然由一部分其他基因組成，在相同生物體的裡面和外面）。

再一次很不幸地，上述多數的觀念在人們身上不存在，比如想要塑造我們社會的記者和政治家。他們所有的人幾乎都抱持著天真的先天與後天的牛頓觀點，而產生了各式各樣的知識謬論。

一個很好的例子是，由當時為英國偏右派教育部長的顧問，多明尼克·卡明斯（Dominic Cummings）所著的一篇教育政策冗長議論，在 2013 年發表時造成的轟動，他在其中（正確地）提出學術表現是遺傳性很強的，這讓很多評論家，特別是左派，認為卡明斯的言論就等於是相信教育不重要。在他們的牛頓先天與後天宇宙裡，性狀的遺傳力是不可改變的定律，可以讓人們，更糟的是，讓孩童成為自己基因的囚犯。

這是胡說八道，繼承性不是突變力的相反，一個性狀的遺傳力很高，不代表環境就沒有影響，因為遺傳力的分數本身也是被環境影響。看看身高的例子，在富有的世界裡，身高的遺傳力差不多是 80%，但這只是因為我們的營養普遍來說是好的。在營養不良或飢餓普遍的地方，環境因素主導，身高的遺傳力就低很多。

相同地，學術表現的高遺傳力並不一定代表教育不重要。相反地，這至少有一部分是現代普遍學校教育的結果。的確，如果每個孩童都接受相同的教育，那學術遺傳的遺傳力會升至百分之百（因為任何差異就只能用基因解釋）。這樣看來，高學術表現遺傳力並不是右翼思想而是左翼意圖。但是試試看解釋給一位趕稿的記者或是一位有私心的政治家。諷刺的是，卡明斯文章的中心思想是在爭論英國教育系統製造了無能的政治菁英和評論家，分辨不出這樣技術上的細微之差。批評卡明斯的評論，不過就是證

明了卡明斯是對的。

　　所以「先天與後天」這個錯誤的概念讓看來聰明的人混淆了平等主義和法西斯主義，誤解自己政策的後果，因此對我們的孩童教育，做出了毫無根據的見解。這裡唯一合理的演化運作形式是，全力以赴地從迷因庫（meme pool）裡消滅這個過時且錯誤的觀念。

羅伯特・薩波斯基

史丹佛大學神經科學家，著有：《猴子之愛：及其他
有關人生為動物的文章》（*Monkeyluv: And Other Essays
on Our Lives as Animals*）。

Robert Sapolsky

只有一個基因環境交互作用的說法

隨著 2013 年結束，媒體專家依照慣例，提出各式各樣應該被禁止使用的詞彙。最常被提出的包括「你只會活一次」（YOLO）、「兄弟情」（bromance）、「自拍」、「男人窩」（mancave），還有（果不其然，拜託了上帝，讓它消失）「甩臀舞」（twerking）。在這些例子裡，並不是詞彙哪裡出錯了，只是它們無所不在而且很惱人。

相同地，在科學世界裡，有些詞彙也需要淘汰。但是不僅僅是因為它們無所不在並惱人。「基因體演化」可能無所不在又惱人，但是它是有用的詞。當談論到人類在比現代世界不人工的地方做什麼時，使用「99% 的人科歷史……」一詞也是一樣的道理。我個人希望後者不會被退休，因為這個詞我無處不用、用得煩死人，而且我沒有停止的打算。

但是，很多科學概念應該要消失，因為它們就是錯的。一個很明顯的例子是，比起科學更像偽科學的概念，認為演化「只是」一個理論。但是我提議淘汰的是一個就狹義而言是正確的詞彙，但是有錯誤的隱含意義：「一個基因環境交互作用」。

一個特定基因和一個特定環境交互作用影響的概念，是對流傳千年先天與後天二分法的重要反駁。此概念在上述領域內的功能多半以下列形式出現：「某某東西可能不是全為基因因素，不要忘了可能還有基因環境交互作用。」而不是：「某某東西可能不是全為環境因素，不要忘了可能還有基

因環境交互作用。」

　　這個概念在表現量時特別有用，不顧行為遺傳學家試圖將性狀變化的百分比歸因於環境而非基因。此概念也是一個非科學家愛用法則的基礎：「但是只有……。」比如在「你通常可以說 A 基因造成 X 效應，但是有時候說 A 基因造成 X 效應，但是只有在 Z 環境時，更為準確。這樣一來，你就有了所謂的基因環境交互作用。」

　　哪裡錯了呢？這是比「先天與後天」好太多的概念？特別是這個問題的可能回答已經在政策制定者和倡導者的手中。

　　我的問題是，此概念特別使用「一個」基因環境交互作用，認為只能有一個的概念。在沒有惡意的狀況下，此概念暗示可能會有沒有基因環境交互作用的例子。更糟的是，這些例子占多數。最糟的是，暗示有種相似於柏拉圖理想式的基因行為，認為每個基因都有理想的效應、基因持續不斷地**做出**相同效應，而且很少不會發生這樣的情況，如果不發生，那不是代表一個生病的狀態，就是微不足道的特技。所以，一個特定的基因可能在智力上有柏拉圖式的「正常」效應，當然，除非此個體在胚胎時蛋白質營養不良、罹患苯酮尿症（phenylketonuria）卻未治療，又被狐獴在野外帶大。

　　「一個」基因環境交互作用的問題是，**沒有**基因只做某件事。一個基因只有在一個特定的環境有特定的效應。認為基因在每一種環境中都有相同的效應，不過是在說基因在所有目前已被研究過的環境裡有相同的效應。這在行為遺傳學更是清楚，因為對表觀遺傳學、轉錄因子和剪接因子等等的環境規範愈來愈重視。這對人類更是密切相關，因為我們生活的環境，不管是自然的或是文化建構的，範圍都十分廣大。

　　探討「一個基因環境交互作用」就像是在問長對長方形的面積有什麼關係、然後被告知在此特定案例中，長／寬有交互作用一樣。

雅典娜・費羅馬諾斯
Athena Vouloumanos

心理學系副教授、紐約大學嬰兒認知和溝通實驗室主要研究員。

天擇是演化唯一的引擎

在演化課中，由拉馬克提出的拉馬克主義說，一個生物體一生可以獲得一個性狀、並將此性狀至傳於後代的概念，總是簡短被討論、通常被嘲笑。達爾文的天擇論被認為是演化改變的唯一真實機制。

在拉馬克有名的例子裡，吃位於較高樹枝樹葉的長頸鹿，比起那些吃較低樹枝樹葉的長頸鹿，脖子可能會長更長，並將長脖子傳至牠們的後代。後天性狀（acquired characteristics）的繼承力一開始被認為是演化改變的正當理論，連達爾文都提出自己的版本，解釋生物體如何繼承後天性狀。

後天性狀世代轉移的實驗意見在 1923 年出現，當巴夫洛夫（Pavlov）指出，他的第一代白老鼠需要 300 次的試驗，才能發現食物藏在哪裡，第一代白老鼠的後代只需要 100 次，而第一代白老鼠的孫老鼠只需要 30 次。巴夫洛夫的敘述並沒有說明老鼠是否都住在一起（老鼠們就可以溝通），或是牠們是否有其他種學習方式。其他早期在植物、昆蟲、和魚的世代性狀轉移研究，也因沒有其他解釋方式或是控制不良的實驗而失敗。拉馬克主義被排除了。

但是更近期的研究，使用現代生殖技術，比如試管受精和適當控制，可以將每一個世代隔離，並排除任何社會交流和學習。比如說，恐懼某一種有著特殊氣味（但其他方面為中性）味道的老鼠，生下的老鼠寶寶也同樣害怕此味道。牠們的孫老鼠寶寶也一樣害怕。不像巴夫洛夫的研究，溝

通不可能是原因。因為老鼠從來沒有在一起過，分開扶養實驗也進一步排除了社會交流，新獲得的特定恐懼一定得被編碼至老鼠的生物材料中。（生物化學分析顯示相關的改變很可能是父母和後代精子中的嗅覺感應基因的甲基化反應〔methylation〕。甲基化反應是表觀遺傳機制的一個例子。）天擇依然是演化改變的主要形塑者，但後天性狀的繼承可能也很重要。

這些研究結果都和稱為表觀遺傳學新研究領域一致。基因表現的表觀遺傳控制影響單一生物體細胞的不同發育（因此細胞有一樣的 DNA 序列），而成為，比如心臟細胞或是神經元。但是過去 10 年，我們有真正的證據和可能的機制，可以證明環境和生物體的行為如何可能在基因表現中製造可遺傳的改變，但傳給後代的 DNA 序列卻沒有改變。在最近幾年中，我們已經看到表觀繼承的證據出現在型態、新陳代謝、甚至是行為性狀等不同領域中。

後天性狀世代轉移以演化的可能機制東山再起。此也帶出了有趣的可能性，我們以為不可能影響後代的（除了運氣好、靠著好榜樣），比如更好的飲食、運動和教育，其實或許可以影響。

史迪芬・平克

哈佛大學心理學系約翰斯頓家族講座授，著有：《寫
作風格的意識：好的英語寫作怎麼寫》(The Sense
of Style: The Thinking Person's Guide to Writing in the 21st
Century)。

Steven Pinker

行為＝基因＋環境

　　你會說你的電腦或智慧型手機的行為取決於其固有設計和被環境影響的方式兩者之間的互動嗎？不太可能，這樣的言論不是假的，而是愚蠢的。複雜適應系統有個非隨機的組織，而這些系統有輸入。但是談到輸入「塑造」系統的行為，或是讓設計和輸入競爭，並不會讓我們了解系統是如何運作的。人腦更是複雜，而且用比人造裝置更複雜的方式處理其輸入，但是很多人卻用連用來分析更簡單事物都嫌過於簡化的方式來分析人腦。方程式中的每一個詞都很可疑。

　　行為：認知革命過後的五十多年，人們仍在問行為是基因決定的還是環境決定的，但是不管是基因還是環境都不能直接控制肌肉。產生行為的是腦。問基因如何影響情緒、動機或是學習機制很合理，但是問基因如何影響行為完全沒有意義。

　　基因：分子生物學家使用「基因」一詞稱呼蛋白質編碼的 DNA 片段。不幸的是，這和在族群遺傳學（population genetics）、行為遺傳學和演化理論所使用的概念不同，此概念認為，任何可以跨世代傳遞、且對表現型有持續作用的信息載體。這包含了任何可以影響基因表現的 DNA 層面，和「天生」的意義比較接近，而非只是分子生物學家的狹隘定義。對於兩者之間的困惑在討論我們的構成時，造成了很多發散的話題，比如認為基因表現（蛋白質編碼的 DNA 片段）是被環境的信號所規範的老掉牙思想。不然

還有什麼其他解釋？另外一個說法就是每一個細胞都一直合成每一個蛋白質！被科學媒體膨脹的表觀遺傳學泡泡也是基於相似的困惑上。

環境：這個詞作為生物體的輸入也是很誤導人的。所有影響生物體的能量，只有以複雜的方式處理和轉換的那一小部分，在其後續信息處理上會有影響。哪一個信息被取入、它是怎麼被轉換的，以及它是如何影響生物體的（也就是生物體學習的方式），都取決於生物體的天生組織。要說環境「決定」或「塑造」行為一點也不清楚明白。

就算是「環境」於定量行為遺傳學的專業意義也是十分令人困惑。當然，將表現型變異區分為和遺傳變異（遺傳力）及家庭間變異（「共同環境」）相關的不同部分，並沒有錯。問題來自於所謂的「非共同」或「獨特」的環境影響。這包含所有非因基因或常見變異引起的變異。在多數研究中，這被計算成 1（遺傳力＋共同環境）。你幾乎可以把它當作是在同個屋簷下長大的同卵雙胞胎之間的不同。他們有一樣的基因、父母、兄弟姊妹、學校、同儕和鄰居。所以什麼可以讓他們不一樣？假設行為是基因加上環境的結果，那一定有什麼東西是在一個雙胞胎的環境裡有，卻沒有在另一個雙胞胎的環境中。

但是這個類型其實應該被稱為「混雜／未知」，因為它和任何環境的可測量方面都非必要相關，比如一個雙胞胎睡上鋪一個雙胞胎睡下鋪，父或母無法預測的偏愛其中一個雙胞胎，一個雙胞胎被狗追、生病，或是被老師喜愛。這些影響完全是憑推測的，尋找這些影響的研究也都失敗。一個替代方案是，這個部分實際上包含機會效應：新突變、不尋常產前影響、腦部發育噪音，加上有著不可預測結果的生命事件。

發育時的偶然影響漸漸被流行病學家發現，流行病學家也因不守規律的現象而受挫，比如 90 歲的老菸槍，在精神分裂症、同性戀和疾病結果上不相同的同卵雙胞胎。他們被逼著承認是上帝擲骰子決定我們的性狀。

發育生物學家也有相似的結論。認為任何典型上非基因的一定就是「環境的」，這樣的壞習慣阻礙了行為遺傳學家（還有那些解釋行為遺傳學家研究結果的人），讓尋找可能是發育過程中隨機事件的環境因素，成為不可能的事。

方程式裡最後的一個困惑點是看似複雜的「基因環境交互作用」附加品。這也是設計來混淆人的。基因環境交互作用並**不是**在說對基因必須要有環境才能作用（對所有的基因來說都是如此）。它是在說一種翻轉作用，基因在一個環境下以一種方式影響人，在另一個環境下是另一種，而替代的基因有不一樣的模式。比如，如果繼承對偶基因 1，你很脆弱：壓力源讓你神經質。如果繼承對偶基因 2，你的適應力強：壓力源不會對你產生影響。

基因環境交互作用在專業意義上，令人困惑地提出了「獨特環境」因素，因為交互作用在同一家庭的兄弟姊妹中是不一樣的（平均來說）。一樣令人困惑地，常識中的「交互作用」，也就是有著特定基因型的人，可以預測是被環境影響的，但基因環境交互作用提出了「遺傳力」因素，因為定量遺傳學只測量相關性。這樣的困惑來自於認為人的一生中，智力的遺傳力增加、共同環境的影響力減少的研究結果。一個解釋是基因在生命後期產生影響，而另一個解釋是，有著特定基因型的人將自己放置在對其天生品味和才能有益的環境中。「環境」愈來愈依賴基因，而不是行為外在的成因。

艾利森‧高普尼克

Alison Gopnik

加州大學柏克萊校區心理學和哲學系教授，著有：
《寶寶也是哲學家》（*The Philosophical Baby*）。

天生

　　在科學和科普寫作中，很普遍地都會談到天生的人類性狀、「與生俱來的」行為，或酗酒、智力等等任何東西的「基因」。有時候這些性狀應該是人類認知的普遍特點，有時候它們應該是特定人的個別特點。先天／後天的區分一直主導著發育的觀點。但是該讓天生消失了。

　　當然，長久以來，人們都指出先天和後天一定有交互作用，而讓特定的性狀得以發育。但是最近幾個科學進展以更深入的角度挑戰天生性狀的觀念。並不只是兩者各自取一點，先天和後天的混合，而是對先天和後天的區別基本上就是錯的。

　　其中一個科學進展是，探索發育表觀遺傳原因和表觀遺傳過程新實驗證據的重要新研究。這些研究提出很多種複雜方式，顯示最終造成性狀的基因表現，本身是受環境掌控的。

　　以母老鼠為例。麥吉爾大學的麥可‧米尼（Michael Meaney）和同事使用兩種外形不同但基因相同的老鼠，這些老鼠通常有不同程度的智力，並分開扶養老鼠，聰明的老鼠媽媽扶養笨老鼠寶寶。結果是笨老鼠培養了和聰明老鼠一樣的解決問題能力，甚至還將其傳至下一代[15]。所以這些老鼠天生是笨的還是聰明的？這個問題本身就沒有意義。

15.原註：Ian C. G. Weaver et al., "Epigenetic programming by maternal behavior," Nat. Neurosci. 7:8, 847-54 (2004). doi: 10.1038/nn1276.

來看一個相似的人類例子。愈來愈多證據證明「蘭花」和「蒲公英」早期性格的不同。有著某些基因和生理學種類的孩童，較容易被環境影響，不論環境好壞。比如說，最近的一個研究考慮呼吸性竇性心律失常（respiratory sinus arrhythmia）在脆弱可憐孩童中的嚴重程度，基本上就是心率和呼吸之間的關係。他們發現高呼吸性竇性心律失常的孩童，若和父母的關係穩固，比起低呼吸性竇性心律失常的孩童，也較少有行為問題。但是高呼吸性竇性心律失常的孩童，若和父母關係不好，結果則和上述相反，比起低呼吸性竇性心律失常的孩童，他們的問題更多。所以他們天生問題就比較多還是比較少？

　　愈來愈具影響力的人類學習貝式模型，已經主導近期人類認知的原因，貝式模型也用不同方式挑戰天生的觀念。至少從諾姆・喬姆斯基（Noam Chomsky）開始，就有關於我們是否天生有知識的爭論。貝式見解將知識分類為一套關於世界的可能假設。我們一開始相信有些假設比較不可能，而另一些比較有可能。隨著我們蒐集新證據，我們可以理性地更新這些假設的可能性。我們可以捨棄那些剛開始看起來可行的觀念，並在最後接受那些一開始沒什麼希望的觀念。

　　如果這個見解是對的，那任何我們認為是對的事物，可能從一開始就存在，這樣的想法就沒有錯。但是我們思考的所有事物也會因新證據而被修正和改變。以這樣的機率觀點來看，談論知識是天生的或是學習而來的，到底代表的意義為何，一點也不清楚。你可以換個說法，認為有些假設一開始有著低或高的機率被更多證據證明。但是假設和證據是緊密交織在一起的。

　　第三個科學進展是人類認知演化新見解的新興證據。簡稱 EP 的「演化心理學」（Evolutionary Psychology）的老舊「瑞士刀」見解，隨著許多不同限制「組件」的演化，看起來愈來愈不可信。更新且在生物學上更可

信的見解是，需要更多普遍發育的改變。這些包括剛提到的貝式學習能力的增加、更多文化傳遞、更廣的親代投資、更長的發育過程，以及更高的反事實思維能力。這些都導向快速轉換人類行為的反應機制。演化理論學家伊娃・雅布蘭卡（Eva Jablonka）認為人類認知演化比較像手的演化，一個多用途、有彈性的工具，可以做出史無先例的行為，並解決史無先例的問題，而不是瑞士刀的結構。特別是，一群理論學家已經爭辯早期出現的「解剖學上的現代」（anatomically modern）人和較晚出現的「行為上的現代」（behaviorally modern）人，兩者之間的不同是因為這些反應機制，而非某種基因改變。

比如說，在文化學習能力的些微改變，或是對學習可能發生的受保護童年所做的些微改變，可能開始導致行為上些許的改變。但是「文化撐高機」（cultural ratchet）效應可以帶來比基因更快且加速的行為轉換，特別是早期人類團體中有愈來愈多的互動。

結合文化傳遞和貝式學習代表每一個世代的孩童可以整合先前世代累積下來的知識。因此他們可以想像社會和物理環境不同的建構方式，而且他們可以執行這些改變。所以每個後繼的世代將會被新的社會和物理環境塑造而長大，和已不復存在的世代的後代不一樣，而這也會讓每個新世代，在一個認知和行為轉變的快速過程中，探索新發現、重新塑造環境等等。

這三個科學進展都認為我們所做的每一件事，幾乎都不只是先天和後天的交互作用，而是兩者同時發生。培育是我們的本質，而學習和文化是我們最重要和獨特的演化繼承。

凱利・哈姆林

Kiley Hamlin | 哥倫比亞大學嬰兒認知中心主任。

道德白板主義

　　我們的社會一直認為道德是在出生後經過一番努力慢慢獲得的。一般認為年幼孩童是道德「白板」，生命開始時沒有任何道德學習。在這樣的觀點下。孩童首先從他們自己的經驗或觀察，親自體驗道德世界。他們接著積極地（或是消極地，但是很少學者相信此觀點）將經驗和觀察與衝動控制、觀點取替，和綜合推理的進步結合，因此隨著時間愈來愈「道德」。

　　道德白板（moral blank-slateism）的觀念應該要改變了。第一，雖然它和認為嬰兒是「初來乍到、哇哇叫、困惑不清」，以及幼童是自私的自我主義者的見解相符，但是至少從去年的發展心理學研究認為此見解不是真的。比如說，嬰兒3個月大時，就已經可以處理在未知第三方間的利社會和反社會互動，較喜愛那些會幫助人的人，而非阻礙他人達成目標的人。的確，在看過這樣的互動後，3個月大的嬰兒總是傾向看幫助者而非阻礙者，4個半月大的嬰兒（可以伸手）也傾向找幫助者。更驚人地是，嬰兒的偏好似乎不只是反映喜歡那些讓好事發生的人（我們可以稱其為「結果偏差」〔Outcome bias〕）：在第一年裡，嬰兒喜歡那些傷害（不是幫助）阻礙他人的人，他們也喜歡那些有幫助意願的人，就算最後的結果是不好的。

　　所有利社會行為（而不是自私的自我主義）在嬰兒時期開始，幫助、分享、告知等等。雖然這些行為可能來自於密集的早期社會化，研究認為嬰兒和幼童成為利社會的人是因內在激發而非外在。嬰兒幫助和給予，不

需要逼迫，幼童選擇幫助，而不是做（很）好玩的事。這些行為可能來自不同的情緒狀態：幼童看到需要幫助的人會有負面情緒，而他們認為幫助他人（儘管自己要付出代價）是情感上值得的。

另一個白板主義需要改變的原因是：如果你相信道德來自經驗，那你可以將不同的道德後果歸因於不同的經驗。這導致了認為我們可以成為道德正確的人，假如我們有正確的（沒有任何錯誤的）輸入。那麼不道德就是因為輸入瑕疵。

很顯然，經驗在道德發展中至關重要。許多研究指出和道德相關的經驗（父母教養方式、暴力環境、虐待），以及道德後果之間的因果關係。但是看看 1999 年科倫拜高中的槍擊犯狄倫・克萊伯德（Dylan Klebold）和艾瑞克・哈李斯（Eric Harris）。他們不過是多得令人痛苦的北美屠殺孩童犯之中的兩個。在科倫拜事件後，人們說克萊伯德和哈李斯玩了太多暴力電動遊戲、在學校受到霸凌，甚至他們的父母都懶得教他們對錯。前兩個說法當然正確（第三個可能不是），但是小孩玩電動遊戲和被霸凌的比例很高，那些 99.9999% 沒有在學校開槍掃射的孩童呢？克萊伯德和哈李斯哪裡不同了？

哈李斯是心理變態者。心理變態者同情心極低，（或許）因此不在乎為了好玩而殺人，在殺人犯人口中，心理變態者的比率比平均高。心理變態是發展障礙，並被認為是精神疾病中最無法被治療的疾病。令人好奇地是，它也是最晚被診斷出來的，通常要到青春期或成年期。既然我們知道介入必須要盡早開始才能發揮效用（試想最近對早期診斷自閉症的治療所得的好處），那晚期診斷出的障礙可能就不易被介入影響。概括地說，我擔心的是，道德空白主義對經驗的注重，讓我們不願意去辨認在我們孩子身上有反社會持久、性格為準的預測因子。而當我們發現的時候，已經來不及治療了。我並不是不了解不願意「分類」小孩的想法，但是將個人不同

歸咎於不同的經驗，可能防止我們使用經驗並藉由介入來創造公平的環境。

其他研究指出在典型發育人口中，早期缺乏同情心的測量和晚期的反社會行為相關。這些測量通常有一個人在嬰兒面前表現痛苦，並注意觀看的嬰兒是否表現擔憂／痛苦。多數嬰兒通常都會。最近的一個研究發現未被虐待的 6 個月到 14 個月大的嬰兒，若對他人的痛苦漠不關心，在青少年時十分容易成為反社會的人 [16]。此實驗結果顯示，除了心理變態本身之外，反社會行為可能很早就會出現的警訊，在經驗還未發揮任何作用之前。

有些研究現在已經記載，經驗或許由一個基因環境交互作用影響道德後果。也就是，方程式並不簡單，比如說負面經驗造成反社會小孩（孩童＋虐待－改善的經驗＝暴力），虐待和反社會行為之間的關係，只在特定的孩童身上觀察到，這些孩童具有某種調節特定社會荷爾蒙的基因。所以不管有沒有被虐待，有著「安全」對偶基因的孩童大概都不太可能從事反社會行為。有著「危險」對偶基因的孩童則比較容易被受虐待的後果影響。

認為嬰兒是塊道德白板的觀念導致了對嬰兒期以及道德行為和認知如何運作錯誤的想法。了解道德發展如何開始，以及了解個人不同的所有原因，讓我們更有能力處理道德發展的不同途徑。道德白板主義應該放棄。

16.原註：S. H. Rhee et al., "Early concern and disregard for others as predictors of antisocial behavior," Jour. Child Psychol. & Psychiatry 54, 157-66 (2013).

奧利弗・史考特・克里
Oliver Scott Curry ｜ 牛津大學認知和演化人類學學院講師。

聯想主義

　　鳥怎麼飛的？牠們如何在天上不會掉下來？假設一本教科書告訴你答案是「漂浮」，接著提出各種不同種類的漂浮（靜止、移動）、漂浮的定律（有升必有落、輕的東西漂浮得較久），還有限制（四足動物）。你馬上就發現你還是不了解飛行，飄浮的觀念也模糊了我們對空氣動力學適當科學原因的需要，使其停滯不前。

　　不幸的是，同樣的狀況也發生在「動物如何學習？」的問題上。教科書會告訴你答案是「聯想」（association），接著提出不同種類的聯想（經典、操作），聯想的定律（Rescorla-Wagner）和限制（自動塑造、不同條件、阻擋）。你會被告知聯想是生物體在特定刺激和特定結果或回應之間製造連結的能力，食物準備好時的鈴聲，或是走迷宮左邊時受到的痛，不過就是透過對兩者（重複）的接觸。你就會被告知因為聯結平等對待每一種刺激，原則上可以讓生物體學會任何東西。

　　問題是，就像漂浮一樣，沒有人做出可以執行如此壯舉的機制。也不可能會有人做得出，因為這樣的機制往理論上是行不通的，所以在實際操作上也並非可能。在任何特定時間，一個生物體會遇到無限數量的可能刺激，因此就有無限數量的可能結果。比如說，老鼠的一天可能包括起床、眨眼、往左邊走、扭鼻子、被踩、吃莓子、聽到抱怨聲、聞到異性、感受五度的低溫、被追、看夕陽、上大號、覺得想吐、找到回家的路、打架、

睡覺等等。一隻老鼠是怎麼從刺激和結果的所有可能組合中，分辨出是莓子讓牠覺得不舒服？如同答案預先假定問題，數據也預先假定理論。沒有先驗理論告訴我們應該找什麼、測試哪一個關係，根本就無法從此混亂中找到可用的模式。那什麼是聯想學習的決定性的特性？是先驗理論的缺乏。所以，就像漂浮，聯想是空洞的，用一個誤導人的重新敘述，來描述一個本身就需要被解釋的現象。

幾個世紀以來，批評言論一直都提出連結主義的這個問題（有時候被稱為歸納問題〔problem of induction〕或框架問題〔frame problem〕）。在最近的幾十年，無數的實驗證明動物（比如螞蟻找到回家的路、鳥學唱歌、老鼠知道不要亂吃食物）並不是以聯想主義所提出的方式學習。但是聯想主義（不管以經驗主義、行為主義、條件、連結主義，或是可塑性的形式）拒絕消失，並一直出現，儘管全身布滿特殊例外、不規則和限制。支持者拒絕捨棄聯想主義，或許因為他們相信沒有任何替代方案。

但是有的。在溝通理論中，訊息減少先前的不確定性。生物體是「不確定」的，因為他們由條件式的適應所構成，在不同條件下採用不同狀況。這些機制可以用生物體的決定規則來描述，「若 A 則 B」，或是「如果你看到光，就朝著光走」。應該採用哪一個狀況的不確定性（存在或不存在），是由了解特定條件 A 而決定的。不確定性的減半，就是一「小量」的訊息，所以一個決策法則是小量訊息的處理器。而偏好有更多決策法則的適應，天擇可以設計更複雜的生物體，這些生物體有更複雜的訊息處理，在做出決定之前，問更多關於世界的問題。這樣的架構解釋了動物如何獲取訊息並從環境中學習。對老鼠來說，規則是「如果你吃了某種東西，然後覺得不舒服，那以後就不要吃那個食物。」牠沒有相同的規則可以辨認夕陽、扭鼻子或是打架，這也是為什麼牠從沒有將這些連結在一起。相同地，這個原因也解釋了為什麼生物體面臨不同的生態問題、由不同機制群

組成、能夠學習不同事物。

老鼠說得差不多了。那人類呢，人類很明顯可以學會天擇沒教我們的東西吧？我們真的可以漂浮？完全不是，我們需要使用相同的不確定性邏輯和訊息處理。如果人類可以學新的東西，那一定是因為他們能製造新的不確定性，去發明、想像、創造新理論、假設和預測，因此問關於世界的新問題。怎麼做？最有可能的答案是人類有一系列關於世界的固有問題（和顏色、形狀、力量、物體、動作、主體和心智有關），他們可以用無數的各種方式（就像我們在作夢時）重新結合（幾乎是隨機任意的），然後（以知覺的方式）用現實測試這些推測。而成功的推測又再重新結合修改，建構一個更詳盡的理論系統。所以，生物學完全沒有限制學習，而是讓學習成為可能：提供原始材料、引導過程往更高或更低的程度、讓我們更自由地思考史無前例的想法，並培養知識成長。這就是我們如何從經驗學習，聯想主義一點也沾不上邊。

所以，沒有人爭辯鳥會飛，唯一的問題是怎麼飛；同樣的，沒有人爭辯人類和其他動物會學習，唯一的問題是怎麼學。要找出解釋學習的替代原因，就需要辨認人類處理哪些固有的觀念、使用什麼樣的規則結合觀念，以及觀念如何被修改。但是要讓這些發生，我們首先必須了解聯想主義不僅不是我們要的答案，聯想主義根本就不能回答**任何問題**。唯有如此，學習的科學才會停止漂浮，真正翱翔。

賽門・拜倫柯恩

Simon Baron-Cohen

劍橋大學自閉症研究中心主任、精神病理學教授。
《惡魔的科學》（*The Science of Evil*）作者。

極端行為主義

心理學家都知道極端行為主義被認知革命取代，因為它在科學上完全錯誤。但是它仍在動物行為調整中被使用，甚至被用在一些當代人類臨床心理學的領域中。我認為行為主義持續的應用應該要被屏棄，不僅僅是根據科學原因，還有道德因素。

極端行為主義的中心思想是，所有的行為都可以被解釋成刺激和反應之間習得關聯的結果。以獎勵和／或懲罰加強或削弱，極端行為主義在 20 世紀初期由哈佛大學心理學家伯爾赫斯・弗雷德里克・史金納（B. F. Skinner）和約翰霍普金斯大學的約翰・布羅德斯・華生（John B. Watson）所提出。極端行為主義在史金納的著作《言語行為》（*Verbal Behavior*，1957），於 1959 年被認知學家／語言學家諾姆・喬姆斯基在《語言》周刊（Language）上批評後，受到大眾攻擊。喬姆斯基的其中一個科學論點是，再多語言接觸、再多獎勵或加強，都不可能讓一隻狗說話或了解語言，但是如果是人類嬰兒，就算不同環境中的各種噪音，語言學習仍普遍發展。這暗示了行為不只是習得關聯而已，還有演化的神經認知機制。

有時候，這個辯論被形容得好像是處於下列兩者之間：先天論（nativism，喬姆斯基明白地說隨著胚胎發育，語言在一個通用的遺傳程式下發展），和**白板**（tabula rasa）的經驗論支持者（史金納被描繪成他好像相信新生兒心智就跟一塊白板一樣，雖然這不過是個想像，因為至少在一

次的訪談中，史金納明確地承認遺傳所扮演的角色）。

　　我主張應該要屏棄極端行為主義的科學理由，不是重新探討目前停滯不前的先天後天辯論（所有講道理的科學家都知道生物體的行為是兩者的交互作用），而是因為極端行為主義在科學上無法提供任何訊息。行為依定義而言是表面層級，所以同樣的行為可以是不同潛在認知策略、不同潛在神經系統、甚至是不同潛在因果關係途徑的結果。兩個個體可以有同樣的行為，但是可能是以完全不同的潛在因果關係管道學到的。試想一位英語為母語的人和一位英語為第二語言、但英語流利的人，或是想想一個人因為體貼他人而恭謙有禮和一個學會如何完美地假扮恭謙有禮的心理變態。相同的行為，由不同的管道製造。不知道潛在認知、神經活動和因果關係機制，行為在科學上無法提供任何訊息。

　　有了這些科學論點，你應該會認為極端行為主義早就該被放棄了，然而它卻繼續是「行為調整」計畫的基礎，訓練者的目標是塑造另一個人或動物的行為，在他們製造表面行為時獎勵他們，卻忽略他們潛在演化的神經認知組成。退休極端行為主義，除了科學理由之外，我也有道德理由。

　　埃默里大學的蘿莉・馬力諾（Lori Marino）研究神經科學和道德的共同處，並檢視一條虎鯨（殺人鯨）的一生，這條虎鯨 1983 年在冰島被捕獲，送到英屬哥倫比亞省一家主題樂園「太平洋海島」（Sealand of the Pacific），而後被移至佛羅里達奧蘭多「海洋世界」（SeaWorld）。虎鯨被訓練做不同特技，比如在訓練師點頭時模仿她點頭，或是在訓練師揮手時揮動牠的魚鰭。虎鯨盡責地做出了這些動作，以獲得獎勵（食物），但是被關的這幾年來，牠殺了三個人。沒有任何紀錄記載虎鯨在野外殺過人，所以這可能是對極端行為主義者的一種反應，極端行為主義者訓練虎鯨做出新的行為，卻忽略虎鯨腦中演化數百萬年的社會和情緒神經認知裝置，這個裝置不會因為被關就消失。

虎鯨是高度社會化的。牠們以家庭團體和由「族系」構成的複雜社會型式生活，每一個族系都有自己獨特的聲音方言，方言可以加強團體身分的功能。牠們一起捕捉獵物，顯示牠們社會調節（social coordination）顯著的能力，雌雄兩性都照顧小孩。綁架一條虎鯨並把牠關起來，不只是將虎鯨隔離於社會群體之外，也減少了牠的壽命，並產生生病的徵兆，比如背鰭常常倒塌。對被關的這些動物使用極端行為主義加倍地不道德，因為並未尊重動物真正的本性。專注於表面行為的塑造，忽略了動物的自我。

在談到在當代臨床環境仍被廣泛使用的人類行為調整時，也可能有道德議題。我們需要尊重人們的想法和感覺，尊重他們的真正本質，而不只是注重於他們是否可以被訓練而改變其表面行為。

丹尼爾・艾佛特

語言研究學家、本特利大學藝術與科學學院主任，
著有：《語言：一種文化工具觀點》（*Language: The
Cultural Tool*）。

Daniel L. Everett

「本能」和「天生」

　　人類行為是被高度特化的天生知識所主導，這樣的觀念早就過了有效期。發人省思的科學問題不包含「本能」（instinct）或「天生」（innate）。

　　好幾個原因可以證明這是真的。第一，人類發育時期中，從配子到成人，沒有任何一段時間是不被環境影響的。認為任何物種的新生兒只有在出生後，才開始從環境學習是錯誤的。他們的細胞在父母交配前，就已經完全沉浸於環境中，其特質取決於他們父母的行為、環境等等。在這一方面，環境對發育的影響很大，卻未被研究及測試，所以我們目前沒有任何基礎可以用來區分環境和天生素質或本能。

　　另一個原因是質疑「本能」或「天生」這些詞的用處，很多我們認為是和本能相關的，都會因環境而徹底改變，甚至是那些我們可能認為不相關的環境。比如說，2004 年，一群科學家在地球軌道的低重力環境下以老鼠為實驗材料。他們發現很多人認為是來自本能的自我矯正（簡單地說，老鼠如何使用牠們的腳）常規，在低重力下並不太有用。但是老鼠並不是就不自我矯正了。牠們「發明」了一種新策略，在牠們沒有重量時可以使用。牠們展現了行為的彈性，是其他人之前都沒有想到的。

　　不論怎樣，讓本能和天生從科學思維中消失最重要的理由，是細節裡的魔鬼，證明本能和天生完全無用。下列是一些「天生」可能的定義（引自倫敦國王學院哲學家馬泰奧・馬梅利〔 Matteo Mameli 〕作品）：

1. 性狀若不是後天獲得，即是天生。

2. 性狀若是在出生時就存在，即是天生。

3. 性狀若在特定、定義明確的生命階段可靠地出現，即是天生。

4. 性狀若是由遺傳決定的，即是天生。

5. 性狀若是受遺傳影響的，即是天生。

6. 性狀若是以遺傳編碼的，即是天生。

7. 性狀的發展若不需要從環境擷取訊息，即是天生。

8. 性狀若不是因環境引起，即是天生。

9. 若不能運用環境製造一個性狀的替代性狀，此性狀即是天生。

10. 若運用所有可能環境製造出的替代性狀均為異常，此性狀即是天生。

11. 若運用所有可能環境製造出的替代性狀統計上均為異常，此性狀即是天生。

12. 若運用所有可能環境製造出的替代性狀演化上均為異常，此性狀即是天生。

13. 性狀若具高遺傳力，即為天生。

14. 性狀若非習得，即為天生。

15. 性狀若 (a) 心理原始和 (b) 源自正常發育，即為天生。

16. 性狀若有影響力地深植在適應模式裡，即為天生。

17. 性狀若在環境上恆定，也就是對某範圍的環境變異不敏感，即為天生。

18. 性狀若為物種典型，即為天生。

19. 性狀若為預先實用的，即為天生。等等。

所有的定義都顯示還不夠周延。

但是假設我們**可以**找到一個可行的「本能」或「天生」的定義。我

們還是沒辦法用這些詞，因為我們不能將某種東西歸因於人類基因型，而不先行考慮其是如何發生的演化原因。這樣的原因會可以解釋特定性狀是如何勝出的說法。為了達到這個目的，我們需要有關變異在祖先形裡變化的程度和形式、生存和生殖差異的資訊。要知道某種東西是如何被選出，我們需要知道選汰發生時的生態系，比如什麼曾是／是解釋天生性狀在生物、社會或其他無生命環境的生態因素。接下來，我們需要知道性狀如何被傳至後代。應該在父母及後代的表現型性狀間有相互關係，而不僅僅是機會。再來，我們需要知道選汰發生時的人口結構。任何演化生物學家也知道我們需要關於造成性狀擴散的人口結構、基因交流和環境的資訊。

我們不知道這些問題的答案。我們目前沒有辦法知道答案。而且我們**永遠**不會知道其中一些問題的答案。因此，「本能」或「天生」這兩個詞沒有實用性。放棄這些，才可以開始真正的工作。

托爾・諾川德

科學作家、顧問、哥本哈根商學院講師，著有：《慷慨的人：幫助他人如何成為最迷人的舉動》（*The Generous Man: How Helping Other Is the Sexiest Thing You Can Do*）。

Tor Norretranders

利他主義

利他主義（altruism）的概念可以淘汰了。

這並不是說幫助他人和做好事的現象該停止了，完全不是。相反地，目前在動物和人類社會中的理解，對每個人之間緊密聯繫的重要性的認知增加。該離開的是利他主義概念背後認為幫助自己和幫助他人互相衝突的觀念。

「利他主義」一詞在 1850 年代由社會學家奧古斯特・孔德（Auguste Comte）首創。它的意思是你為他人做事（古法文 *alturi* 來自拉丁文 *alter*），並不是只為了你自己。所以和自我主義以及自私相反。這概念根深柢固地認為人類（和動物）被自私和自我主義主導，所以你需要另一個概念來解釋為什麼有時候他們會不自私地對他人好。

但現實卻是不同的：人類和其他人類關係緊密，多數行為是互惠的，並且兩方互惠（或是，如果是厭惡的例子，那就是兩方互憎）。起點並非自私或是利他主義，而是緊密關係的狀態。認為其他人都不快樂時，你還快樂得起來，或是其他人不會被你的不快樂影響，這是癡心妄想。

行為科學和神經生物學都顯示了我們有多親密地相連。模仿、情緒傳染、同理心、同情心、憐憫心和利社會行為等現象，在人類和動物中都很明顯。我們被其他人的幸福所影響，方式比我們能想像的還要多。因此，一個簡單的規則便適用：**你好的時候，大家覺得愉快，大家都好的時候，**

你覺得愉快。

　　這個相互關聯的狀態是真實的。自我主義和其相對的概念：利他主義，都是居於次位的概念，是影子，或甚至是幻覺。這也適用於直接的心理層面：如果幫助他人讓你充滿滿足的「熱光」（warm glow，在實驗經濟學的用詞），那不就也是為了你自己而幫助別人嗎？那你其實不就是在幫助自己？對他人好就是對自己好。

　　相同地，你慷慨大方、為他人的幸福和資源貢獻時，你覺得愉快並賺取更多錢，如同社會福利國家因分享和平等而富有，就像我的家鄉丹麥一樣，那麼不願分享、不給禮物、不納稅，又不慷慨的人，就是一個業餘的自我主義者。真正的自我主義者分享。

　　當一個利他主義者並非無私，只是很有智慧；幫助他人是為了自己好。我們不需要一個概念來解釋這樣的行為。孔德的概念因此可以放棄。我們就可以不用思考原因，而幫助別人。

賈米爾·薩奇

Jamil Zaki

史丹佛大學心理學系助理教授。

利他主義等級制度

人類是世界上最好心的。我們不只對屬於我們社會團體裡的人、或是可以回報我們大方的人好，我們也可以對數千哩以外、不會知道我們幫助過他們的陌生人好。在這世界上，很多人犧牲自己的資源、幸福，甚至是生命，來服務他人。

對行為科學家來說，利他主義（幫助者付出代價幫助他人）好又可怕的是其固有的矛盾性。對於人類應該如何行為，利社會行為似乎和經濟及演化原則相互矛盾；自私、不友善且野蠻、暴力血腥，或任何一個你喜歡的形容詞。畢竟，生物體怎麼可能犧牲自己讓其他人存活，自然為什麼給予我們這樣一個自我毀滅的傾向？

最近的幾十年，研究學家已經解決了此問題的一大部分，解釋完全以自我為目標的生物體為什麼會有利他行為。在個人幫助家庭成員（因此改進幫助者的基因），或幫助會回報的人（增加幫助者在未來的獲益），或幫助在公開場合的他人（提升幫助者的名譽）時，解決「利他矛盾」沒有什麼價值。在我們身邊常常看到這些動機，父母養育、老闆幫忙、歌劇贊助人捐剛好足夠的錢，讓他們的名字展示在大廳贊助人的牌子上。

最近，我和我的同事，加上其他神經科學家，發現了利他主義另一個「自私」的原因：幫助他人的感覺很好。它使用和獎勵及動機連結的腦部結構，就像那些當你看到漂亮的人、贏錢，或吃巧克力時被激發的腦部結

構。再者，這個「獎勵相關」的腦部活動不僅是和給予相關，也預測人們給予的意願，顯示愉悅和慷慨之間的緊密連結。這不代表利他主義在心理上和冰淇淋是相等的，但是這的確提供了與加州大學聖地牙哥分校經濟學家詹姆斯‧安德烈奧尼（James Andreoni）的觀念一致的證據，認為慷慨製造一種快樂的「熱光」。

當我發表這項研究，有個愈來愈麻煩的普遍回應。通常某個聽眾會宣稱，如果人們認為幫助是值得的，那他們的行為就不是「真正」利他。就我所知，這樣的主張要回溯至康德的概念，深植在利他主義定義中，「幫助者付出代價」的這一部分，認為美德只被原則激發，從行動中獲益，不管是物質報酬或是心理愉悅，此行為便不再具有美德。通常這樣的爭論變成冗長、熱烈和（在我看來）無用的嘗試，想要在無數不可告人的動機中，替真正利他主義尋找空間。

幾近神秘的「真正」利他主義存在遠方，而我們無法排除現實而達到真正利他主義，這樣的利他主義等級制度無所不在。它也在判斷上湊上一腳。最近由耶魯大學管理學院的喬治‧紐曼（George Newman）和戴利安‧凱恩（Daylian Cain）所做的研究顯示，比起從明顯非利他行為中獲益，人們做出利他行為並在過程中獲益，被判斷是更不道德的[17]。從本質上來說，人們認為「被汙染的利他主義」比沒有利他主義更糟。

利他主義等級制度應該要淘汰。我相信人們通常在沒有任何獲益目的下幫助他人。社會心理學家丹‧巴特森（Dan Batson）、哲學家菲利普‧基徹（Philip Kitcher）和其他人從事哲學和實證研究，區分以自我為目標和以他人為目標的利社會性。但是我也相信使用「純正」或「真正」等詞來描述沒有任何個人獲益的行為，是毫無用處的，有兩個原因，兩個都和更廣

17.原註：George E. Newman & Daylian M. Cain, "Tainted Altruism: When Doing Something Good Is Evaluated as Worse Than Doing No Good at All," Psychol. Sci., Jan. 8, 2014, doi: 10.1177 /0956797613504785.

泛的自我否定觀念有關。

第一，利他主義等級制度在**邏輯上**自我否定。試圖辨認真正的利他主義通常最後得將動機從行為中移除。而故事的發展便是，為了要純正，幫助他人必須和個人慾望（看起來很棒、覺得滿足等等）無關。但是這在邏輯上很荒謬，認為**任何**人類行為是沒有動機的。**事實上**，當人們從事行動時，是因為他們想要。這可以是因為個人想要獲益的明顯慾望，但也可能來自於之前的學習（比如說，過去幫助人的時候感覺很好、或是得到個人利益），因而轉換成直覺的利社會偏好。不認為自我動機的行為是利他行為，遮蔽動機製造行為的普遍性，不管行為慷慨與否。

第二，利他主義等級制度在**道德上**自我否定。「不純正」利他主義的批評通常斥責幫助者做出凡人的行為，比如說，做使人感覺良好的事。那麼理想的狀態似乎就需要在做利他行為時，完全不享受這些行為。對我來說，這一點都不理想。認為我們的核心情緒組成可以為他人調整，而我們這樣做時感覺愉快，這是很深遠且十分美麗的。說我自私也好，但是我寧可選不純正利他主義，也不要消耗活力、浮動的理想。

Adam Waytz

亞當‧魏茲

心理學家、西北大學凱洛格商學院組織與管理學系
助理教授。

人類天生就是社會性動物

　　為了要加強一個對其他行為科學危險的社會心理帝國主義、為了顯示
人類天生注重他人，亞里士多德著名格言的有力解釋需要被淘汰。社會性
當然是塑造想法、行為、生理學和神經活動的主導力量。但是，對於社會
腦、社會賀爾蒙和社會認知的樂觀需要證據調和，社會化完全不是容易、
自動且無限的。社會過程所仰賴的（社會）腦、（社會）荷爾蒙和（社會）
認知首先必須被觸發，才能為我們做事。

　　證明人類社會本質只是表面上看似自動，其中一項具有說服力的證
據，是來自於弗里茨‧海德（Fritz Heider）和瑪麗安‧西梅爾（Mary-Ann
Simmel）1944 年著名的動畫片，兩個三角形和一個圓形繞著一個長方形
[18]。動畫片不過是關於形狀，但是人們發現沒辦法不將這些形狀理解為人類
角色，並根據它們的移動創造一個社會故事。更仔細看這影片，並仔細閱
讀海德和西梅爾描述此現象的文章，會發現以社會化詞彙理解這些形狀並
非自動的，而是被某種事蹟和狀況的特性引發的。這些形狀被設計成模仿
社會行為的路徑移動。如果形狀的活動被改變或以相反方向進行，那就不
會引發相同程度的社會反應。再者，參與這部動畫短片實驗的人也被實驗
者使用的語言和指示影響，而使用社會詞彙描述形狀。人類可能已經準備

18.原註：Fritz Heider & Marianne Simmel, "An Experimental Study of Apparent Behavior," http://www.all-
　aboutpsychology.com/fritz-heider.html.

好並且也願意透過社會鏡片看世界，但他們不是主動這麼做的。

　　就算我們有著超乎其他動物的能力，能將他人的心智納入考慮、對他人的需要感同身受，並且將同理心轉變成關懷和慷慨，我們無法迅速地、輕易或均勻地使用這些能力。我們通常在我們的內部圈子裡才有忠誠、道德關懷和合作的行動，而犧牲圈子外面的人。我們的利他主義並非無限，而是有分界的。為支持這樣的現象，一直被認為對建立社會聯繫十分重要的荷爾蒙催產素，促進對團體內的人的關係，但是增加對團體外的人的防備攻擊。另一項研究顯示，團體內部自我犧牲的愛和團體間的戰爭共同演化，而那些最看重忠誠的社會，也最有可能對其他團體行使暴力。

　　就算可能是我們最重要的社會能力，心智理論（可以採納他人觀點的能力）也可以像增加合作一樣增加競爭，強調那些我們喜歡的人的情緒和慾望，也強調那些我們不喜歡的人的自私和不道德動機。讓我們思考他人的心智，首先需要動機和必要的認知資源。因為動機和認知是有限的，我們的社會能力也是。所以，任何想要增加對他人考量的介入，比如增加同理心、博愛和同情心，其能力也是有限的。在某一個時間點，我們最可貴的社會能力所仰賴的工作記憶之井將會乾涸。

　　因為我們的社會能力主要都是非主動的、注重團體內部的，以及有限的，我們可以放棄亞里斯多德言論的有力版本。同時，人類「天生是社會性動物」的概念支持了很多重要的觀念：人類需要其他人類才能存活、人類隨時隨地可以進行社會互動、學習人類運作的特定社會特性是極度重要的。

蓋瑞・克萊恩

心理學家、MacroCognition LLC 資深科學家，著有：
《為什麼他能看到你沒看到的？》(Seeing What Others
Don't)。

Gary Klein

實證醫學

　　任何企業都有它的限制和界限，科學也不例外。當對科學的追求超出這些界線條件時、當它要求它不應得的尊崇和服從時，後果可能適得其反。實證醫學（Evidence-Based Medicine，EBM）就是一個例子，是我認為應該淘汰的科學概念。

　　實證醫學背後的概念當然值得敬佩：一套經過嚴峻實驗的最佳方法。實證醫學追尋提供醫護人員他們可以信任的治療方法，被隨機對照試驗檢驗過的治療方法，最好是盲目的隨機對照試驗。實證醫學尋求將醫學轉變為科學領域而非藝術形式。有什麼好不喜歡的？我們不要回到那些庸醫盛行和未經證實軼聞的日子。

　　但是我們應該只有在實證醫學背後的科學是完全正確和詳盡的時候，相信實證醫學，而現實當然不是這樣。醫護人員不應該因為一項發表的研究符合隨機對照試驗設計的準則，就相信這項研究。很多這樣的研究無法被複製。有時候研究學家運氣好，無法重製研究結果的實驗沒有被發表或是被投稿給周刊（所謂的發表偏差〔publication bias〕）。在很少數的例子裡，研究學家捏造結果。就算結果可以複製，它們也不應該就馬上被相信，條件設定的方式可能失去了尋求的現象，所以負面的結果並不一定排除一個效應。

　　醫學也非萬能。最佳方法通常追尋簡單規則的形式，但是醫護人員在

複雜情況下工作。實證醫學依賴的對照研究，在一個時間只有一個變數，很少有超過兩個或三個變數的。很多病人都受不同的健康問題所苦，比如第二型糖尿病加上氣喘。只處理一種問題的實驗可能對其他問題是不合適的。實證醫學為普遍大眾制訂最佳方法，但是醫護人員治療個人，並且需要將個人不同列入考量。普遍不有效的治療方式，可能對某一小類型的病人有用。再說，醫生並不是選了一個治療方法後，任務就達成了，他們通常得修改治療方法。他們需要專業知識以判斷病人是否以適當速度好轉。醫生必須監控治療計畫的有效度，並在治療計畫沒有發揮效用時，調整或替換治療計畫。病人的狀況可能會自然地改變，醫生需要在這些不定的基礎上判斷治療方式的效用。

當然，科學調查除去無效的治療，幫了我們很大的忙。比如，安慰劑對照研究（placebo-controlled study）發現對膝蓋骨關節炎（osteoarthritis of knee）的病患來說，關節手術並沒有比假手術帶來更大的益處。但是我們很感激過去幾十年來非因隨機對照試驗或安慰劑條件而達成的手術進步（髖關節和膝關節置換手術、白內障治療）。因此，對照實驗在新治療類型的進展中就非必要，它們也不足以對個別病人實行治療方法，因為每一個病人都有不同的性質。

更糟的是，仰賴實證醫學會阻礙科學進展。如果醫院和保險公司要求實證醫學，任何因偏離最佳方法而生的負面後果都可以被起訴，醫生就會不願意嘗試任何還未被隨機對照試驗檢驗的其他治療方式。科學進步將會停滯不前，假如協調醫學專業和研究尊崇的前線醫生無法探索，也不被鼓勵從事新發現。

狄恩‧歐尼斯

Dean Ornish

預防醫學研究學會創辦人和理事長、舊金山加州大學醫學系臨床教授。

大型隨機對照試驗

　　普遍認為但完全錯誤的觀念是，大型研究總是比小型研究可靠，隨機對照試驗是黃金標準。但是，愈來愈多人知道大小並不一定重要，而且隨機對照試驗可能會帶來本身的偏差。我們需要更有創意的實驗設計。

　　在任何科學研究中所問的問題是，「實驗組和對照組可觀察到的不同，人為介入的可能性為何？是因為機遇的可能性為何？」依慣例，如果結果是因為機遇的可能性小於 5%，那結果就是統計上顯著的，比如說就是真實的結果。

　　隨機對照試驗，或簡稱 RCT，是基於認為如果你隨機將一位受試者分配至人為介入的實驗組，或是沒有介入的控制組，那任何在受試者間能造成研究結果偏差的差異（已知或未知），對兩組的影響就一樣大。這在理論上聽起來沒錯，但是實際上，隨機對照試驗通常帶進自己的偏差，因此損害了結果的正確性。

　　比如說，隨機對照試驗可能被設計為決定飲食改變是否預防心臟病和癌症。調查者選出符合某些選擇標準的病人，比如說，他們有心臟病或癌症的幾個危險因子。向病人詳細敘述此研究，並問他們：「如果被隨機分配至實驗組，你願意改變你的生活方式嗎？」為了要符合參與研究的資格，病人需要回答：「願意。」

　　但是，如果病人後來被分配至控制組，她可能會自己開始改變生活方

式，因為她已經知道那些生活方式改變的細節。如果研究是關於一種只分配給實驗組的新藥物，問題就不大。但如果這是一個人為介入的研究，被隨機分配至控制組的病人可能會至少開始某一些行為改變，因為他們相信改變是值得做的，不然他們就不會是調查者關注的目標；或他們可能因為被分配到控制組而感到失望，而更有可能不參加研究，因此造成選擇偏差。

再者，在大型隨機對照試驗中，很難提供足夠的支援和資源給每一位在實驗組的受試者，以確保規定的生活方式改變發生。因此，和調查者根據較小型病人組的先導研究（pilot study）所做之預測相比，病人對這些改變的遵從就較不嚴謹。

這樣的情況所帶來的淨效應是：(a) 減少實驗組會作出預期的生活方式改變的可能性，以及 (b) 增加控制組會做出相似生活方式改變的可能性。這會減低兩組間的差異，並製造一個統計上較不顯著的結果。因此，認為行為改變只有一點影響或毫無影響的結論就是錯誤的。這就是第二型錯誤（type-2 error），也就是說實際上有真正差異，但是因為設計的問題而無法偵測到不同。

這就是婦女健康關懷研究（ Women Health Initiative ）做飲食改變研究時碰到的情況。此研究追蹤將近 5 萬名中老年婦女超過 8 年。在實驗組的婦女被要求攝取少量脂肪和大量蔬果和全穀，以觀察此飲食是否會幫助防止心臟病和癌症。在控制組的婦女並沒有被要求改變她們的飲食。但是，實驗組的婦女並沒有按照建議減少脂肪攝取量，她們的飲食中，超過 29% 都是脂肪，而非研究目標所訂的低於 20%。而且，她們也沒有大量增加蔬果的攝取量。相反的，控制組減少了幾乎等量的脂肪攝取，並且攝取幾乎等量的蔬果，而使得兩組之間的差異在統計上並不顯著。調查者回報這些飲食改變並不會預防心臟病或癌症，但是研究假設並未真正受到檢測。

矛盾的是，比起大型的研究，小型的研究也許更有可能顯示兩組的差

異。婦女健康關懷研究花費將近 10 億美元，卻沒有適當地測試假設。一個較小型的研究用較低費用提供病人更多資源，以提升病人對指示的遵守。

另外，隨機對照試驗認為你只改變一個自變數（介入），並且測量一個應變數的觀念是個迷思。假設你在調查運動對預防癌症的影響。你設計一個研究，隨機分配一組運動，一組不運動。理論上，看似你好像只有一個自變數，實際上，分配人們至運動組時，你不是只是讓他們運動，你也是在影響其他可能混淆研究結果解釋的因素。比如說，通常和其他人一起運動的人，很多證據也證明社會支持顯著地降低罹患多數慢性疾病的風險。你也提供研究參與者意義和目的，而這也製造了有益健康的好處。當人們運動時，他們通常也吃得更健康。

我們需要新的、更周到的、將上述議題納入考慮的實驗設計和系統方法。而新的基因體見解將幫助我們更了解個人對治療方式的反應，而不是期望這些變數會因隨機分配病人而獲得平衡。

理查・尼斯貝特

Richard Nisbett

密西根大學心理學系教授，著有：《開啓智慧》
(*Intelligence and How to Get It*)。

複迴歸為發現因果關係的方法

你知道攝取大量橄欖油可以讓你的死亡率降低 41% 嗎？你知道如果你有白內障但動白內障手術，比起那些有白內障但沒有動手術的人，你未來 15 年的死亡率會降低 40% 嗎？你知道耳聾會導致癡呆嗎？

這些說法以及相似於這些說法的結果每天都出現在媒體中。它們通常根據使用複迴歸分析（multiple-regression analysis，MRA）的研究。在複迴歸分析中，一些自變數是同時和某些應變數相關。目標通常是要顯示 A 變數影響 B 變數，「除去」所有其他變數的影響。用些微不同的方式說，目標就是顯示在 C、D 和 E 變數的每一個層級，都有 A 變數和 B 變數的關聯。比如說，喝紅酒和心血管疾病的低發生率相關，控制（除去）其他造成心血管疾病的原因：社會階級、體重過重、年齡等等。流行病學家、醫學研究者、社會學家、心理學家和經濟學家都很可能使用這項技術，但是它可以被使用在幾乎任何科學領域。

這些最少是暗示、通常是明示的說法，認為複迴歸分析可以顯示因果關係，這是錯誤的觀念。我們知道目標自變數（比如，橄欖油的攝取）和很多其他變數的均相互關聯，以不完美的方式測量，或是根本沒被測量。而且在每一個變數上的程度是「自我選擇」的。任何一個變數都可以對應變數產生影響。

你認為教室裡的學生數量對學生的表現重要嗎？認為會似乎很合理。

但是一些複迴歸分析研究告訴我們，去除學區內家庭的平均收入、學校大小、智力商數測試的表現、城市大小、地理位置等等，教室的平均學生數量和學生表現並不相關。這暗示的是：我們現在知道不需要浪費錢減少教室的學生數量了。

但是研究學家以丟硬幣的方式，分配幼稚園到小學三年級的學生到學生數少的教室（一個教室 13 至 17 人）或學生數多的教室（22 至 25 人）。學生數較少教室的學生在標準測試表現進步比較多，對少數族群孩童的影響比對白人孩童的影響更大。這不僅僅是另一項教室學生數量是否產生影響的研究，此研究取代了所有複迴歸分析對教室學生量數的研究。

會這麼說是因為實驗者選擇了目標自變數的程度。這代表實驗的教室通常有著同樣好的老師、同樣好的學生、同樣的學生社會階級等等。因此，實驗教室和對照教室唯一的差異就是研究關注的自變數，也就是教室裡的學生數。

複迴歸分析研究嘗試「控制」其他因素，比如社會階級、年齡、先前的健康狀況等等，但是無法應對自我選擇的問題，那些得到治療的人和其他沒有得到治療的人不一樣，但沒有得到治療的方法卻多得數不清。

看看社會階級，如果調查者想知道社會階級是否和某些結果有關，任何和社會階級相關的事物都可能會製造或壓制階級本身的影響。我們可以相當確定，攝取橄欖油的人比較富有、教育程度較高、對健康更有知識，以及更在乎健康（配偶也更在意他們的健康等等）。他們比較不可能抽菸或酗酒，而且比起使用玉米油的人，他們可能住在毒害較少的環境中。他們也更有可能是義大利後裔（義大利人相對比較長壽），而不是非洲後裔（黑人通常死亡率較高）。這些變數都可以是社會階級和死亡率有關聯的真正原因，而不是攝取橄欖油本身。

就算試著控制所有可能的變數，變數也不一定被精準測量，這就代表

它們對目標應變數的影響會被低估。比如說，並沒有任何獨特正確的方法可以測量社會階級。教育程度、收入、財富和職業程度都是原因之一，而且我們也沒有任何準則可以衡量它們，而獲得和上帝心裡想得一樣的社會階級價值。

一位《紐約時報》的專欄作家、哈佛大學博士，最近認為複迴歸分析研究比其他實驗更準確，因為複迴歸分析研究是根據可以有多個受試者的大數據。這裡的錯誤是假設相對小量的受試者就可能會出錯。數量大總是比數量小好，因為我們更有可能偵測到更小的影響。但是我們對這些研究的信心是根據案例的**數量**，而不是我們是否對影響有非偏差的估計，以及這些影響是否為統計上顯著的。事實上，如果你有相對小量的受試者，但是影響卻是統計上顯著的，這代表在其他事物相等的情形下，比起如果用大量受試者以獲得相同程度的顯著性，小量受試者的測試所得到的影響是更大的。

大數據在所有用途上都將會很有用，包括製造實驗複迴歸分析的結果，認為隨機設計實驗可以提供一個表面影響是否為真之正確證據。一個證明這樣實驗後果的美好例子來自於古奇里莫・貝庫提（Guglielmo Becutti）和希爾凡娜・帕娜娜（Silvana Pannaina）的複迴歸分析研究，2011 年的研究結果認為，睡眠不足和肥胖有關[19]。這項結果本身毫無意義。健康不佳產生的各個後果幾乎都相互關聯：體重過重的人心血管比較不健康、心理比較不健康、使用更多藥物、較少運動等等。但是依據複迴歸分析研究，實驗者做了必要的實驗。不讓人們睡覺，並發現他們的確變胖。不只這樣，研究學家發現睡眠不足所產生的荷爾蒙和內分泌導致體重增加。

就像所有基於相互關聯的統計技術一樣，複迴歸有個嚴重的限制：相

19.原註：“Sleep and Obesity,” Curr. Opin. Clin. Nutr. Metab. Care 14(4):402-12 (2011). doi: 10.1097/MCO.0b013e3283479109.

關並不證明因果關係。測量在多「控制」變數，都無法解開因果關係之網。自然放在一起的，複迴歸無法分開。

阿茲拉・拉扎

Azra Raza

醫學教授、哥倫比亞大學骨髓造血不良症候群
（Myelodysplastic Syndromes，MDS）中心主任。

小鼠模型

　　一個在癌症研究中，明顯卻被忽略或是不被處理的真相是，小鼠模型並無法真正模擬人類疾病，對藥物發展毫無用處。我們在 1977 年治癒了老鼠身上急性白血病，至今我們仍然在人類身上使用當時使用劑量和療程完全相同，效果卻很差的藥物。試想人工地取出人類腫瘤細胞、在實驗皿中培育、然後將細胞轉移至老鼠身上，老鼠的免疫系統已經被破壞，所以牠們無法排斥植入的腫瘤，再讓「異種移植」的老鼠接觸藥物，這種藥物的殺菌效率（killing efficiency）和毒性物質（toxicity profile）將會被使用於人類癌症上。

　　這樣人造且不自然的模型系統，本身所帶來的錯誤也困擾了其他領域。最近一項科學研究報告顯示，花費數十億美元、測試將近 150 種藥物的人類敗血症試驗失敗，因為藥物是用老鼠培育的。不巧的是，在老鼠身上看似是敗血症，卻和在人類身上的敗血症十分不同。《紐約時報》的吉娜・科拉塔（Gina Kolata）報導這項研究[20]，並寫下來自生物醫學研究界激烈的回應：「使用研究的一小部分來暗示小鼠模型對人類疾病無用，是毫無根據的……，關鍵是建構合適的小鼠模型，並設計和人類狀況相仿的實驗條件。」[21]

　　問題是**沒有**「和人類狀況相仿」的合適小鼠模型，那麼為什麼使用小

20.原註：“Mice Fall Short as Test Subjects for Some of Humans' Deadly Ills,” New York Times, February 11, 2013.
21.原註：The Desminopathy Reporter, http://www.desminopathy. info/weblog/are-mice-useless-models-for.html.

鼠模型測試新藥物發展的假設，如此失常的傳統依然主導著癌症研究界？

麻省理工學院懷特黑德研究所的羅伯特・溫伯格（Robert Weinberg）提供了最佳解答。在一次訪談中，他提出了兩個原因：第一，目前沒有可以取代小鼠模型的模型；第二，食品藥品管理局「創造了惰性，因為它一直認為這些（模型）是預測藥物實用性的黃金標準。」[22]

還有第三個原因，和人類本質的脆弱有關。太多著名的實驗室和研究學家都花費了太多的時間用小鼠模型研究惡性疾病，他們也是審核其他研究學家資金的人，並決定美國國家衛生研究院的錢如何使用。他們還沒準備好承認小鼠模型基本上對多數癌症治療毫無價值可言。

我們不願放棄這個老舊的價值觀，最主要的原因之一就是為了要取得資金。舉個例子：在 1980 年代，我決定要研究一種稱為骨髓造血不良症候群（Myelodysplastic Syndromes，MDS）的骨髓惡性疾病，這通常會變成嚴重的白血病。我很早就決定要將研究專注於最新取得的人類細胞，不只是仰賴老鼠或培養皿。在過去 30 年，我蒐集了超過 5 萬個骨髓活體組織切片、口腔正常抹片細胞，還有血液、血清和血漿樣本，存放在標示清楚的組織儲存庫裡，以臨床、病理和型態數據的電腦化庫支援。我們使用這些樣本，找出了造成某種骨髓造血不良症候群類型的新基因，以及和生存、疾病自然歷史和治療回應相關的基因。我使用接受治療的骨髓造血不良症候群病人的骨髓細胞，以發展可高度預測回應的基因體表現特質，在我申請美國國家衛生研究院資金以證實研究時，我收到最主要的批評是，在人類身上作前瞻性試驗以確認研究之前，我應該要先在老鼠身上試驗。

該是時候讓小鼠模型離開了，至少，不該再認為它是可以為我們帶來新藥物的代理人。記得馬克吐溫說的：「讓我們陷入困境的不是無知，而是看似正確的謬誤論斷。」

22.原註：Clinton Leaf, "Why we are losing the war on cancer," CNN.com, Jan. 12, 2007.

保羅・戴維斯

理論物理學家、宇宙學家、天文生物學家、亞利桑
那州立大學基礎科學概念中心（BEYOND: Center for
Fundamental Concepts in Science）主任，著有：《可怕
的沉默：改變搜尋外星人的方法》（*The Eerie Silence:
Renewing Our Search for Alien Intelligence*）。

Paul Davies

癌症體細胞突變理論

　　癌症是生物學中最深入研究的現象，但是幾十年來，癌症死亡率卻
沒有太大變化。或許是因為我們用錯誤的方式思考問題。一個阻礙過程的
主要障礙，是根深柢固、50 年之久的規範，也就是所謂的體細胞突變理
論（Somatic mutation theory）。理論是這麼說的，一個體細胞連續地累積遺
傳性損傷，最終細胞離開生物體的調節系統，並開始自己的旅程。

　　癌症細胞獲取不同的特徵：不受限制的增加、細胞凋亡（細胞程序性
死亡）的逃避、移動性和遷徙力、基因體重組、表觀遺傳改變、新陳代謝
模式改變、染色質架構改變，以及彈性改變（舉幾個例子），這些特徵集體
提供驚人的堅實和生存力。在標準的見解下，癌症和這些伴隨的特徵，被
認為在每個寄主生物體裡重新創造並**重生**，「幸運」地遺傳意外夢寐以求的
結果。這些驚人適應功能的完全取得，在相同的瘤（新細胞的族群）上共
存，經過短短數月或甚至數個禮拜，被認為是某種超快速的達爾文演化，
在寄主生物體的身體裡發生。不幸的是，這個理論雖然簡單且受大眾支
持，卻只有一個成功的預測：化療很有可能失敗，因為瘤可以快速地演化
成抗拒的次族群。

　　根據體細胞突變理論，研究界對定序技術的承諾念念不忘，定序技
術可以大規模測量基因和表觀遺傳的改變。如果癌症是因變異而導致的，
那根據推論，細微的模式可以被困惑的千兆位元組癌症定序數據解密。如

果是這樣的話，那癌症的解決方法，甚至或許那個難以找到的普遍治療方法，假設我們在所有複雜得驚人的失常基因機制中辨認出共同缺陷，就可以找到。科學從沒提供過如此清楚的見樹不見林例子。

往後退一步，好好認真地、抱持懷疑態度地看一下森林。癌症在多細胞生物體中擴散，折磨哺乳類、鳥類、魚類和爬蟲類。癌症很顯然地也有著更深的演化根源，可能可以回溯至十億年前，多細胞體出現的時候。癌症的確代表多細胞間不再協調。若未受到治療，癌症遵循一套可預測的發展模式，通常在全身擴展，並掌控遠隔器官（remote organ）。看似執行一個有效率的、事先設計好的遺傳和表觀遺傳程式。就像在玻璃瓶中的精靈，一旦精靈出了瓶子，他就有一個具體的計畫。瓶子被打碎可以有很多原因，但是真正的罪魁禍首是精靈。很不幸的，癌症研究界專注於尋找玻璃碎片中最不相關的模式，而忽略了精靈。

為什麼我們的細胞裡會藏有這麼危險的精靈？答案老早就已經被揭曉，只是常常不被理會。癌症中活躍的基因和在胚胎形成（embryogenesis，甚至在配子形成〔gametogenesis〕中）中活躍的基因是相同的，在某些程度上，和傷口癒合及組織再生的基因也是。這些古老基因在我們的基因體裡根深柢固，並獲得周全的保護。他們主導細胞的核心功能。功能的首要任務就是增殖的能力，這是活生物體最基本的形式，經過將近 40 億年的演化精煉。癌症似乎是被某種方式壓抑或攻擊之細胞的預設狀態，比如被老化組織結構或致癌化學物質，腫瘤代表回歸至古老的表現型。

在生物學中，很少事物是非黑即白的。細胞體突變範例不可否認地和癌症有些相關，而定序數據肯定也非毫無用處。當然，數據可以是非常有價值的，倘若研究界能夠用正確方式解釋數據。但是目前癌症研究的狹隘焦點，對研究進展是非常嚴重的阻礙。只有在將癌症置於演化歷史的廣大範圍中，癌症才能獲得正確的理解。

Stewart Brand

斯圖爾特・布蘭德

《全球概覽》(*Whole Earth Catalog*) 創辦人、The
Well、永今基金會(Long now foundation) 共同創辦
人,著有:《地球的法則》(*Whole Earth Discipline*)。

線性無閥值輻射假設

艾森豪總統的科學顧問喬治・基斯提亞科斯基(George Kistiakowsky),在他 1976 年的《白宮的科學家》(*A Scientist at the White House*)一書中提及,關於他在 1960 年於日記中寫下的、聯邦輻射委員會(Federal Radiation Council)向他揭露的觀念:

那是一個挺驚人的文件,花了 140 頁敘述簡單的事實,既然我們實際上不知道低強度輻射的危險,我們乾脆同意對人造輻射的平均人口劑量(population dose)不會大於人口已經從自然界而吸收的輻射量,而人口中的任何個人都不應該被暴露於超過此量三倍的輻射,當然量的數字完全是因人而異的。

在書的後段,曾為核子專家和曼哈頓計畫退伍軍人的基斯提亞科斯基寫到:「劑量和影響之間的線性關係……我仍然相信對目前的輻射準則定義是完全不必要的,因為準則根本不知道從哪來的,沒有任何知識可以作為依據。」

輻射影響的研究已經過了 63 年,基斯提亞科斯基的評論仍然是對的。線性無閥值(Linear No-Threshold,LNT)輻射劑量假設,不真實地影響核能的規範和大眾對核能的恐懼,根本沒有任何知識可以作為依據。

處於風險的是：對於核電廠和核廢料毫無意義的「安全」程度的數兆花費、設計減少全球溫室氣體的下一代核電廠的預期花費、以及因罕見輻射外洩事件，比如福島以及車諾比核災，而造成了極度有害的大眾恐慌情節。（車諾比事件並沒有造成任何出生缺陷，但是因為害怕出生缺陷，而導致了蘇維埃和歐洲十萬件的恐慌墮胎）。人們對福島核災的記憶是，反對核子的人預測數百、甚至數千人會因輻射而死亡或生病。但事實上，沒有人死亡、沒有人生病，也沒有人被認為會生病。

線性無閾值的「線性」部分是真的，也有許多文獻記載。根據對核子工業員工和日本原子彈爆炸倖存者的長期研究，若每年暴露於超過100毫西弗輻射劑量的機會增加，最後得到癌症的機率也會增加。所以影響是線性的。但是，如果是每年暴露於低於100毫西弗輻射劑量，罹癌的機率並不會增加，若不是因為影響不存在，就是因為數量太低，在流行病學中遭遺忘。

我們都會死。幾乎一半的人都死於癌症（女性38%、男性45%）。如果我們認真看待線性無閾值的「無閾值」部分，那假設暴露於輻射的人口，罹癌率增加了0.5%，此增長根本就不能被偵測到。線性無閾值根據無法證明的假設，認為就算輻射量的增加小到無法偵測，癌症死亡的機率依然存在，因此，「任何劑量都不安全」，任何增加的毫西弗對大眾健康都有危害。

有些反對「無閾值」假設的證據來自於背景輻射（background radiation）。在美國，我們每年平均都處於6.2毫西弗的輻射中，但是輻射量依地區而有所不同。東北的新英格蘭地區有較低的背景輻射，科羅拉多則較高，但是罹癌的機率在新英格蘭地區比在科羅拉多要來得高，輻射量和癌症機率是成反比。世界上某些地方，比如伊朗的蘭薩（Ramsar），有10倍之高的背景輻射，卻並未發現更高的罹癌機率。這些結果顯示，一定有一個閾值，而在閾值以下的輻射量是無害的。

再者，最近在細胞層面的研究顯示數個修復損傷 DNA 和逐出損壞細胞的機制都有顯著的輻射量。這並不令人驚訝，因為生命是在高輻射和其他對 DNA 的威脅下演化的。在酵母菌中存在 8 億年的 DNA 修復機制，也存在於人類中。

低劑量的輻射對人類實際的威脅很低，所以無法證明線性無閾值假設是真或是假，但是它卻繼續主導和誤導關於輻射暴露的政策，使這些政策荒謬地保守和昂貴。一旦線性無閾值明確地受到捨棄，我們就可以轉移至只反映可識別的、可測量的醫學影響規範，規範主要回應完整系統利益和損害的更大型考量。

在做關於核能的決定時，世界都市繁榮和氣候變遷是最重要的層面，而不是每毫西弗所產生的想像癌症。

班傑明・柏謹

Benjamin K. Bergen

加州大學聖地牙哥校區認知科學系副教授，著有：《比文字大聲》（*Louder Than Words*）。

普遍文法

　　世界的語言相異，已到了高深莫測的程度。知道鴨子的英文是「duck」，並不會幫助你猜到鴨子的法文是「*canard*」或日文是「*ahiru*」。但是在表面的不同下卻藏著相似處。比如說，人類語言傾向有詞性（比如名詞或動詞）。人類語言可以將意見放入其他意見中（約翰知道瑪莉認為保羅將意見放入其他意見中）等等。但是為什麼？

　　一個具影響力且有吸引力的答案是普遍文法（universal grammar）：語言間的相同存在是因為它們是我們遺傳的天賦。在這樣的觀點下，人類天生就有以特定性質發展語言的素質。嬰兒會學習有名詞和動詞的語言、在句子裡放入意見的語言等等。這樣的觀念不只可以解釋為什麼語言相似，也可以解釋是什麼讓語言成為人類所特有，以及孩童是如何習得他們的母語。這看似也許是直覺上可信的：如果英文（還有西班牙文和法文）有名詞和動詞，為什麼不是每種語言都有？至今，普遍文法仍然是語言學領域中最顯著的產品，早期學生通常在基礎語言學課上學到的、那稍不尋常的知識。

　　證據卻並未支持普遍文法。過去幾年來，田野語言學家（他們就像有著超棒麥克風的田野生物學家）發現，語言比我們原本想得要更多樣。不是每種語言都有名詞和動詞。不是所有語言都可以讓你在其他句子裡加意見。所以任何提出的通用語言學特性都不復存在。普遍文法的實證基礎

崩塌。我們以為語言可能共享一些共通特性，是以固有偏見的基礎尋求解釋那些共通性。但是當最後發現這些假定的共通特性其實並不是那麼通用時，需要以分類詞彙解釋它們的需求也就消失了。結果，可能構成普遍文法的內容，隨著時間就逐漸地減少。目前，證據顯示只有最一般性的電腦規則是我們天生的語言特定人類天賦。

所以是該放棄普遍文法這個觀念的時候了。它曾風光一時，但對於我們想要知道關於人類語言的事，它現在什麼也不能帶給我們。它不能告訴我們語言在孩童中是如何發展的，他們如何學習發音、如何推斷字的意義、如何用單字組成句子、如何根據人們的言語推斷情緒和心理狀態等等。相同地，人類如何演化，或是我們和其他動物如何相異的問題，普遍文法也無法回答。人類在動物王國中有些方面是獨特的，而語言科學應該要試著了解這些獨特的方面。但是，相同地，已經被證明並非真的普遍文法，並無法提供太多幫助。

當然，問世界語言是被什麼樣表面和實質的共同性連繫在一起的，依然是重要且有趣的。也許有一些關於人類語言如何演化和發展的建議，但是忽略語言的多樣性，便是不顧語言能提供最多資訊的那一面。

N. J. 伊恩費爾德

荷蘭奈美根蒲朗克研究院心理語言學研究所語言和
認知組資深科學家，著有：《思考關係》（*Relationship
Thinking*）。

N.J. Enfield

語言科學只能用在「能力」

假設一位科學家想要研究引人注目的動物行為，比如說，棘背魚的求愛動作，或是切葉蟻農業上的合作現象。他當然最終會想知道這些行為的基礎機制：牠們是怎麼運作的？牠們是如何演化的？我們從牠們身上可以學到什麼？但是沒有一位動物行為學家在系統性地探討事實、開始大量野外觀察、在實驗室研究和模擬之前，會想到要問這些問題。那是為了什麼，語言學家要堅決地否認直接觀察語言行為的價值？

罪魁禍首是一個不好的觀念：認為語言科學應該只考量能力（製造句子的心理能力上），而不是表現（我們真正說話時發生的事）。其決定性的二元論理由如下：當存在於腦中的理想語言模式在溝通中被「外在化」，模式就被可能發生的事件過濾和塑造，比如運動神經的限制、專注和記憶限制、執行錯誤、當地習俗等等。因此，認為表現對研究預先定義的對象，也就是能力，並沒有什麼有用的相關性。語言學家都知道不要浪費時間在表現的物質事實上。

這個觀念意味著一個對語言為何十分狹隘的觀點。它轉移語言學家的注意力，讓他們不再注意有著深遠意義的實質問題。舉幾個例子：如果不看表現，我們無法看到人們處理經常發生的言語錯誤、猶豫和對話失敗，以及處理這些混亂的社會精巧性，那些有系統的、巧妙的方式。我們也無法看到統計研究在最新出現的大型語言語料庫中新興的突破，其結果認為

我們**可以**依表現推斷能力。最後，語言學也不會有因果原因，可以解釋語言在歷史上是如何演化的。語言傳遞從公眾（某人說話）到私人（心理狀態被影響的人），再回到公眾（那個某人說話）等等，這樣的循環是無限的，能力的私人領域和表現的公眾領域兩者都同等重要。

在語言學中具影響力的傳統，接納了一個沒有什麼意義的觀念，因為認為語言畢竟只是另一項引人注目的動物行為。語言科學應該從野外觀察開始，因為表現最終是證明能力的唯一證據。或許此觀念最不幸的後果是，好幾代避開表現研究的語言學家現在無法發表任何意見，不管是關於語言本質上的社會功能，或是關於社會主體、合作的層面，以及普遍定義我們物種獨特溝通能力的社會責任。

John McWhorter

約翰・麥克沃特

哥倫比亞大學語言學系教授，著有：《語言惡作劇》（*The Language Hoax*）。

語言決定世界觀

　　從 1930 年代開始，班傑明・李・霍夫（Benjamin Lee Whorf）認為霍皮族 [23] 的語言讓他們對時間的觀念是循環的，此觀念讓觀眾著迷，媒體和大學經常充斥著認為你的語言作品會給你一個特定世界觀的觀念。

　　你希望這是真的，但這不是，至少不是任何在心理學實驗室（或是學術期刊）外的人會感興趣的方式。該是時候考慮讓人們放下認為不同語言代表體驗生命不同方式的觀念了，此觀念曾被認為是可能的，卻從未獲得證明。當然，不同的**文化**代表體驗生命的不同方式，而文化的一部分是用字詞表達。手機、阿拉的旨意（Inshallah）、風水。但是這些不是霍夫論（Whorfianism，慣用的名稱）所指的。霍夫論認為是語言結構中的寧靜事物，比如文法如何運作、字彙如何佔據空間，指引說話者如何體驗人生。

　　事實上，心理學家也的確證明這些事物可以影響想法，以十分特殊實驗所得出的細微方式。俄國人有代表深藍色和淺藍色的字，但是沒有一個字是只代表「藍色」，而俄國人也的確在配對不同深淺的深藍色和淺藍色時，快了 124 毫秒。如果語言中將名詞分為雄性和雌性，那人們在被要求想像東西是卡通人物時，他們也比較可能想像得到不同東西以男性或女性聲音說話，或是賦予不同東西性別特徵。

　　這樣的想法很棒，但是問題是他們所記載的，寧靜背景中的意識變

23.Hopi，美國聯邦政府承認的一支美洲原住民部落，居住在亞利桑那州的霍皮保留區內。

換，可以被認為是世界觀嗎？有非常多的說法讓你認為它是的。再說，沒人說過語言防止說話者以**某種方式**思考，反而，語言讓說話者更有可能**會**以某種方式思考。

但是我們仍然面臨一個事實：語言告訴我們很多很酷的事（比如俄國人的藍色，還有像女人一樣說話的桌子），但語言也告訴我們很多我們不想聽的事。舉例來說：在中文裡，同樣的句子可以表示「如果你看到我姊姊，你就知道她懷孕了」，或是「如果你之前看過我姊姊，你就會知道她懷孕了」，或是「如果你之前已經看到了我姊姊，那你就會知道她懷孕了」。也就是說，中文的假設性比英文更依賴上下文。在 1980 年代早期，心理學家艾爾弗雷德‧布魯姆（Alfred Bloom）追隨霍夫論的腳步，做了一個實驗，認為比起說英文的人，說中文的人較不擅長處理假設情境。

哎呀！沒人想聽這個。一連串漫長的答辯最後筋疲力盡地以平手作結。你可以做任何會得到相同結果的實驗。新幾內亞很多語言的吃、喝和吸菸都是同一個字。但比起其他人，這讓他們對菜餚比較不敏銳嗎？瑞典人沒有「擦」這個字，你得抹去、去掉等等。但是誰可以跟瑞典人說他們不擦？

像這樣的例子，我們很自然地傾向說，這些事情只是意外，實驗從意外所得出的一些思緒差異，和語言說話者是什麼樣子沒有什麼關係。但是依照這個邏輯，我們也要承認那些引起我們興趣的思緒也是如此。

創造世界觀的是文化，文化就是世界觀。還有，我們沒有辦法說文化和語言一起創造世界觀。記得，那就是像在說說中文的人，整體上，在思考事實以外的事時，就有點不清楚。

誰想要往那個方向去？更何況開始往那個方向移動，幾十年來，都帶領我們到暗黑的深谷？事實上，霍皮族有著很多傳統歐洲風格時間的標記。加州大學洛杉磯校區的經濟學家陳凱斯（Keith Chen）最近提出，語言

沒有未來式讓說此種語言的人更節儉，暫停一下好好聽明白，是**沒有**未來式讓你省錢！這個觀念已經讓媒體感興趣好幾年了。但是，如果四種斯拉夫語言：俄語、波蘭語、捷克語和斯洛伐克語都沒有未來式，可是儲蓄率在這些國家卻十分不同，那這個觀念就不再適用。

認為我們透過語言鏡頭看生命的觀念應該被視為，在密集心理學研究中寧靜結果的發展，但是和任何認為身為人類意義為何的人文主義觀點一點關係也沒有。此觀點的一個奇怪的層面是，人們努力試著要記載或拯救全世界數百種瀕臨滅絕的語言，他們總說語言一定要存活下來，因為語言代表看世界的方式。但是如果它們不是，我們就得要建構新的理由以解釋那些拯救活動。我們希望語言學家和人類學家能夠接受，拯救語言只是因為語言在很多方面本身就很棒。

最重要的是：試問英文如何製造世界觀？我們的答案就必須是一個被美國演員貝蒂·懷特（Betty White）、前美國總統威廉·麥金萊（William McKinley）、英國歌手艾美·懷絲（Amy Winehouse）、好萊塢喜劇演員傑里·賽恩菲爾德（Jerry Seinfeld）、美國饒舌歌手肯伊·威斯特（Kanye Omari West）、美國女性參政社會運動家伊麗莎白·凱迪·斯坦頓（Elizabeth Cady Stanton）、美國諧星蓋瑞·寇曼（Gary Wayne Coleman）、英國作家維吉尼亞·吳爾芙（Virginia Woolf）和愛爾蘭樂團 U2 的主唱波諾（Bono）共享的世界觀。認真想一想，那會是怎樣的世界觀？當然，實驗室測試很有可能找出細微的感知偏好，被所有上述人物共享。但是我們不可能就開始認為這是看待世界或反映文化的方法。或者，如果任何人這麼認為的話，那我們真的就邁向一個全新的學術規範。

丹・斯波伯

社會和認知科學家、美國國家科學研究中心退休研究教授、國際認知與文化研究院主任，與迪杰爾・威爾遜合著有:《意義和關聯》(*Meaning and Relevance*)。

Dan Sperber

定義意義的標準方式

　　意義是什麼？理論有很多。但是，我覺得就算淘汰多數理論、剩下的被隔離，直到我們能嚴肅地討論最初需要意義理論的原因為何，我們的損失有限。我要建議淘汰的是在語言和溝通研究中，定義意義的標準方式。

　　在此方式中，「意義」被用在 (1) 語言項目代表的意思，比如字詞和句子，還有 (2) 說話者代表的意思。語言的意義和說話者的意義是兩個相當不一樣的東西。理解一個字是知道它的一個或多個（如果不明確的話）意義。當你學習說一種語言時，你學習到這項知識。你也學習到根據句型結構建構句子意義的能力。字的意義和句型結構對句子意義的影響都是相對穩定的語言性質，在不同歷史時間及方言中相異。然而，說話者的意義是個人意圖的一個元素，透過溝通來改變其他人的信念或態度。

　　正當化（或是看起來是這樣）使用相同的字：「意義」，來描述兩個完全相異現象的（一個語言在語言學界的廣泛穩定特性和一個社會互動的一個層面），是一個簡單且有力的法則，聲稱可以解釋說話者如何將她要表達的意義傳達給她的聽眾。我們被告知，她製造一句語言意義和說話者意義相符的句子，以傳達意義給聽眾。聽話者的工作便是解碼。

　　天啊，這個解釋我們如何使用語言意義，以傳達說話者意義的簡單有力原因不是真的。所有語言學家都知道。問題是，它到底有多失真？

　　來看看一句平常的句子，比如說「她離開了」。身為會說英文的人，

你的英文能力提供你對這句話的意義所需的知識，所以你可以使用這個句子，不管是口說或理解。但是，這根本不能告訴你在某個場合說這句話的說話者可能代表的意義。她可能是說蘇珊・瓊斯回家，而她的貓有一天跑掉了，再也沒有回來，或是**瑪麗皇后二號**剛離開港口。她的意思也可能是她的鄰居將威脅付諸行動而去報警，或諷刺地，她的對話者認為他們的鄰居會將威脅付諸行動，是一件很蠢的事。她也有可能是說，比喻上來說，南西・史密斯在某個時間完全沒有專心。等等之類的。這些意義都沒有完全被句子編碼，有些根本連部分編碼都沒有。這不但對「她離開了」來說是真的，對大多數的英文句子（可能所有的句子）也是真的。語言學家和哲學家都知道語言和說話者意義間的錯配，但是多數人卻將其視為有限相關的複雜化，可以被理想化或是被語用學（語言學一個小的次領域）調查。

那麼這個法則就有註解：使溝通成為可能的基本編碼解碼機制是相當麻煩的，得要是完全清楚明白才能使用此機制。幸好有個捷徑：你可以不需要為了明確而長篇大論，你可以仰賴你的聽眾去推論（而非解碼）至少部分的意義（或是全部，假如你使用一個新穎的比喻）。

這個法則有兩個問題。第一，據稱的基本機制從未被使用。你從來沒有完全將意義編碼。通常你根本不編碼。第二，如果我們可以很容易地從一句未被編碼的話中，推論說話者的意義。那我們最初為什麼需要一個難以使用的基本編碼解碼機制？

試想在一個部落裡，想要從村落到海邊的人，總是走一條經常使用的道路，穿越一條低的山路。但是根據部落的智者，這條道路只是一條捷徑，真正的路（沒有這條路，就不會有捷徑）是一條雄偉的路，直達到山的頂端，再往下直至海邊。沒有人看過這條路，更別說走過這條路，但是它常常被討論，以至於每個人都可以想像得到路的樣子，並讚嘆智者的智慧。語言學和哲學就是這些智者的家。

很多時候，語意學家從我剛批評過的法則開始。他們提供詳盡的、通常是對語言意義的正式分析，而語言意義和我們意識思考的內容相符。語言意義真的是這樣嗎？只有一小部分的研究學家在探索，認為它們可能是非常不同的心理對象。和信仰以及意圖不一樣，未知的意識和句型結構特性可能都無法理解語言「意義」。但是，語言意義必須是對的對象，才能成為潛意識推論的輸入，而促成理解。

語意學家和心理語言學家，就他們的部分而言，應該認清，由我們話語傳達的意義，可能和在我們心裡用「思想的語言」（language of thought）寫下的個別句子不同，比較像是部分清楚、部分模糊，在我們認知環境中迴盪改變。

認為語言意義和說話者意義相符的舊法則否認或不顧一道明顯的鴻溝。這道鴻溝充滿特定人類的密集認知活動。我們應該要淘汰這個法則，並好好探索這道鴻溝。

凱・克勞斯

Kai Krause

軟體先驅者、哲學家，著有：《未來的歷史》(*The History of the Future*)。

不確定原理

因為翻譯錯誤而生，而一直被誤用至今……，不過，我們先來做個思考小實驗：

假設你是科學家，你發現了一個現象，並想讓全世界知道。你認為，「腦子可以聆聽一段對話，並使用頻率，將它們解碼成符號和意義，但是當腦子同時面臨**兩段**對話時，就沒有辦法同時處理。腦子最多只能快速地在兩段對話間轉換，試著跟上對話。」

你的理論就算完成了，你建構你的研究結果並分享給同事、理論受到爭論和辯論，這是必經的過程。

但是奇怪的事發生了：雖然你所有的討論都是英語，你也用英語寫下你的觀念，多數的主要科學家和諾貝爾獎得主也都說英語……，但是出版品的主要語言是……蒙古語！在烏蘭巴托的一個團隊開心地檢視你的研究結果，興致盎然，用蒙古語敘述你的理論也處處可見……。

但是問題是：你寫的是腦子不可能同時聆聽兩段對話，所以對話的意義對你來說是「未定的」，除非你決定好好地聽其中一段對話。結果卻是蒙古語並沒有「未定」這個詞！它被翻譯成一個完全不同的詞：「不確定」，於是對你研究的普遍詮釋，就從「兩段對話的其中一段對你來說是未知的」，變種成一個完全被改變的詮釋：「你可以聽其中一段對話，但另一段對話完全沒有意義」。說我「沒有辦法」完全「理解」兩段對話是一回事，

但是我無法理解對話並不會讓對話突然就變得沒有意義，對吧？

　　當然，這些都只是個比喻。但是這和實際上發生的事十分相近，不過語言是倒過來的。科學家是維爾納·海森堡。

　　海森堡的觀察並不是關於聆聽同時發生的對話，而是測量一個物理系統的確切位置和動量，海森堡認為同時測量位置和動量是不可能的。雖然他和眾多同事以德文討論（愛因斯坦、包立、薛丁格、波耳、勞倫茲〔Lorentz〕、玻恩〔Born〕、蒲朗克，列出幾個參加1927年索爾維會議[24]的人），重要的是在發表時卻是用英文，這就是我們比喻中的蒙古文。海森堡的觀念很快地被稱為 Unschärferelation，直譯的意思是「不敏銳關係」（unsharpness relationship），但是英文裡並沒有這樣的詞（「模糊」、「含糊」、「不清」和「不明確」都試過了），最後的英文翻譯是「the uncertainty principle」（不確定原理），但是海森堡根本沒有用到這些字（有些人指向愛丁頓〔Eddington〕）。接下來發生的事也和比喻很接近：沒有人認為位置或動量是「還未被定」，反倒是直接下了結論，認為在物理學、自然，甚至是自由意志和宇宙的層面上，都有完全的「不確定性」，這變成了普遍用法和大眾智慧。拉普拉斯惡魔（Laplace demon）就順便被殺死了（但很明顯地，他也來日不多了……）。

　　愛因斯坦一生都充滿質疑：對他來說，Unbestimmtheit（不明確性）是因為觀察者在我們知識的現階段，沒有發現自然的某種面向，而不是自然**本身**基本上是未定且不確定的證據。特別是像 Fernwirkung（「超距作用」〔action at a distance〕）等的結論，對愛因斯坦而言是 spukhafte（「詭異的」、「怪

24.Solvay Conference，1911年比利時企業家歐內斯特·索爾維透過邀請舉辦了第一屆國際物理學會議，即第一次索爾維會議。1927年的第五次索爾維會議是世界上最主要的物理學家聚在一起討論新近表述的量子理論。會議上，愛因斯坦以「上帝不會擲骰子」的觀點反對海森堡的不確定性原理，而波耳反駁道，「愛因斯坦，不要告訴上帝怎麼做。」——這一爭論被稱為波耳－愛因斯坦論戰。參加這次會議的29人中有17人獲得或後來獲得諾貝爾獎。

異的」）。但是就算是在量子計算、量子位元和穿隧效應的時期，我還是不會打賭愛因斯坦是錯的。他對自然的直覺理解經歷了無數批評依然屹立不搖、反證最後被反－反證。

　　雖然有很多支持海森堡研究結果的理由，這樣一個在大眾科學裡深遠的迷因，根據的僅僅是對翻譯不嚴謹的態度（有很多這樣的例子……），是很令人難過的。我很想要鼓勵法語、瑞典語或阿拉伯語的作家指出這些語言的特徵和獨特價值，並不是為了語義學的學究，而是為了尋找替代方式。

　　德文不僅僅只有 *Fahrvergnügen*（享受開車）[25]、*Weltanschauung*（世界觀）和 Zeitgeist（時代精神）這些美好的詞。德文還有很多美妙、細微不同的意義。就像是使用一個不同的工具思考，而這是件好事：好槌頭卻是糟糕的鋸子。

25.福斯汽車廣告的宣傳詞。

伊恩・麥克尤恩

小說家，著有：《阿姆斯特丹》（*Amsterdam*）、《卻西爾海灘》（*On Chesil Beach*）、《太陽能》（*Solar*）、《兒童法案》（*The Children Act*）等。

Ian McEwan

小心無知！不要捨棄任何觀念！

小心無知！不要捨棄任何觀念！一個偉大且豐富的科學傳統應該保有所有事物。真理不是唯一的評量標準。有一些錯的方式可以幫助其他人找到正確方式。有些錯誤錯得很棒。有些錯誤提供方法。有些錯誤幫助找到新領域。亞里士多德涵蓋了所有人類知識，大半都是錯誤的。但光是亞里士多德動物學的發明就是無價的。你會捨棄亞里士多德嗎？你不知道什麼時候會需要一個舊觀念。有一天舊觀念可能會再次出現，提升現今無法想像的觀點。如果我們淘汰舊觀念，那我們就再也找不到它了。就連達爾文在 20 世紀初期也受忽視，直到近代統合[26]才受重視。《人與動物的情感表達》（*The Expression of the Emotions*）一書拖了好久才受到注目。威廉・詹姆士（William James）也曾遭冷落，心理學也是，曾有段時間意識不再是心理學的主題。看看托馬斯・貝葉斯（Thomas Bayes）和亞當・斯密（Adam Smith）復甦的機會（特別是《道德情操論》〔*The Theory of Moral Sentiments*〕）。我們可能需要好好再看一遍飽受攻擊的笛卡兒；表觀遺傳學甚至可能修復拉馬克的名聲；佛洛伊德可能正要告訴我們有關無意識的事。

任何關於世界的最終、認真且系統化的推論都應該被保留。我們需要

26.Modern Synthesis，即現代演化綜論（Modern evolutionary synthesis），也稱為新綜合、現代綜合或是現代達爾文主義。現代綜合理論結合了兩個重要發現：演化選擇單位（基因）與演化機制（天擇），也統合了許多生物學分支，如遺傳學、細胞學、系統分類學、植物學與古生物學等等。

記住我們是怎麼達到現在的地位的，我們不要被未來淘汰。科學應該向文學看齊，維持一個活躍的歷史，作為創造和堅持的里程碑。我們不會淘汰莎士比亞，那我們也不應該淘汰培根。

蓋瑞・馬庫斯

紐約大學認知科學家，著有：《吉他任我學：新興音樂家及學習的科學》（*Guitar Zero: The New Musician and the Science of Learning*）。

Gary Marcus

大數據

　　不，我不是真的認為我們應該停止相信或是蒐集大數據。但是我們應該停止假裝大數據是無所不能。有幾個領域並不會從大量、仔細蒐集的數據組中獲益。但是很多人，甚至是科學家，都過於看重大數據。有時候似乎關於理解科學的大半討論，從物理學到神經科學，都是關於大數據和相關的工具，比如「降維」（Dimension Reduction）、「類神經網路」（neural networks）、「機器學習程式」（Machine Learning Algorithms）和「資訊視覺化」（information visualization）。

　　大數據不可否認地是目前重要的觀念。寫這篇文章的 39 分鐘前（根據 Google 新聞的大數據），高登・摩爾（Gordon Moore，摩爾定律以他命名）「大量投資大數據」。麻省理工學院首次提供大數據線上課程（44 分鐘前），大數據被《strategy+business》雜誌選為年度策略。《富比士》在幾小時前也發表了一篇關於大數據的文章。大數據科學的搜尋有 16 萬 3 千次的點擊。

　　但是科學基本上依然圍繞著搜尋描述我們宇宙的定律轉動。大數據特別不擅長的一件事情就是發現定律。大數據在偵測關聯性時十分出色，你的數據組愈健全，你能發現關聯性的機會就愈高，甚至可以發現有多個變數的複雜關聯性。但是關聯性從來不是因果關係，也不可能會是。世界上所有的大數據都不可能單靠本身就可以告訴你，吸菸是否會導致肺癌。要真正了解吸菸和癌症之間的關係，你需要從事實驗和培養對致癌物質、癌

基因和 DNA 複製的機制理解。僅僅製作一個大型數據庫，包含世界各城市的吸菸者和非吸菸者、他們何時吸菸、在哪裡吸菸、他們活多久，以及他們如何死亡的細節，不管數據庫有幾兆位元組，都不足夠產生所有複雜基本的生物機械。

如果商業界的人對大數據太有信心，會讓我緊張的話，那看到科學家也一樣時，我會更緊張。神經科學的某些領域採取了一種「如果我們建構數據庫，結果就會發生」的態度，假定只要我們有足夠數據，神經科學的問題就會自己解決。

它不會的。如果有好的假設，我們可以用大數據測試，但是大數據不應該是我們最先開始的地方，應該是在我們知道自己在找什麼之後，我們邁往的方向。

克莉絲汀・芬恩

考古學家、記者，著有：《人工製品：考古學家在矽谷的一年》（*Artifacts: An Archaeologist's Year in Silicon Valley*）。

Christine Finn

地層柱

挖掘過去已經過時了。數位文壇是現在的採集者。地層學定律作為考古學的方法和概念一直都很實用，是發現時間層的垂直尋求，就像閱讀變化的書一樣。和往下挖掘相關的準確性、和回到過去並透過地質學了解人類行為相關的準確性。維多利亞時期的人開始對挖掘工作感興趣，帶舊東西回家，是星期天娛樂的紀念品。

考古學家稱其為科學，使用和盜墓者一樣的工具，鏟子、桶子，往6英尺之下挖掘，在鴻溝中帶出準確性。但是就算是謝里曼（Schliemann）19世紀的層層挖掘，對他而言，尋找黃金的史前時代，在某種形式上是我們現在所擁有的前身，面對相對昨天的累積。

我們選擇性地挑選過去。時間的不同已不再是問題。部落格儲存大量的內容，只有在被閱讀的那一天才新鮮。存放的相片和剛拍好的自拍照同時被上傳至橫向發展的動態時報（timeline）。快被遺忘的新聞還在網路上，（又是那個過時的詞）對第一次看的人是新鮮的新聞。

所以野外研究現在是什麼？看看現代考古學的（半）新領域，有自己的「挖土機」挖掘人類學。這些是表層工作者，目睹加速和大量的改變速度，此為連接一系列現在的橫向觀察，迴盪和結合新與舊。在這樣的挖掘中，沒有人會弄髒手。但是挖掘出來的東西卻會繚繞於指尖。

迪米塔爾‧薩塞羅夫
哈佛大學天文學教授、哈佛生命起源小組主任，著
有：《超級地球的生命》（*The Life Of Super Earths*）。

Dimitar Sasselov

適居帶概念

　　「適居帶」是似地球行星的範圍距離，這些行星的表面溫度能讓水呈
液態。在我們的太陽系裡，適居帶從金星軌道和地球中間延伸至火星。它
的界線是粗略的，應用在不同的行星系統，有時候被應用得更廣泛，比如
說，被應用至我們的星系。就搜尋地球以外的生命而言，適居帶概念有著
崇高的歷史，最近，適居帶概念才促成美國國家航空暨太空總署（NASA）
克卜勒（Kepler）外星球探索任務令人讚嘆的成功。但是，在後克卜勒時
代，它卻是個該淘汰的科學概念。

　　適居帶簡單的定義在適居星球的統計估計上很吸引人，因為只需要幾
個容易測量的參數。觀念也很容易理解：不太熱、不太冷，也就是歌蒂拉
帶[27]。欲測量在星系裡像地球一樣小型的岩石星球，簡單和健全的統計就很
重要，而克卜勒太空任務在這方面十分突出。如果我們的目標是要尋找生
命，那知道我們應該往哪裡找當然很好。但是在適居帶的「適居」是個不
適當的用詞，或者至少是顯著的誇大，因為並不是適居帶本身適居，而是
某些星球環境，這些環境甚至可能存在於適居帶以外。在我們自己的太陽
系中，我們認為外星人存在於適居帶以外，在木星和土星的某些衛星上。
我們現在需要知道是什麼讓環境適居，能讓生命出現，並能夠讓生命在地

27.Goldilocks zone，1837年英國作家Robert Southey的童話作品《歌蒂拉與三隻熊》的故事，其中有「不太熱，
　　不太冷，剛剛好的溫度……」。

質時間規模上存續，不管是在行星上或是衛星上。發現是什麼讓星球「有生命」，並且使用我們的望遠鏡辨認出有生命的星球，是重要的問題。

就外星人搜尋而言，2013 年是歷史性的一年。感謝克卜勒和其他外星球調查，我們現在知道似地球行星很普遍，很多和我們家鄉行星類似的行星都應該存在於在我們星系的鄰近地區。那就可以使用現有技術和仍在建構的望遠鏡對這些行星遙感探測，我們已經準備好開始尋找生命，但我們必須更了解我們要找什麼。

淘汰適居帶的概念，我們應該要回歸到其 20 世紀中期原本的名稱：液態水帶（liquid water belt），一個對岩石行星的地質化學至關重要的區域。那麼，有生命的行星對我們來說就會像家一樣。

雪莉・特克

麻省理工學院科學和技術社會學系艾比・洛克斐
勒・摩茲（Abby Rockefeller Mauzé）講座教授，著
有：《一起孤獨》（*Alone Together*）。

Sherry Turkle

機器人同伴

　　1980 年代早期，我訪問了人工智慧創始人馬文・閔斯基（Marvin Lee Minsky）的一位學生，他告訴我，他認為他的偶像閔斯基試著要建構一個美好到足以讓「一個靈魂想住進去」的機器。最近，我們或許較不抽象哲學，而更實際了。我們想像照護老人機器人、保母機器人、老師機器人、性伴侶機器人。考慮閔斯基學生所說的話，我們現在並非嘗試發明靈魂想要住進去的機器，而是我們想要住在一起的機器。我們試著發明自己會想要愛上的機器。

　　人工好友的美夢和愛的對象混淆了最好不該混亂的類型。人類有身體和生命週期、和家人生活在一起，從依賴長大變獨立。這讓他們體驗情感寄託、失去、痛苦、對疾病的恐懼，當然還有死亡，這些都是獨特的，我們並沒有和機器共享這些經驗。我不是說機器不能變得更聰明，或是學習驚人數量的東西，毫無疑問地學到比人類所知事物還要多的東西。但是當我們需要陪伴和愛時，它們就是錯誤的對象，不能勝任。

　　一個提供指示幫助的機器人同伴（保護你的居家安全、幫忙打掃，或是到高櫃子拿東西），是很棒的想法。一個和你談論人類關係的機器人同伴，聽起來就很糟糕。關於人類關係的對話是物種特定的。這些對話需要兩方因為有人類身體、人類限制和人生命週期而產生的經驗。

　　我發現我們開始了遺忘之旅。

我們忘了只能在人們間傳遞的關懷和對話。英文的「會話」（conversation）一詞來自互相照顧、互相依靠一詞。要對話，你需要聆聽他人、站在他人立場設想、解讀他們的身體語言、他們的聲音、他們的聲調、他們的沉默。你使用你的關心和經驗，而你也期望他人這麼做。一個可以分享資訊的機器人是很棒的研究，但是如果這個研究是陪伴和相互依賴，你就要選擇人類。

比方說，想給小孩機器人保母的時候，我們就忘了讓小孩茁壯的，是小孩學習人們如何以穩定一致的方式照顧他們。當小孩和其他人在一起時，他們會發現動作和言語意義、聲音、語調、臉部表情和身體是如何一起流動。小孩學習人類情緒如何在不同層面通順流暢地展露。小孩從機器人身上學不到這些。

在我們對機器人同伴的討論中，有個普遍的模式：我稱之為「從總比什麼都沒有好到比什麼都好」。我聽到人們一開始認為機器人同伴總比什麼都沒有好，因為「沒人做這些工作」，比如養老院的工作或保母的工作。接著，人們開始增加來自模擬事物的可能性。最後，談論的方式好像認為，我們從人工中得來的東西，可能比生命提供的更好。托兒所的員工可能會虐待小孩、護士可能會犯錯、養老院照護者可能不聰明或未受良好教育。

對機器人同伴的訴求有著我們對人類的焦慮。我們認為人工智慧是避免孤獨無風險的方式；我們害怕自己不能留下來照顧對方。我們被機器人吸引，因為它提供了一個不需要友誼的陪伴幻覺。愈來愈多人甚至會認為機器人可能提供不需要親密的愛情幻覺。我們願意把機器人放在它們根本毫無立足之處的地方，不是因為它們屬於哪裡，而是因為我們對彼此的失望。

很長一段時間，對人工智慧或機器人的希望都顯示了歷久不衰的技術樂觀，相信就算事物錯了，科學會是正確的。在一個複雜的世界裡，機

器人總像是裝甲部隊救援一樣。機器人在戰區和診間拯救生命。它們在太空、沙漠、海洋、任何會危及人類身體的地方運作。但是在人工同伴的追尋中，我們不是在尋找裝甲部隊的事蹟，而是在尋找簡單救贖的益處。

什麼是簡單救贖？是認為人工智慧將會是我們同伴的希望。和我們說話是它們的職業。我們會因為它們的陪伴和對話而獲得慰藉。

在我過去 15 年的研究中，我看到這些簡單救贖的希望持續且更堅定，就算多數的人根本沒有和人工同伴相處的經驗，而不過是和 iPhone 的數位助理 Siri 互動，對話多半是「找一間餐廳」或是「找一個朋友」。但是我研究顯示，就算是告訴 Siri「找一個朋友」，也能很快地變成把 Siri 當成朋友的幻想，就像是最好的朋友，但是在某些方面卻更好：你可以跟它說話，但是它永遠不會生氣，你永遠不會讓它失望。

當人們談論沒有互相性的友誼、隨時可用的友誼時，人工同伴的簡單救贖在我看來就一點都不簡單。因為要讓人工陪伴變成我們新的常態，我們必須要改變自己，而改變的過程中，我們在重新製造人類價值和人類關係。我們甚至在機器還沒製造前就改變自己。我們以為自己在製造新機器，但是我們其實是在重新製造人類。

Roger Schank

羅傑・尚克
人工智慧理論學家、教育引擎（Engines for Education）
總經理，著有：《教導心智》（*Teaching Minds*）。

「人工智慧」

　　它一直都是個糟糕的名字，但是也是一個不好的觀念。不好的觀念來來去去，但是這一個觀念，認為我們應該建造和人類一模一樣的機器的觀念，已經吸引大眾文化好久了。幾乎每一年，都會出現一部關於仿真人機器人的新電影或一本新書。但是這個機器人在現實中永遠不可能會出現。並不是因為人工智慧失敗了，而是根本沒有人真的試過。（好了，我說出口了！）

　　牛津大學物理學家大衛・德意志曾說過：「地球上還沒有人能夠了解腦子在做什麼……。以人工方式達成腦子運作方式的領域，也就是〔人工智慧〕的領域……在其存在的 60 年間，完全沒有進展。」[28]德意志並說他認為像人類一樣思考的機器有一天會出現。

　　讓我用不同角度解釋以上論述。我們最終會有和人類一樣可以感受情緒的機器嗎？如果這問題是由在人工智慧領域的人問的，那答案可能是我們如何可以讓電腦笑、哭或是生氣。但是真正感受到？

　　或是來談談學習。電腦可以學習，對吧？那這就是人工智慧了。如果機器不能學習，那它就不聰明，但是因機器學習而創造了可以玩危險邊緣遊戲，或是提供消費者購買習慣數據的電腦，就代表人工智慧要來臨了

28.原註：David Deutsch, "Philosophy will be the key that unlocks artificial intelligence," theguardian.com, 3 October 2012.

嗎？

　　事實是，「人工智慧」這個名字讓外界以人工智慧的方式想像人工智慧從來沒有的目標。人工智慧的創始人（除了馬文・閔斯基以外）都十分沉迷於下西洋棋和解決問題（河內塔〔the Tower of Hanoi〕問題是很重要的一個）。一個很會下西洋棋的機器就是很會下棋而已，它沒有在思考，也不聰明。它當然也不像人類一樣運作。下西洋棋的電腦不會因為前一天喝太多，或是和老婆吵架，就下得比較糟。

　　為什麼這會有關係？因為一個領域的目標，和它被認為的目標相異時，根本是自找麻煩。人工智慧的創始人，還有那些研究人工智慧的人（包括我在內），都想讓電腦做它們現在做不到的事，希望可以從這些努力中學到什麼，或是某種有用的東西會被創造。可以和你智慧對話的電腦可能是有用的。我現在在研究一個可以和你有知識地談論醫療議題的電腦程式。這代表我的程式很聰明嗎？不是的。程式本身沒有任何自己的知識，它不知道它在說什麼，它也不知道它知道什麼。我們讓自己陷在人工機器或是人工智慧的愚笨觀念裡，讓人們對真正議題有錯誤的觀念。

　　我宣布「人工智慧」死亡。這個領域應該被改名為「嘗試讓電腦做很酷的事」，但是當然不可能。你不可能和一個友善的家庭機器人開始有深度、有意義的對話。我剛好是去年圖靈測試（Turing Test，也被稱為勒布納人工智能獎〔Loebner prize〕）的評審。那些應該被認為是人工智慧的蠢事不過就是愚蠢而已，花個大概 30 秒就可以分得出哪個是人類、哪個是電腦。

　　人們並不只是被餵食知識而已。我自己養大過幾個人。我餵他們食物而不是知識。我回答他們的問題，但那些是他們自己想出來的問題。我試著幫助他們得到他們想要的東西，但是我是在應對那些曾經是（或是現在是）他們內心深處的需求，人類與生俱來就有個別的個性，以及自己的需求，他們在很早期就顯露這些需求了。沒有任何電腦一開始是一無所知

的，然後慢慢和人們互動而進步。我們談論人工智慧時，常常討論到這個，但是沒有人真的做過，因為這根本不可能。這也不應該是前身為人工智慧領域的目標。目標應該是找出人類可以做些什麼重要的事，並看看機器是否可以做出其中一些。我猜能有一台會下西洋棋的電腦應該很不錯，但是它不會告訴你人們如何思考，也不會突然想學另一種遊戲，因為它對西洋棋已經膩了。

真的沒必要創造人工人類。我們已經有夠多真的人類了。

塔尼亞・倫布羅佐

Tania Lombrozo | 加州大學柏克萊校區認知心理學系副教授。

心靈不過就是腦

一開始，我們有二元論。笛卡兒著名地假設兩種實體，非物理的心靈和物質的身體；萊布尼茲（Leibniz）區分心理和生理領域。但是二元論面對著解釋心靈和身體如何互動的挑戰。心靈執行伸出一根手指的意圖，然後你看，手指就伸出來了！身體碰到尖銳的東西，心靈能感覺到痛。

當然，我們現在知道，心靈和腦是緊密連結的。腦部受傷可以改變感知經驗、認知能力和個性。腦部化學作用的改變也一樣。我們演化歷史的系譜分支中，並沒有「心靈實體」的出現，它也沒有在我們個體發育的某一時間點時出現，我們在此時期收到精神素材（mind stuff）的非物理融合。安布羅斯・比爾斯（Ambrose Gwinnett Bierce）在其著作《魔鬼辭典》（*The Devil's Dictionary*）中，認為心靈是「腦子產生的一種神秘物質形式」，我們在此之後已經成就許多。

事實上，看來心靈不過就是腦。或者，引用馬文・閔斯基的話：「心靈不過就是做腦子做的事。」如果要了解心靈，我們應該在神經科學和腦子裡尋找真正的答案。

或者，不是這樣的。

在我們充滿熱情地尋找一個科學可接納的二元論替代方法時，有些人過於極端而採用了一個簡單的簡化論。了解心靈並不僅僅是了解腦子。那麼，到底是要了解什麼？很多**心靈＝腦**等式的其他解釋看起來都和預期相

反，或是怪異。有些認為心靈是超越腦子的，並包含整個身體，甚至環境的一部分，或是認為心靈並不遵守物理法則。

還有其他選擇嗎？當然有的。但是既然心靈和腦子是挺重量級的主題（也可以這麼說），用一個更具體和有趣的例子思考會有幫助，且以烘焙為例。

關於烘焙，我是個反簡化論者。我並不是相信「蛋糕實體」，物質上和麵粉、糖以及發酵物不同；我也不是認為蛋糕有某種魔幻抽象的特性（雖然超好吃的蛋糕好像有）。烘焙反簡化論的原則很不具爭議性，而且這些原則從我們想要「烘焙理論」提供的資訊所衍生。我們想要了解為什麼有些蛋糕比其他蛋糕好吃，以及我們以後要怎樣才可以烤出更好吃的糕點。我們應該要改變原料嗎？攪拌麵糊的時候不要打太大力？

可以用化學和物理學來回答這些問題，但是用分子和原子構成的烘焙理論並不是很有用。身為糕點師傅，我們想知道（比如說）攪拌麵糊和口感之間的關係，而不是動能和蛋白質水合的關係。我們可以些微調整的變數，以及我們關注的結果，這兩者之間的關係剛好是以化學和物理學造成的，但是採用「蛋糕簡化論」，並且以蛋糕材料的物理學和化學交互作用研究來取代烘焙研究，會是個錯誤。

當然，你可以決定你對烘焙不感興趣，因此駁斥我烘焙理論的理論架構，而採用化學和物理學的理論。但是如果你對解釋、預測和控制你的糕點品質感興趣，你就需要烘焙理論。

現在來看看心靈。我們多數的人都對心靈的理論很感興趣，因為我們想要解釋、預測和控制行為、心理狀態和經驗。就像蛋糕特性是被成分和交互作用物理實現的，心理現象也是在腦子裡被物理實現的，因此，了解腦就十分有用。但是如果我們要知道（比如）如何影響心靈以做到特定行為，那麼只在腦的層面上尋求解釋，就是錯誤的。

這些心得對很多哲學家來說都不新，卻很值得被重複。為了要達到科學合理性而駁斥心靈，一個我們在行為主義和其他神經科學重要證據都有的趨勢，對科學心理學的目標是不必要且無益的。了解心靈不該和了解腦子一樣。幸好，我們不用捨棄科學的精密就可以達成這樣的理解。或者，再使用一個蛋糕的比喻，我們可以做好蛋糕並且吃掉它。

弗朗克・韋爾切克

麻省理工學院物理學系赫曼・費希巴赫（Herman Feshbach）講座教授、2004 年諾貝爾物理學獎得主，著有：《萬物之輕》（*The Lightness of Being*）。

Frank Wilczek

心智和物質

心智和物質的不同深植於日常語言和思考中，在哲學和神學裡更是深蒂固。偉大的哲學家／神學家喬治・貝克萊（George Berkeley），認為物質是以上帝的心智作為根據，巧妙地做了總結：

心智是什麼？不重要。（What is mind? No matter.）

物質是什麼？算了吧。（What is matter? Never mind.）

科學一直都認為接受心智和物質的二元性很有用，就算不是當成學說，當成方法也很有用。在現代物理學中，物質遵守自己的數學定律，不受限於任何人，甚至，或是特別是不受限於上帝的想法。但是這樣的區分注定失敗，而它的離去將會改變我們對所有事物的觀點，也就是心智／物質，而不是心智和物質二分法。分隔牆已經開始崩塌。三項發展永久地損害了分隔牆：

1. 我們學到物質是什麼。我們的新物質，在 20 世紀中被相對論、量子力學和變化對稱的發現公布，新物質的潛力比任何我們祖先能想像到的都還要更奇特豐富。它可以用複雜、動態的形式跳躍，它可以利用環境資源自我組織和產生熵。

2. 理論上來說，藉由圖靈的看法，以及實際上來說，透過隨處可見的電腦學，我們也學到了曾被認為是心智的特權，不管是下西洋棋、安排行程、介紹朋友或是分享興趣，而現在僅僅使用計算，機器（設計沒有秘密）

也可以做得很好。

3. 我們學到很多關於人類心智如何運作的事物，都是物質特殊的能力。我們現在知道很多感知層面都始於特定的分子事件。以同樣的程度了解記憶、情緒，以及最終了解創意思維，仍然是現在巨大的挑戰，但是我們有理由相信它們同樣也會清晰明瞭。至少，還沒有任何阻礙出現。

當對人類心智到底如何運作的機制理解帶來更有力、更不含糊的概念時（此在計算中已經發生），恕我直言，自由意志和意志長久卻模糊的「問題」也會被淘汰。

更有趣的是後果的問題。這裡有個相關的思考實驗：想像一個有著類似人類觀念的人工智慧，端詳著她自己的藍圖。她會怎麼想？我認為她的第一個念頭十分有可能就是考慮如何開始改造。這個處理器可以更快、那個記憶體可以更大，還有，最重要的，獎賞系統可以更好！

威廉·布萊克（William Blake）的預言：「六根清淨時，每件事情看起來都是無量的。」當然會激勵我們的女英雄，就像我也會被激勵一樣。

在爛科學小說裡，機器人有時候知道自己「只是機器」時十分震驚。遵從德爾斐箴言「認識你自己」的指示，我們發現自己也在做相似的探索。發現心智和物質二分法其實是心智／物質時，有智慧且成熟的回應是享受心智／物質可以是，並且也真的是，很美好的事物。

亞歷山大・威斯奈格羅斯

Alexander Wissner-Gross

科學家、發明家、企業家和哈佛大學應用計算科學研究院研究員。

智力是一種特性

　　早在埃爾溫・薛丁格 1944 年影響深遠的書《生命是什麼？》（*What Is Life?*）問世前，物理學家就已經追求要嚴格定義區分活物質和非活物質的特徵。但是，辨認智力的普遍分類物理特性（property）的相似工作卻多半不受賞識。

　　根據最近的發現，我懷疑物理上定義智力的停滯不前，是因為科學概念認為智力是不變的特性，而不是動態的過程，這是一個可以淘汰的概念。

　　特別是，最近的研究結果都顯示，一個被稱為「因果熵力」（causal entropic forcing）的基本物理過程，可以複製只有在人類和特定非人類動物智力測驗中，可以看得到的特殊認知適應行為模式版本。這些研究結果顯示多種和人類智力相關的主要特徵，包括直立走路、使用工具和社會合作，都應該被認為是一個嘗試最大化未來行動自由的深層動態過程所產生的副作用。此自由最大化的過程可以被認為是只在一段很長的時間中有意義地存在，因此就不是一個不變的性質。

　　是時候讓我們不再認為智力是一種特性了。

大衛・蓋勒特

耶魯大學電腦科學家、鏡中世界科技（Mirror Worlds Technologies 首席科學家，著有：《輕美國：帝國學術界如何拆解文化（並帶來歐巴馬民主黨員）》（*America-Lite: How Imperial Academia Dismantled our Culture [and ushered in the Obamacrats*）。

David Gelernter

大類比

　　現今，計算學家和認知科學家，也就是那些認為數位計算是人類思維和心智模型的研究者，幾乎都一致相信大類比（the Grand Analogy），並且教導他們的學生。不管接不接受，此類比是現代智慧歷史的里程碑。它部分解釋了為什麼一大部分的當代計算學家和認知科學家相信最終可以藉由下載並執行對的軟體應用程式，而給你的筆記型電腦一個**真的**（不是模擬的）心智。不管是你叫一部機器「想像一朵玫瑰」，它就會在心裡描繪出一朵花，就像你一樣；或是告訴它「回憶一個尷尬的時刻」，它會記起某件事並且覺得尷尬，就像你也會一樣。以這個觀點來看，會感到尷尬的電腦就快來臨了。

　　但是這種軟體不可能存在，類比也是錯誤的，並且推遲了我們了解真正心智現象論的進展。我們甚至還沒開始從內在了解心智。但是這個啟發性的類比哪裡錯了？我的第一個理由早已存在，其他三個是新的。

　　1. 軟體－電腦系統和心智－腦系統以本質上相異的方式理解世界。軟體在數位電腦間輕易移動，但是（目前為止）每個人類心智是永久地和一個腦結合在一起。軟體和世界之間的關係是普遍獨斷的，是由程式設計師決定的。心智和世界之間的關係是個性和人類本質的表現，沒有人可以安排。電腦可以沒有軟體，但是腦不能沒有心智。軟體淺顯易懂，我可以在任何時候說出整個程式的精準狀態。心智晦澀難懂，除非你告訴我，不然

我不會知道你在想什麼。電腦程式可以被刪除，心智不行；電腦可以準確地依照我們的選擇而運作，心智不行；還有很多例子。不管看哪裡，我們都看到本質的不同。

2. 大類比預先假定心智是機器或是虛擬機器。但是心智有兩個同等重要的功能：**做**和**存在**。機器只會**做**。我們建構機器幫我們做事。心智是不一樣的：你的心智可能是完全安靜的，沒有**做**任何事（「計算」），但是，你可能覺得悽慘或是快樂，或是你只是有知覺地**存在**。

情緒沒有動作，他們只是不同的**存在**方式。情緒，也就是存在的狀態，在心智認知工作中扮演重要的角色。比如說，他們讓你找到你對認知目標的方式（珍·奧斯汀在《勸導》中寫著：「他走向窗戶，冷靜下來，並且察覺到自己應該要怎麼表現。」）。思緒包含訊息，但是感覺（比如說，在一個夏日早晨些微感傷）沒有包含訊息。感傷只是一種存在的方式。

除非我們能理解如何讓數位電腦感覺（或是體驗特殊的知覺），我們根本無法討論一個**心智：腦**和**軟體：電腦**的類比。那些難以相信電腦是可以感覺的人，有時候會被告知：「你堅稱數十億微小、無意義，且無法感覺的電腦指示，不可能創造一個可以感覺的**系統**。神經細胞也很微小、『無意義』，也感覺不到東西，但是 1 千億個神經細胞就產生了**可以**感覺的腦。」這根本不相關。1 千億個神經細胞產生一個支持心智的腦，但是一千億粒沙或是 1 千億個舊輪胎什麼都製造不了。你需要數十億以正確方式安排的正確**物品**才能得到感覺。

3. 長大的過程是在人類觀念裡固有的。社會互動和身體結構隨著時間改變，兩種改變是緊密相連的。對待一個可以行走的幼童，和對待一個不能行走的嬰兒，方式是不一樣的。任何機器人都不可能獲得似人類的心智，除非它可以成長、生理上產生改變，並在過程中和社會互動。但是就算我們注重在不變的心智，人類心智需要人類身體。身體感官創造心智狀

態，心智狀態產生生理變化，生理變化則創造更多心智變化。這是一個反應循環。你覺得尷尬，你臉紅，你發現自己臉紅，你更加尷尬，你的臉更紅。我們不只用腦思考。我們用腦和身體思考。我們可以從軟體中建構一個模擬的身體，但是模擬身體不能用人類和其他人類互動的方式互動。我們必須要和別人互動，才能成為會思考的人。

4. 軟體本質上是遞歸的，遞歸結構是軟體觀念裡固有的。心智不是也不會是遞歸的。一個遞歸的結構包含比本身更小的版本，一個電子電路是由更小的電路組成，一個代數表式（algebraic expression）是由更小的表式建構的。軟體是被另一個數位電腦實現的數位電腦。（你可以找到不同的「數位電腦」定義。）「被實現」代表被表現或是被體現。你建構的軟體在硬體上運作，軟體能做的計算和硬體能做的計算是一模一樣的。硬體是被電子材料實現的數位電腦（或是某些相等的媒介）。假設你設計一台數位電腦，你用電子材料體現數位電腦。於是你有一台普通的電腦，沒有軟體。現在你設計另一台數位電腦，一個作業系統，比如 Unix。Unix 有獨特的介面，而最終，Unix 在機器上運作，Unix 和這台機器也有著相同的計算能力。你在你的硬體電腦上運作你的新電腦（Unix）。現在你再建構一個文字處理器（又是一個功能多一點的數位電腦），在 Unix 運作等等。不斷持續。同樣的結構（數位電腦）持續遞歸。軟體本質上是遞歸的。心智不是也不會是遞歸的，你不能讓另一個心智在你的心智上運作，再讓第三個心智在第二個心智上運作，然後第四個在第三個上運作。

心智科學對計算的著迷帶來了許多收穫。計算一直是讓科學和哲學思維注重於心智本質的有用工具。比如說，上一代已經對意識的本質有了更清晰的見解。但是我們卻一直不了解自己。我們現在仍然不了解。你的心智是有景觀的房間，而我們依然對景觀（客觀現實）的了解，比對房間（主觀現實）的了解要多得多。現今，主觀論在那些看清大類比的人之

中出現。電腦很好，但現在是時候回到心智本身，並停止假裝我們的腦子是電腦。如果是，那我們就是無法感覺、沒有意識的殭屍。

泰倫斯・索諾斯基

計算神經科學家、索爾克研究所弗朗西斯・克里克（Francis Crick）講座教授，與派翠西亞・邱吉蘭合著有：《算計的大腦》（*The Computational Brain*）。

Terrence J. Sejnowski

祖母細胞

2004 年，觀察加州大學洛杉磯分校醫療中心的一位癲癇病人的腦子以偵測癲癇發作的原因，在病人腦子記憶中心植入電極，再讓病人看了一系列名人的照片，顯示病人對於照片有不同的回應。其中一個神經細胞對珍妮佛・安妮斯頓的數張照片反應強烈，卻沒有對其他名人產生相同的反應。另一位病人的神經細胞只對荷莉・貝瑞有反應，對她的名字也有反應，但是對比爾・柯林頓和茱莉亞・羅伯茲的照片或是其他名人的名字則沒有反應。

50 年前就曾經記錄貓和猴子腦中神經細胞的反應。當時認為在大腦皮質視覺區中，神經細胞的回應特性在層級位置愈高，神經細胞就會變得愈來愈特定，或許特定到一個單一的神經細胞只會對一個人的照片有反應。這就是所謂的祖母細胞（grandmother-cell）假設，那個在腦中可以辨認出你祖母的假定神經細胞，也發現了。加州大學洛杉磯校區的團隊似乎已經找到這種細胞。能夠辨認出特定對象和建築物的單一神經細胞，比如雪梨歌劇院。

儘管有這些驚人的證據，祖母細胞假設不太可能為真，或甚至是對這些紀錄合適的解釋。我們開始蒐集老鼠、猴子和人類細胞中上百件的紀錄，而這些紀錄則導向一個皮質如何感知和決定的不同理論。不論如何，祖母細胞假設依然有人相信，而專注於單一神經細胞的思維也依然遍布於

皮質電生理學（electrophysiology）。如果能夠讓有名的祖母細胞消失，我們就能進步得更快。

　　根據祖母細胞假設，你在細胞活躍的時候認出祖母，所以細胞不應該對其他任何刺激物有所反應。但只有數百張照片被測試，還有很多照片未被測試，所以我們真的無法知道珍妮佛·安妮斯頓細胞到底有多特定。再說，電極從腦中唯一的珍妮佛·安妮斯頓神經細胞記錄的機會很低，比較有可能是數千個細胞。相同情形也適用於荷莉·貝瑞神經細胞，以及任何你認識的人和你認得出的對象。腦子裡面有很多神經細胞，但是不夠分給每一個你知道的物體和姓名。質疑祖母細胞假設一個更深入的原因是，感官神經細胞的功能只有一部分是取決於對感官輸入的回應。輸出和之後輸出在行為上的作用也同樣重要。

　　在猴子身上，同時記錄多數神經細胞是可能的，刺激物和任務相關訊號都廣泛地散布於大量神經細胞數中，每一個神經細胞都和不同組合的刺激及任務細節特徵一致。這種分散式表示法的特性（distributed representation）在 1980 年代首度於人工神經網絡（artificial neural network）受到研究。被稱為「隱藏單元」（hidden unit）的簡單模型神經細胞數被訓練在一組輸入單元和一組輸出單元之間相互配對，這些隱藏單元為每一個相當分散的輸入，發展出活動的模式，就像在皮質神經細胞數中被觀察到的。比如說，輸入單元可以代表從不同角度看到的臉，而輸出單位可以代表人的姓名。在被許多例子訓練以後，每一個隱藏神經元對輸入單位特徵的不同組合編碼，例如眼睛、鼻子或頭型的一部分。

　　分散式表示法可以被用來辨認相同對象的不同版本，而相同的神經細胞可以衡量輸出，辨認很多不同的對象。再者，藉由正確地分類來自訓練組以外的新輸入，網絡就可以觸類旁通，這是比早期的神經網絡模型更有力的版本，超過 12 層的隱藏單元位於類似我們視覺皮質的層級，使用深度

學習（deep learning）調整數十億的類神經連接權數（synaptic weights），現在可以辨認上千個對象的圖片。這在人工智慧是一項突破，因為隨著網絡和訓練案例數量的增加，表現也會進步。全世界的公司都在急著要建構可以增加這些結構的特定用途硬體。目前的系統要達到人腦的能力，還有很長的一段路要走，人腦在每一立方毫米皮質有 10 億突觸。

總共要多少神經細胞才能區別相似的對象，比如臉孔？從成像研究中，我們知道腦的很多區域對臉孔有反應，有些的選擇性非常高。我們需要廣泛地從這些區域抽樣大量神經細胞。這個問題的答案可能會出人意料，因為也有很多可靠的理論論點，支持減少在對象表示中的神經細胞數量：第一，稀少編碼會節能；第二，在同樣的神經細胞數量中學習新對象，會干擾已經在這些細胞數量中被代表的其他對象。一個有效率且有效益的表示法應該是稀疏分布（sparsely distributed）。

10 年後，1000 倍的神經細胞會以現在不可能的方式被紀錄且運用，新技術會被發展並用來分析這些神經細胞，這可能會帶來對神經細胞活動如何導致思緒、情緒、計畫和決定更深入的理解。我們可能很快就會知道多少神經細胞在我們的腦子裡代表一個對象或是一個概念，但是這會讓祖母細胞假設消失嗎？

Patricia S. Churchland

派翠莎·邱奇蘭

哲學家、加州大學聖地牙哥校區神經科學家，著有：
《觸碰神經》(*Touching a Nerve*)。

腦模組

　　「模組」在神經科學中的概念（意思是在足夠的背景條件下，能夠做一個功能）總是造成更多困惑而非明確性。問題是任何重要複雜的神經事物都是由空間上的分散式網絡支持的，並非只是附帶的，而是基本的，並非只是皮質的網絡，而是在皮質和下皮質之間的網絡。舉例來說，這對運動知覺（motion perception）和圖形識別（pattern recognition）來說是真的，對運動控制（motor control）和加強學習（reinforcement learning）也是，更不用說像面對威脅時鼓起勇氣，或是決定躲起來而非逃跑等感覺。對自我控制和道德判斷也是真的；對意識經驗來說應該也是真的。網絡的輸出可以因為網絡中個別神經細胞的活動不同而相異。神經系統如何解決協調的問題仍然未被理解，也就是說，腦子是如何和網絡中正確的神經元活化模式合作而完成任務？

　　「模組」錯的還不只這些。傳統上來說，腦膜組應該是封閉的，也就是被隔離的。但就算是比如像初級視覺皮質（V1）的初期感官區域封閉的程度也受到質疑。如果動物在奔跑，在初級視覺皮質的視覺神經細胞加倍其燃燒率（firing rate），對任何條件下的視覺輸入身分都一樣（舉一個例子）。另外，「模組」問題還更多，位於像初級視覺皮質等區域的專門化是，在某種重要的程度上而言，仰賴於輸入的統計資料。比方說，視覺皮質是視覺的，很大一部分是因為它和視網膜相連，而不是耳蝸。但注意，對盲人而

言，視覺皮質是被使用在閱讀點字法中的，一個高解析度的空間和體感任務。如果專門化是取決於網絡輸入的統計資料，比起成熟的腦，嬰兒腦中的區域專門化當然有較高的可塑性。桃樂絲・崔勒（Doris Trauner）和伊莉莎白・貝茨（Elizabeth Bates）發現動過大腦半球切除術（hemispherectomy）的人類嬰兒能正常學習語言，但是動過相同手術的成人則會有嚴重的語言缺陷。

我用看待「精神崩潰」的方式看待「模組」，在那些我們還不知道頭骨下到底有什麼的舊時光中，是有一點用處的，但是現在其提供解釋的重要性卻令人懷疑。

湯姆・格菲思

Tom Griffiths

加州大學柏克萊校區心理學系副教授、計算認知科學實驗室和認知研究院主任。

偏見是件壞事

　　有偏見似乎是件壞事。直覺上來說，我們認為合理性和客觀相等。當面對困難的問題時，一個理性的主體似乎不應該偏好某一個答案。如果一個被設計為在圖片中尋找對象、或是詮釋自然語言的新演算法被認為是有偏見的，那它聽起來就是個不好的演算法。當心理學實驗發現人們作出的判斷和決定，是系統性地有偏見時，我們開始懷疑人的合理性。

　　但是偏見並非都是不好的。事實上，對於某種問題來說，唯一能找出較好答案的方法就是要有偏見。

　　很多具有挑戰性的問題都被稱為是無法使用現有證據而明確找出正確答案的歸納問題。兩個典型的例子是在圖片中找到對象，以及詮釋自然語言。圖片只是二維陣列的畫素，一組指出位置為淺或深、綠色或藍色的數字。對象是一個三維的形式，多種不同的三維形式組合可以形成一組畫素的相同數字模式。看到某個數字模式並不會告訴我們現在是哪一種三維形式：我們必須要衡量現有的證據並且推測。相同的，從人類語言的原始聲音模式中擷取字詞，也需要有根據地推測一個人可能說了哪一句話。

　　成功解決歸納問題唯一的方法是偏見。因為沒有足夠的現有證據可以決定正確的答案，你需要有獨立於此項證據之外的偏好。而你多會解決問題，也就是你的猜測對的機率有多高，取決於反映其他不同答案多有可能的偏見。

人類很會解決歸納問題。在圖片中找到對象以及詮釋自然語言這兩個問題，人類依然做得比電腦好，而原因是人腦有相符於解決這些問題的偏見。

人類視覺系統的偏差大部分是視覺上的幻覺，那些和我們偏好的猜測事實上天差地別的圖片。真實生活中少有視覺幻覺，證實了這些偏見的使用。研究這些容易影響人類視覺系統的錯覺，我們可以辨認指引感知的偏見，並在電腦使用的演算法中使用這些偏差實例。

人類對語言詮釋的偏見在傳話遊戲中，或是當我們誤解一首歌的歌詞時，都看得到。也很容易發現內建於語音辨識軟體中的偏差。我有一次離開辦公室去開會，走之前鎖了門，回來的時候發現有人進了我的辦公室，在我的電腦上打了幾句詩意的句子。這人是誰？這個訊息又是什麼意思？經過了詭異又迷惑的幾分鐘後，我才發現我忘了關語音辨識軟體，而那些句子是軟體對窗外窸窣樹聲的推測。但是這些都是還能看得懂的英文句子，這就反映了軟體的偏差，它居然沒有想到它可能是在聽風聲，而不是人類說話。

人類做得很好的事：視覺和語言，都完全需要我們對某個答案有偏見。能夠解決此類問題的演算法也有相同的偏見。所以，發現人類在其他領域也是系統性地有偏見時，我們不應該感到驚訝。這些偏見並不是一定反映了合理性的偏差，它們反映了人類需要解決的問題有多困難。讓電腦更能解決這些問題的一個方法，就是了解對於這些困難問題的人類偏見為何。

主張偏見並非都是不好的，但我不是在說偏見都是好的。在道德層面上，客觀可以是我們力爭的理想，比如在評價一個人時。我們有的資訊和時間愈多，我們就離理想愈近。但是這樣的客觀是種奢侈，和在有限時間用少量證據獲得正確答案，是互相衝突的。在解決歸納問題時，有偏見可以是理性的。

羅伯特・庫爾茨班

賓夕法尼亞大學心理學系教授、賓州實驗演化心理學實驗室（Penn Laboratory for Experimental Evolutionary Psychology）主任，著有：《為什麼人都是偽君子》（*Why Everyone Else Is a Hypocrite*）。

Robert Kurzban

笛卡兒水力學

17 世紀時，勒內・笛卡兒（René Descartes）認為神經系統和聖日耳曼皇家公園精巧雕像的運作方式有點雷同，流經體內水管的水移動雕像的可活動部分。笛卡兒的觀念以著名的線條圖畫呈現，在很多基礎心理學教科書中都看得到，畫中有個人將腳伸入火中，想必是要闡明笛卡兒的水力反應觀念。

三個世紀以後，在 1900 年代中期，行為水力概念的碎屑在各處散布，現在已明確地知道這是錯誤的概念。比如學術文獻，在佛洛伊德的文集中可以看到蛛絲馬跡：淨化會釋放所有**壓力**。在人們間，水力比喻直被用來，描述精神狀態：我要**爆發**了（I'm going to *blow my top.*）、今天幫 Edge 寫了篇文章，讓我覺得筋疲力盡（I feel *drained.*）。

當然還有很多關於心智是如何運作的爭辯。回答 2014 年 Edge 問題的答案，就提升心理學方面來看，一定會有些熱烈的討論是關於腦是計算裝置的概念做得如何。雖然心智的計算理論可能無法獲得所有人的歡心，但笛卡兒提出的水力模型已經沉寂且被埋葬了。

哦！總之是死了，不過可能沒被埋葬。其實，對一個相當重要的（男性）生物功能來說，水力學是正確的解釋，只是並非笛卡兒心想的功能。此比喻使用的直覺是，認為心智是注滿液體的水管，有著樞紐、閥和水庫。這也顯示了顯示笛卡兒被水力心智的概念吸引，可能不僅僅是因為當

時的技術，也是因為這個觀念直覺上是吸引人。

笛卡兒水力學至少在學術文獻復活過一次，雖然我懷疑那是唯一的一次。過去 10 年中，很多研究學家都提出意志力「水庫」的概念，理論說，為了要自我控制，比如不吃棉花糖、避免分心等等，你不可能有個空的水庫，而當水庫乾涸時，自我控制就會愈來愈困難。

既然笛卡兒對心智如何運作的想法錯得離譜，那麼很清楚地，上述想法也不可能是對的。最近有數個實驗結果，證明此模型的預測是不正確的，但是這不是此觀念應該被捨棄的原因。或者，至少，數據並不是捨棄此觀念最好的理由。應該捨棄此觀念的理由，和應該讓笛卡兒觀念消失的理由一樣：雖然心智可能不像數位電腦一樣運作，心智當然在很多重要的方面都和你的基本電腦不同，但是我們知道某種計算方式更有可能是，比水力學更好的，解釋人類行為的方式。

對於馬克斯・蒲朗克在科學改變速度的觀念是否正確，人們意見分歧。而我認為心理學，比起某些領域，有幾個缺陷可能會讓心理學領域更易受到蒲朗克的擔憂所影響。

第一，心理學的理論常常是由直覺主導的，的確也是被直覺俘虜的。我非常喜愛丹尼爾・丹尼特在《意識的解釋》（Consciousness Explained，1991）一書中，談論（也是明顯錯誤的）笛卡兒戲院（Cartesian Theater）觀念的方式，笛卡兒戲院是認為「腦子裡有個特別的中心」的二元論觀念，那個唯一且真實的自我，在布幕後面的法師。丹尼特認為這個概念是「最頑固的壞觀念，混淆了我們了解意識的努力。」人類直覺告訴我們在某處有一個特別的「自我」，這樣的直覺讓腦中有個特別中心的觀念一而再、再而三地起死回生。

第二，心理學家對其他人的觀念都太過客氣。（舉例來說，在我的經驗裡，經濟學家就不常犯這種錯。）2013 年，在心理學界著名的某期刊出版

了一篇文章，公布嘗試複製先前出版研究結果的成果。文章的標題是這麼寫的，在冒號之前，寫的是研究的現象，在冒號之後，寫的是；「真實或不清的現象？」「真實」和「不清」（而非「不存在」）的配對，顯示了認為一個結果是假正性的，而非單純是難以複製的，是不禮貌的，不禮貌到領域內的人甚至不會大聲說出，先前實驗發現的東西其實根本不存在。

當然，在其他領域中，直覺會干擾理論革新。毫無疑問地，太陽繞著地球轉、每天日升日落，這些明顯的事實讓日心模型不被接受。每個人都知道心智不是水力挖土機，但是它的確挺像某種會被用完的水庫，就像我們覺得太陽在動，而我們沒有在動一樣。

但是，我們依然該讓笛卡兒水力學長眠，就像笛卡兒二元論一樣。

羅德尼・布魯克斯
麻省理工學院機器人學系 Panasonic 榮譽教授、
Rethink Robotics 創辦人、主席和首席科技官，著有：
《我們都是機器人》(*Flesh and Machines*)。

Rodney A. Brooks

計算比喻

在歷史上，我們使用科技系統為比喻，來形容身體和腦如何運作。古希臘的水技術帶來了四種氣質的觀念，且四種氣質必須平衡。到了 18 世紀，時鐘的機制和液體的流動是用來描述腦內部運作的比喻。20 世紀的前半段，一個普遍被用來形容腦的比喻是電話交換網路。原本被研發用來傳遞電報和電話線訊號的機制，被用來模擬軸突的動作電位（action potential）。到了 1960 年代，控制論專家（cybernetician）使用負向回饋（negative feedback）模型以嘗試發展腦模型，負向回饋模型原本是為蒸汽機引擎所製造的，在第二次世界大戰時被大量應用至控制槍枝的準度。但是這些很快地就煙消雲散了，而且被其他描述腦為數位電腦的比喻取代。我們開始聽到宣稱腦是硬體、而心智是軟體的論述，這個模型並沒有幫助我們了解腦或是心智。20 世紀後期，腦變得和超級電腦十分相似，而你可以聽到認為腦和全球資訊網（World Wide Web）以相似方式運作的論點，網頁和神經細胞扮演相似的角色，超連結和突觸互相連結。

這代表了隨著科技的演化，對腦的比喻也將會繼續演變，腦子總會和我們現有的最複雜科技相對應。但是當代比喻會影響當代科學嗎？我認為是會的，而研究學家今日根據計算比喻提出的問題，有一天最多看起來就是不合適的。

計算和計算思維的力量很大，它對科學的重要性仍處於發展初期。但

是，在計算相似值和自然現象的計算理論之間混淆，並不是有幫助的。比如說，試想單一行星環繞地球的經典模型。因為有重力模型，兩個物體之間的行為可以很容易地以一個描述作用力和加速度、以及兩者關係的微分方程式（differential equation）解釋。這個方程式可以被延伸用在相對論和多個行星上，而此方程式立刻就可以描述物理學家認為在系統裡發生的事。但是，方程式到了這個時候，就無法解決問題，為了了解系統的長期行為，我們能做到最好的就是計算，時間被分成小段，而相似於部分行為連續敘述的數位相似值，就被用來執行長期的模擬。但是，只有最頑固的計算學家（他們確實存在）會認為行星在每一個事件會自己「計算」要做什麼。認為行星是因為重力影響而移動的，我們知道這是更有幫助的。

解釋腦和較簡單的神經系統時，計算比喻獨掌大權。我們聽到人們談論神經編碼。在軸突中的放電活動（spike train）裡的編碼是什麼？但是初期神經細胞為了更好地協調肌肉活動而演化。比如說，水母如果同時活化所有游泳肌肉，會游得更好，所以牠們可以直行而非搖搖晃晃，演化也在不同物種中找到解決此問題的多種方式。解決方式包括很快速的神經衝動傳遞行為，和在觸發軸突上精密調整的訊號減弱，以及根據神經衝動力量在肌肉組織的部分延遲。再者，很多水母都有多個神經系統，這些神經系統是基於不同行為的傳遞化學作用，甚至是基於不同的游泳方式。

就像用計算系統描述行星不是了解事物最好的方式一樣，認為在這些系統裡的神經細胞是計算系統傳送「訊息」給其他系統，也不是在行為所處的環境下，描述系統行為最好的方式。

60 多年來，神經細胞的計算模型，排除了我們需要了解以下事物的需求：了解膠細胞（glial cell）在腦行為中扮演的角色、影響鄰近神經細胞的小型分子擴散、或荷爾蒙是讓神經系統不同部分影響對方的方式、或新神經細胞的連續世代、或是無數我們還未想到的事情。它們和計算比喻並不

相符，所以對它們來說，乾脆就不存在好了。我們在傳統計算比喻之外發現的新機制，被計算模型打敗，但是計算模型變得愈來愈難使用，更糟的是，那些沉浸於其傳統裡的人很難看見計算模型的笨拙。如果幫助我們了解腦在世界行為系統中角色為何的比喻，可以取代計算比喻的話，我猜我們能夠更自由地探索新發現。我不知道這些比喻會是什麼，但是科學的歷史告訴我們，它們終究會到來。

莎拉潔妮・布雷克摩爾
英國皇家學會大學研究員、倫敦大學學院認知神經
科學系教授，與烏塔・佛萊斯（Uta Frith）合著有：
《樂在學習的腦》（*The Learning Brain*）。

Sarah-Jayne Blakemore

左腦／右腦

多數人都聽過左腦／右腦的觀念。也許他們被告知他們是「左腦人」，
應該要「多使用右腦」。這個觀念已經成為日常用語，滲透至每所學校，也
被用來當作是科學理論的基礎，比如說，關於腦中的不同性別。但是這個
觀念在生理學上根本一點意義也沒有。

關於兩邊腦（腦半球）如何運作的科學術語，已經漫布於主流文化
中，但是研究卻常常被過於解讀。認為腦的兩半球造成不一樣的「思考模
式」，以及其中一個半球掌控另一個半球的觀念十分普遍，特別是在學校和
工作場所裡。很多網站都能告訴你，你是左腦人還是右腦人，以及如何改
變。

這是偽科學，並沒有任何腦如何運作的知識依據。腦是由兩個半球
組成的，剛開始，其中一個半球通常在活動、語言和感知上比另一個更活
躍，但是兩邊的腦幾乎在所有的狀況、任務和過程下都是一起運作的。兩
個腦半球一直都和對方溝通，一個腦半球如果沒有參與，另一個腦半球根
本不可能運作，除了在一些罕見的病人身上。這也就是說，你不是右腦人
或是左腦人；兩邊的腦你都會用到。

有些人提出教育現在普遍注重左腦思考模式，也就是邏輯、分析和準
確度，而不夠注重右腦思考模式，也就是創意、直覺、情感和主觀。教育
當然應該包含各種任務、技能、學習和思考模式。但是，將這些稱為右腦

或左腦不過是比喻。右半腦受傷的病人並不是就沒有創意。左半腦受傷的病人可能無法說話（在超過 90% 的人口中，語言取決於左半腦），但是他還是可以分析。

左腦／右腦觀念是否應該影響我們教育的方式，是值得懷疑的。以左腦和右腦區分人們的能力，根本沒有根據。這樣的分類甚至可能會阻礙學習，特別是因為這很大一部分可能被詮釋為天生的，或甚至是不能改變的。是的，每個人的認知能力都有差異，但是認為人們是左腦人或是右腦人的觀念應該要淘汰。

史蒂芬・柯斯林

心理學家、凱基研究所米諾瓦學院創辦主任，與維納・米勒（Wayne Miller）合著有：《顛覆左右腦》（*Top Brain, Bottom Brain*）。

Stephen M. Kosslyn

左腦／右腦

　　嚴謹的科學常常變成偽科學，但是仍可能被認證為科學。最好的例子就是描述腦半球專門化的著名「左腦／右腦」觀念。根據這個觀念，左半腦掌管邏輯、分析和語言，而右半腦是直覺、創意和感知。另外，我們每一個人據稱主要只仰賴某一個腦半球，所以我們「用左腦思考」，或是「用右腦思考」。這樣的分類是錯誤的，現在該讓它消失了。

　　這一開始就有兩個主要的問題：

　　第一，我們主要只依靠某一個腦半球的觀念，在實驗上並不能被證實。證據顯示我們每一個人都使用整個腦，而不是只有左邊或右邊。腦是一個單一互動的系統，每一個部分都一起運作，以完成被分派的任務。

　　第二，兩個腦半球的功能被錯誤地分類。當然，兩個腦半球有不同的訊息處理方式。比如說，左腦優先處理我們所見對象的細節，而右腦則優先處理我們所見對象的大致形狀。左腦優先處理句子結構（字面的意義），右腦優先處理語言作用（間接或是暗示的意義），等等之類的。我們的兩個腦半球和我們的兩個肺不一樣：其中一個並非是「備用的」，功能上是完全一樣的。但是這些詳細記載的腦半球差異和在大眾的錯誤見解完全不同。

　　該是我們將錯誤的左腦／右腦觀念拋諸腦後的時候了。

安德里安・奎野

Andrian Kreye

慕尼黑《南德意志報》(*Süddeutsche Zeitung*)〈藝術和散文〉專欄編輯。

摩爾定律

　　高登・摩爾 1965 年的文章認為，在體積電路上的電晶體數量每兩年就會倍增，此成為了數位時代最著名的科學比喻。儘管這不過是推測，在簡單方程式中設計複雜進展時，總是以此觀念為模型。淘汰摩爾定律（Moore's Law）的合適科技理由有：比如說，一般同意電晶體的尺寸小於 5 奈米後，摩爾定律將不復存在，也就是說，在未來的 10 到 20 年間，會先達到巔峰，再急凍衰減。另一個原因是量子電腦將計算推往新領域的可能，量子電腦預期在 3 到 5 年間就會實現。但是在達到科技極限**之前**，摩爾定律就應該被淘汰，因為此觀念將進步的觀念導向錯誤的方向。認為摩爾定律的結束是重大事件，只會更加強推論的錯誤。

　　首先，摩爾定律讓我們以線性形式看待數位時代的發展。進步的簡單曲線是數位時代的小麥和棋盤問題（棋盤可能無限大）。就像發明西洋棋的波斯人要求國王在棋盤上，擺上等比級數的小麥數量，數位科技似乎也呈指數成長。此模型忽略了數位過程的平行本質，它不只包含了科技和經濟發展，也包括了科學、社會和政治改變，這些改變都很難被量化。

　　但是，摩爾定律模型已經進入了生物科技歷史的敘述中，生物科技歷史的變化變得十分複雜。定序人類基因組費用急遽減少的簡化推論，被用來證明進步：2000 年的花費是 30 億美元，2013 年 8 月，以 1000 美元成本定序基因組的基因組 X 獎（ Genomics X Prize）被取消，因為革新已經超越

挑戰了。

對數位和生物科技歷史兩者來說，直線敘述一直是不足夠的。體積電路高超的技能一直是產生巨大發展的科技誘因，而此發展與讓都市社會成為可能的齒輪相當。這兩種科技隨著時間都已臻完美，但是當闡述兩者造成的影響時，它們的科技精煉卻不足。

大概 25 年前，麻省理工媒體實驗室的科學家告訴我在電腦科技的範例改變。他們說，在未來，連接到一台電腦的其他電腦數量，將會比在體積電路上的電晶體數量更為重要。對於一位不是在電腦科技前線，但是對它十分感興趣的作家而言，這是開創性的新聞。幾年之後，Mosaic 網頁，就像第一張披頭四的專輯一樣，對我造成深遠影響，如同我父母看到人類第一次登陸月球那時一樣。

從那時起，改變就是多層次的、相互連結的，並且快速的，我們已經無法理解所有改變。科學、社會和政治改變以隨機模式發生。結果也是以同等的隨機模式混合在一起。音樂產業和媒體的衰退並沒有發生在出版和電影產業中。失敗的伊朗 Twitter 革命和阿拉伯之春十分相似，但就算是在馬格里布[29]，各個國家的結果也不盡相同。社群媒體有時候用完全相反的方式影響社會：社群媒體的熱潮在西方社會造成了文化隔離，但社群媒體的熱潮卻創造了集體溝通的勢力，反對中國政黨組織從內部將國民隔離。

此類現象多數都只是被觀察到，卻未被解釋。直線敘述多半是事後才被建構的。很多重要數位革新（比如爆紅影片或社群媒體）無法賺錢，不過是證明理解數位歷史有多困難的多項證據之一。摩爾定律和它在其他領域進展的廣泛應用，在所有領域最不可預測的地方創造了預測性的幻覺，最不可預測的地方也就是歷史過程。

29.Maghreb，非洲西北部一地區，該地區傳統上受地中海和阿拉伯文明影響，同時也與撒哈拉沙漠以南的黑非洲地區有著密切的貿易往來，因此形成獨特的文化。1989年，摩洛哥、阿爾及利亞、突尼西亞和利比亞四國聯合成立了阿拉伯馬格里布聯盟，其後茅利塔尼亞也加入該聯盟。

如果允許摩爾定律自然地走向終點，這些推論的錯誤就會增加。高峰理論成為文化悲觀主義的傳說。如果允許摩爾定律成為一個有限的法則，數位進展就會被認為是直線的發展，朝向顛峰和終點。但是這不會是現實，因為數位領域並不是有限的資源，而是無限的領域，數學可能性延伸至科學、社會、經濟和政治的類比世界。因為這樣的進步已經不再依賴可量化的基礎和直線敘述，它不會被停止，甚至不會慢下來，就算其中一個力量結束。

　　1972 年，小麥和棋盤問題成為羅馬俱樂部的馬爾薩斯[30]《成長的極限》（*Limits to Growth*）一書的神話根據。摩爾定律的高峰會製造數位領域是一個資源有限世界的幻覺。這個世界末日情境可能會和摩爾定律創造的預測幻覺一樣受歡迎。畢竟，我們從沒看過有傻子拿著「末日不會來臨」的牌子。

30.Malthusian，羅馬俱樂部《成長的極限》一書受到英國人口學家和政治經濟學家馬爾薩斯的人口學原理影響甚多，馬爾薩斯最著名的預言是：人口增長超越食物供應，會導致人均占有食物的減少。

恩尼斯·沛普爾

Ernst Pöppel

心理學家、神經科學家、慕尼黑大學人類科學中心
共同創辦人，著有：《心智運作》（*Mindworks*）。

時間的連續性

艾薩克·牛頓的《自然哲學的數學原理》（*Philosophiæ Naturalis Principia Mathematica*）是現代科學的基礎研究之一，這不但對物理學來說是真的，對哲學和推論的基礎也是。牛頓在「總釋」作了以下註解：「絕對，真實和數學的時間，本質是穩定的流動與外物無關的。」（Absolute, true, and mathematical time, of itself, and from its own nature, flows equably without relation to anything external.）時間連續性的基本概念是以描述物理過程的數學方程式表現的。這個連續性的概念幾乎從沒被質疑過。

牛頓的時間連續性概念也被康德完全接受，康德在他的《純粹理性批判》（*Critique of Pure Reason*）一書中，認為時間是「感知的先驗形式」。我們讀到的翻譯是：「時間並不是以經驗得來的概念，因為如果時間的表達方式沒有被**預設**，那麼同時和先後就不可能被得知……。時間是所有直覺的基礎。」

時間的連續性也隱藏在另一個著名的心理學名言中。威廉·詹姆士在《心理學原理》（*The Principles of Psychology*）一書中寫道：

簡短而言，實際被認知的現在並非刀刃，而是山脊，有著自己的寬度，而我們坐在高處，從此處我們往兩個方向看時間。構成我們時間觀念的單位是期間，有著頭和尾，就像是後端和前端……（我們）似乎認為時

間的間隔是一體的，而時間的兩端深植於其中。

　　我們面對著一個流動時間的觀念：也就是，一個有限期間的時間點在物理時間慢慢移動（而不是跳過），這也是假設時間的流動性。但這是真的嗎？這可以被用來理解中性和認知的過程嗎？

　　這個在生物學和心理學的時間連續性理論概念，通常是絕對的假設或是「未被提出的問題」，這是錯誤的。答案很簡單，看看生物體在物理世界處理訊息以克服複雜性和刺激暫時不確定性的方式，複雜性的來源之一為刺激傳導，刺激傳導在感官種類中，比如聽覺及視覺，多半是不一樣的，在聽覺系統中所需時間少於 1 毫秒，在視覺系統中則是超過 20 毫秒。因此，聽覺和視覺信號在不同時間抵達腦的中心結構。

　　在視覺類型的傳導時間是依變化而定的，這又更添加了複雜性，因為較少變化的表面在表面受體需要較長的傳導時間。因此，看到一個有不同亮度的對象，或是看到某人說話，在視覺類型間部分活動的不同時間可用性，以及在兩個處理刺激類型間相仿的不同部分活動，就必須被克服。感官互相的整合，除了生物物理問題之外，物理問題也必須加以考慮。感知到的對象距離很明顯地不會是預先決定的。因此，聲音的速度（不是光）就成為一個重要的因素。

　　在大約 10 到 12 公尺的距離，視網膜的傳導時間，如果處於最佳視覺狀態，是相應於聲音抵達接收者的時間。在此「同時地平線」（horizon of simultaneity）之下，聽覺訊息會比視覺資訊先抵達，在此線之上，視覺訊息會先抵達腦中。所以，一定有某種機制可以克服在兩種感官類型中的資訊時間不確定性。這個問題如何被解決？最好的方式，就是讓腦不再處於連續訊息處理的模式。

　　腦確實發展了特定的機制以創造系統狀態（可能是使用神經震盪），用

來減少複雜性和時間不確定性，在這樣的系統裡，「牛頓時間」並不存在。在這些系統狀態中，實驗證據顯示，時間和空間分布的訊息可以被整合。這些狀態是「永久的」，因為狀態中刺激的前後關係未被定義或是無法定義。這個生物技巧暗示著時間不是持續流動的，而是從一個永久系統狀態跳到下一個。

安迪・克拉克

Andy Clark

哲學家、愛丁堡大學邏輯和形而上學系主任，著有：
《拓展超級心智》（*Supersizing the Mind*）。

感知和行動的輸入-輸出模型

認為心智是某種認知沙發馬鈴薯的概念應該要淘汰了，這個觀念認為心智是被動的機制，沒事的時候就坐著，等待輸入到來以開始它的一天。當輸入到來時，此觀念認為系統快速轉換成行動，處理輸入，並且準備某種輸出（也就是回應，可能是一個動作或某種決定、分類或判斷）。輸出完成，你腦子裡的認知沙發馬鈴薯再窩回去等待下一個刺激。

真相幾乎是相反的。天生有智慧的系統（人類、其他動物）並不是被動地等待感官刺激。相反地，它們一直都是活躍的，試著在感官刺激抵達之前，預測感官刺激的動向。當一次「輸入」（這本身是個不可靠的概念）發生時，我們積極的認知系統就已經忙著預測它的形狀和代表的意義。這樣的系統已經（幾乎是持續地）準備好要行動，它們需要處理的就只是任何和預測相異的感知。

行動本身需要被重新架構。行動並不是對輸入（「輸入輸出停止」）的回應，而是一個選擇下一次「輸入」精密且有效率的方式，產生一個逐步循環。這些超活躍系統持續地預測它們自己接下來的狀態，並且依此進行以便實現其中某些狀態。這樣一來，我們製造讓我們存活的（吃飽、穿暖和水分充足）感官訊息演化動向，並滿足我們增加的隱藏目標。

身為一個永遠活躍的預測引擎，這些類型的心智基本上不是在解決輸入的謎團。反而，它們讓我們先一步準備好先發制人，並且積極地選擇讓

我們存活和滿足的感官流動。

　　所以，幾乎關於被動輸入輸出模型的每一個層面都是錯的。我們不是認知沙發馬鈴薯，而是積極的預測者，永遠都試著比感官刺激的下一個浪潮搶先一步。記住這一點會幫助我們設計更好的實驗、建構更好的機器人，以及更讚賞結合生命和心智深遠的連續性。

勞瑞・桑托斯
耶魯大學心理學系副教授、比較認知實驗室主任。
塔瑪爾・詹德勒
耶魯大學文森・J. 斯庫利（Vincent J. Scully）講座哲學
教授、心理學和認知科學系教授、人文和行為副院長。

Laurie R. Santos
Tamar Gendler

知道就成功一半了

　　1980 年代的孩子（例如比此書作者年輕的一代），可能對卡通〈特種部隊〉（G. I. Joe）記憶深刻，卡通結尾的比喻（一則老套的公益廣告），在 30 年後，依然是很多 YouTube 影片模仿的對象。在每個道德說教之後，接著是卡通著名的句子：「你現在明白了，知道就成功一半了。」（knowing is half the battle.）

　　對某些領域來說，知道是就成功了一半，但是有很多領域卻不是這樣。最近在認知科學的研究顯示對多數真實世界的決定來說，知道不過是邁向成功時驚人得微小的一部分。你可能知道 19.99 元和 20 元相差不多，但是 19.99 元聽起來還是一個划算很多的選擇；你可能知道囚犯的罪行和你肚子餓不餓沒有關係，但是當你剛吃完點心時，她可能看起來更像是可以獲得假釋的候選人；你可能知道一個申請工作的非洲後裔和歐洲後裔一樣有資格，但是前者履歷的負面部分仍然突出；你可能知道形狀像大便的軟糖還是很好吃，但是你可能會猶豫要不要吃它。

　　較近期的研究在判斷和決策上所帶來的一課是，知識（至少以我們有意識可以取得的情況表現這樣的形式）很少是控制我們行為的核心因素。行為控制的真正力量不是來自知識，而是來自像情境選擇、習慣形成和情緒調節等等的東西。這是治療已經銘記在心的一課，但「純科學」卻繼續忽略。

所以認知科學需要淘汰的觀念，是我們稱為**特種部隊謬論**（G. I. Joe Fallacy）的觀念：認為知道就成功一半。它不只需要從心智如何運作的理論中除去，也需要從試著讓心智運作更好的操作方法中淘汰。

你可能會覺得這是舊聞了。畢竟，過去 2500 年以來的思想家，都已經指出多數的人類活動不是被理性控制的。我們現在不是應該**知道**特種部隊謬論不過就是個謬論嗎？

是啊，我們**知道**，但是……

諷刺的是，知道特種部隊謬論是個謬論，如同謬論預測的，並不會就成功了一半。就像知道人們認為 19.99 元是比 20 元低很多的價錢。就算**知道**左數字定錨效應（left-digit anchoring effect），第一個價錢看起來還是比較好。就算**知道**自我損耗效應（ego-depletion effect），你吃完午餐之後看到的囚犯仍然看起來是更合適的假釋候選人。就算**知道**隱藏的偏見可能會影響你對一份履歷的評估，你依然會認為黑人比白人來得不適任。就算**知道**保羅‧羅津（Paul Rozin）關於噁心的研究[31]，你還是會猶豫要不要從消毒過的馬桶中喝香檳王。

對於多數認知偏見來說，知道不是就成功了一半，包括特種部隊謬論。僅僅只是承認特種部隊謬論存在，並不足夠避免它的力量。

所以現在你明白了。而這離成功還遠呢。

31. 保羅‧羅津教授認為，噁心的觀念比較是文化層面而非科學層面。

傑・羅森

Jay Rosen | 紐約大學新聞學系副教授。

資訊超載

我們應該讓名為「資訊超載」的觀念消失。這是個沒用的觀念。

網路學者克雷・薛基（Clay Shirky）說得很好：「根本沒有資訊超載這種東西。只有過濾器失效。」[32]如果你的過濾器不好，那需要處理的太多，而時間卻太少。這些不是科技推動的趨勢，這些是生命的條件。

在數位世界的過濾器並不是移除需要移除的資訊，而只是不選擇某項資訊。沒有被選擇的資訊依然存在，等著通過其他人的過濾器。我們需要的智慧型過濾器有三種類型：

- 一個了解很多的聰明人，並告訴你需要知道什麼。此人古老的名稱是「編輯」。《紐約時報》頭版仍是使用這種方式運作。

- 一個過濾其它聰明人所做過的選擇的演算法，並排列選項，給你最好的結果。這差不多就是 Google 的運作方式。

- 一個隨著時間了解你興趣的機器學習（Machine Learning）系統，並用愈來愈聰明的方式，為你依序處理和過濾世界。亞馬遜使用這樣的系統。

我知道最好的資訊定義如下：資訊是減少不確定性的方法。這個定義看似簡單。你需要有兩樣東西才能有資訊：一個重要的不確定性（我們明天野餐，會下雨嗎？），以及可以解決不確定性的某樣東西（天氣預報）。

32.原註：http://www.cjr.org/overload/interview_with_clay_shirky_par.php?page=all

但是有些資訊製造了需要被解決的不確定性。

　　假設我們從新聞報導中得知，美國國家安全局破除了網路加密。這是資訊。它減低了美國政府願意付出多少（全部）的不確定性。但是同樣的報導也增加了不確定性，未來是否繼續使用單一網路，當情況更清楚時，為我們帶來更多資訊。所以資訊是減少不確定性的方法，但也創造了不確定性。這大概就是我們說：「它帶來的問題比答案還多」時的意思。

　　過濾不當通常不是因為太多資訊而生，而是因為來了太多既不能減少現存不確定性、又不能提出合適問題的東西。最有可能的解決方式是結合三種過濾器類型：幫我們過濾的聰明人、聰明的人們和他們的選擇，以及和我們以個人方式互動而學習的聰明系統。這個時候，通常有人會大喊：「那意外發現呢？」這是個合理的問題。我們需要能聽從要求的過濾器，但也需要能讓我們無法要求的資訊通過的過濾器，因為我們並不知道這些資訊所以無法要求。過濾不當發生於過濾器太了解我們或是不夠了解我們的時候。

艾力克斯・「山迪」・潘特蘭

麻省理工媒體藝術與科學系東芝講座教授、麻省理
工學院人類動力學實驗室和媒體實驗室創業精神計
畫主持人，著有：《社會物理學》(*Social Physics*)。

Alex (Sandy) Pentland

理性的個人

　　學者提出人們理性的程度，但是理性個人概念真正的問題是，我們的欲望、偏好和決定並非是個人思考的主要結果。因為經濟學和多數認知科學領域認為分析的單位是獨立的個人，他們很難解釋如金融泡沫、政治運動、驚慌、科技趨勢或甚至是科學進步的發展等社會現象。

　　在 1700 年代末期，哲學家開始宣稱人類是理性的個體。被認為是獨立個體，又被稱為是理性的，人們十分開心，這個觀念很快就鑽進了西方上流社會中，幾乎每一個人的信仰系統。儘管教堂和國家不願意接受，理性個人的觀念取代了真理來自上帝和國王的假設。隨著時間過去，理性和個人主義改變了西方知識社會的整個信仰系統，而今天，此觀念也對其他文化的信仰系統做相同的事。

　　最近來自於我的和其他實驗室的研究數據都在改變此論點，我們現在慢慢察覺人類行為也是被社會環境主導的，就像被理性思考和個人慾望主導一樣多。經濟學家使用理性一詞，代表的是一個人知道他或她想要什麼，並且做出行動以取得。但是新的研究顯示在這一方面，社會網絡的影響常常，或是一般而言，主導欲望和個人的決定。

　　最近，經濟學家已經開始採納「有限理性」(bounded rationality) 的觀念，這觀念認為我們有阻止我們實現完全理性的偏見和認知限制。但是，我們對社會互動的依賴，並非只是偏見或是認知限制。社會學習是提升個

人決策能力的重要方法。相同的，社會影響對建構使合作行為成為可能的社會規範，也是相當重要的。我們生存及繁榮的能力是因為社會學習和社會影響，至少和是因為個人理性同等重要。

這些數據告訴我們，我們想要什麼、我們重視什麼，以及我們如何選擇行為而滿足慾望，都是和他人互動而不斷演化的特性。我們的欲望和偏好多數是基於我們同儕社區同意是有價值的事物，而非直接基於我們個人生理欲望或是天生道德的合理反映。

比如說，在 2008 年的經濟大衰退後，很多房價都比房子的房貸還低，研究學家發現只需要幾個人離開他們的房子、不繳房貸，就可以說服很多鄰居也這麼做。這是一個之前被認為幾乎是犯罪或是不道德的行為，故意拖欠房貸，而現在人人都在做。使用經濟學的術語：在多數事物中，我們是集體理性的，只有在某些領域，是獨立理性的。

建構人們的社會學習和社會壓力的數學模型，我和我的同事已經能夠準確地仿造並預測像拖欠房貸潮等的集體現象。重要的是，我們已經發現，使用改變人們關係的社會網絡誘因，是可以塑造真實世界的集體行為的，這些社會誘因比個人經濟誘因要更有效。在一個特別顯著的例子裡，我們能夠使用社會網絡誘因戳破了一個在外匯交易員間的「團體迷思」（groupthink）泡泡，因而讓每位交易員的投資報酬翻倍。

所以，我們有常識而非個人理性。一個社群的集體智慧通常來自於觀念和例子的環流，我們向我們環境中的他人學習，而其他人也向我們學習。隨著時間，一個成員積極和其他成員互動的社群，創造了一個有著共享的融合習慣和信仰的團體。當觀念潮流和持續的外來觀念流量融合時，社群裡的個人就能夠做出比他們獨自決定更好的決策。

在社群內發展集體智慧的觀念不是新的觀念，此觀念也深植於英語中。看看「kith」（親戚、朋友）一字，說現代英文的人最常在「kith and kin」一詞中看到此字。此字由古英文和古德文的知識一字衍生而來,「kith」大概代表一個有著共同信仰和風俗的團結群體。這也是「couth」(有禮貌、文化)的根基,此字代表有著高程度的教養,還有我們熟悉的反義詞「uncouth」(粗魯、沒教養)。因此,我們的 kith 是我們可以學到「正確」行為習慣的同儕圈(不只是朋友)。

我們的祖先了解我們的文化和社會習慣是社會契約,兩者都主要仰賴於社會學習。因此,我們以觀察同儕的態度、行為和結果,而學習了我們多數的大眾信仰和習慣,而不是以使用邏輯或是爭論學習。學習和加強這樣的社會契約,能夠使一個團體的人有效地協調行為。現在該是捨棄個人是理性單位的謊言,並接受我們深植於周遭社會結構中的時候了。

瑪格麗特・李維
史丹佛大學行為科學高等教育研究中心主任、政治
科學教授,與約翰・阿爾奎斯特(John Ahlquist)合
著有:《為他人著想》(*In the Interest of Others*)。

Margaret Levi

經濟人

經濟人是一個老舊又錯誤的觀念,需要一個隆重的葬禮,但不管是否隆重,葬禮一定是需要的。人是個人主義又自私的動物,這沒有錯,並在某些情形下只注重經濟福利。不過就算是那些和此觀念緊密連結的人,也從沒完全相信這個觀念。霍布斯主張人們依照黃金法則做事,但是他們所處的環境可能會使這件事變得困難。若沒有定律法則,在一個竊盜和掠奪的世界裡,人們的行為是防禦性且自私的。亞當・斯密的看不見的手需要個人追求狹隘自身利益,理論認為個人有影響他們思考的情緒、情感和道德。就連米爾頓・傅利曼也不確定狹隘自私的個人主義是對人類行為正確的假設,他不在乎這樣的推測是對或錯,只在乎這是否是有用的推論,而它已經不再有用了。

由**經濟人**假設衍生而來的理論和模型大致都依賴於另一個相同有問題的假設:完全理性。相關聯但互異的科學研究將狹隘自私的動機和理性行為可疑地配對在一起。像尼采的哲學家和像佛洛伊德的心理分析理論學家,都認為人們行為的各種方式或許都可以被解釋,但是這些行為更接近於動物本能,而不是計算過的手段。赫伯特・西蒙(Herbert Simon),當然還有丹尼爾・康納曼(Daniel Kahneman)以及阿摩司・特沃斯基(Amos Tversky)揭露認知限制削弱理性計算的程度。

就算是個人沒辦法做到比「滿意」(西蒙的美妙詞彙)更好,他們仍

可能只注重自我利益，儘管（因為認知限制）無法達成他們的目的。這樣的觀點是**經濟人**的中心思想，也必須要長眠。達爾文和那些受達爾文影響的人，早就知道我們的物種和其他物種一樣，至少在為了保存基因庫而保護下一代這樣的狹隘意義上，是利他主義的。多數的人做得比這更多。大量的實驗研究結果否定了認為只要一有機會，個人就會搭便車的假設。的確，多數人依公平和互助規範行為。很多人會做出小的犧牲或是放棄更大的報酬，有些人甚至為了「做正確的事」，而做出高代價的行為（到一個限度）。人類學家和生物學家早就提出人類是社會動物的證據。了解個人是身處社會網絡（social network）和社區，開啟了更複雜的互助和道德義務模型之門。於是，社會科學家現在可以解釋他們本來無法解釋的各種結果：戰爭時大量自願從軍的人、抗議行為，以及對公共財的貢獻。

駁斥**經濟人**的觀念並不代表狹隘自我利益主導的條件就完全不存在。實驗顯示非常不同的社會化可以製造十分相異的推論：經濟學研究生比起其他學生更有可能搭便車。至少有兩種狀況可以產生個人主義的自私以及顯著地減弱一個人命運共同體的概念，命運共同體指的是那些和你相互依賴的人，以及你覺得有義務幫助的人。第一種狀況是極度貧窮，而第二種狀況是極度競爭。那些受飢餓和匱乏之苦的人，通常都只注重滿足自己的需求。就像越來越多反烏托邦小說描述的，結果可能是為了取得食物、庇護所和安全而出現了竊盜和謀殺。對老鼠的經典實驗也得到了相同的結論。

在最低限度下，極度競爭只注重於眼前的目標。但是，在某些形式中，爭取要當成功的人，或是有時真的要成為國王，都引起某種相似於霍布斯主義世界的東西。莎士比亞一如往昔地捕捉了環境和野心的力量，莎士比亞版本下的玫瑰戰爭證實了偽裝成為服務國家言語的狹隘自我利益手段。或是目睹了商業道德（或者其實是缺乏道德）最近的真相。

人們常常（甚至或許多半）都願意做出比滿足狹隘自我利益更多的行

為，這和激勵行為中物質鼓勵的重要性是完全相符的。我們容易受到獎勵的影響，也都害怕懲罰；**其他條件均相同時**，我們偏好獎勵並避免懲罰。但是，道德、倫理和互助的義務可以影響我們的決定，即便這牽涉到大量金錢，或是對我們本身有嚴重威脅。很少人願意為一個目標或是原則犧牲一切，但是我們多數的人都願意做一些犧牲。

仰賴**經濟人**為人類動機的基礎，已經在過去 200 年中，帶來了很多主要理論和研究。作為一個基本假設，此觀念也帶來了一些經濟學中最好的研究；作為一個比較的觀念，它帶來了關於認知限制、社會互動角色，以及以道德為基礎的動機的研究結果。經濟人概念的力量曾經輝煌，但是它的力量現在已經黯淡，並被更新、更好的規範和方法取代，這些規範和方法是根據對人類行為來源更實際且科學的理解。

理查・賽勒

芝加哥大學布斯商學院查爾斯・R. 沃格林（Charles R. Walgreen）傑出服務行為科學和經濟學系教授，與凱思・桑恩坦（Cass R. Sunstein）合著有：《推力：決定你的健康、財富與快樂》（*Nudge: Improving Decisions About Health, Wealth, and Happiness*）。

Richard H. Thaler

別捨棄錯誤理論，別把它們當真就好

我對 2014 年的 Edge 題目有疑問，所以我的答案是回答一個有些不同的問題。我猜這個題目是要我們指出有些已經明確是錯誤的或是無用的觀念，因此必須從我們的科學辭典中移除。經濟學中一定有很多是錯誤地描述經濟主體行為的理論、假設和模型，所以你可能認為我有很多需要被淘汰的觀念。可是我沒有。多數理論雖然對現實的描述顯然是差到不行，作為理論基準卻十分有用。因此，放棄它們就是個錯誤。

在舉出幾個具體的例子之前，我應該強調，在經濟學中，理論通常有兩個目的：第一是「規範」，也就是理論定義一個理性主體**應該**做什麼；第二個是「描述」，也就是理論應該是一個描述公司實際如何運作的準確敘述。經濟學家使用相同的理論以達成兩個目的，這就產生了問題。

看看效率市場假說（Efficient-market hypothesis，EMH），由我芝加哥大學的同事尤金・法馬（Eugene Fama）首度提出，他最近得了諾貝爾獎。這個理論有兩個組成部分：第一個是價格無法預測，而且你無法打敗市場。我稱此為效率市場假說的天下沒有白吃的午餐部分。第二是資產價格等於基本價值。我稱此為價格正確部分。自從效率市場假說被提出以來，此假說一直被用來作為基準，是金融經濟學研究中的虛無假設（null hypothesis）。在一個只有理性投資者的世界中，這兩個部分都敘述得十分準確，但是我們當然不是住在這樣的世界裡。這個理論在真實世界適用嗎？

如果要我驗證天下沒有白吃的午餐部分的理論，我的評分是「幾乎是真的」。打敗市場是很難，多數嘗試的人都失敗，包括專業共同基金經理人。天下沒有白吃的午餐部分只是「幾乎是真的」，是因為有時候你**可以打敗市場**，比方說，購買價格比利潤或資產低的「價值股」（value stock）。當然，購買追蹤市場的指數型基金（index fund）策略，對投資者來說是更明智的方式，所以相信理論的這一部分不會造成什麼傷害。

理論的第二部分，也就是價格正確部分，更加重要也更有問題。最近的兩個事件，1990 年代後期的科技股泡沫，和 2000 年代早期的房地產泡沫，顯示了價格可以和其內在價值（intrinsic value）相差甚遠。已故的財經學家、著名布雷克－休斯選擇權評價公式（Black-Scholes option-pricing formula）的共同發明者，費雪・布雷克（Fischer Sheffey Black）曾經推測資產價格可以和它們的真正價格相差兩倍之多。如果布雷克活著目睹科技泡沫破滅時，那斯達克指數從 5000 點跌至 1400 點，在 1995 年逝世的他可能會將估計值修改為 3 倍。十幾年後，那斯達克指數現在只達到 4000 點，還沒有計算對通貨膨脹的調整。

效率市場假說的兩個部分，一個是錯了一部分，一個是錯得嚴重，我們應該要捨棄這個理論嗎？不行。如果沒有效率市場假說，沒有任何行為金融學研究學家所做的研究是可能的，這也包括我的同行羅勃・席勒（Robert James Shiller），他在 2013 年與法馬、拉爾斯・漢森（Lars Hansen）共同獲得諾貝爾獎。席勒早期的研究發現和被認為是理性的模型相比，價格變動太大。

所以，如果不應該排除效率市場假說，那我們應該改變什麼？我提倡的改變是廢除認為此理論為真的假設。聽到了席勒於 1996 年提出的過熱市場警告後，亞倫・格林斯潘（Alan Greenspan）認為聯邦儲備系統不應採取任何行動的部分原因是，效率市場中不可能有泡沫。就連最高法院在 1998

年的貝斯克訴文森案中（Basic, Inc., vs Levinson），都判決原告可以依照效率市場假說，而對公司的不當行為提出告訴。

這裡的問題是使用這個概念的人忽略了「效率市場假說」一詞的最後兩個字。同樣的錯誤也發生在另一個諾貝爾獎得主的理論：弗蘭科·莫迪利安尼（Franco Modigliani）的生命週期假說（life-cycle hypothesis）。假說認為，人們算出一生中會賺多少錢、他們會從投資中轉取多少、他們會活多久，然後找出當他們在存錢時，每一年應該儲蓄的最佳金額；相同的，一旦他們退休，該如何花費其資產。我再重申一次，這是一個有用的基準，在建議人們應該為退休存多少錢時，可以非常有助益。

拋棄這個理論是一個錯誤，但是假定它是對的就是更大的錯誤。此假說與事實相反地假設人們有能力解決十分困難的數學問題，並且能夠執行這樣的計畫，而一生都不會被購買慾望所誘惑。假定此理論是真的造成很多經濟學家自信滿滿卻錯得離譜地預測，提供人們像401(k)退休福利計畫的退休金帳戶計畫，對儲蓄是沒有影響的，因為人們已經在存取正確的金額數量，所以這不過是將他們的存款移至一個新的稅收優惠計畫裡，花政府的錢，但不會製造更多存款。另一個相似的假設則錯誤地預測，自動註冊計畫參與者等小型改變不會對行為造成任何影響。

讓這些還有其他錯誤的理論和假說活下來，但是記住它們只是假說，而非事實。

Susan Fiske

蘇珊・費斯克

普林斯頓大學心理學和公共事務學系尤金・希金斯（Eugene Higgins）講座教授。

理性決策模式：能力必然結果

認為人們主要是為了滿足狹隘的自我利益而運作的觀念已經失敗了，就如同社會心理學和行為經濟學已經展現的一樣。我們知道人們不是理性的行動者，而是常常以本能運作、根據偏見，或是單憑直覺。但是，這仍然不足以讓我們變成機器人，或是接受我們是有缺陷的。理性決策的必然結果應該要長眠了，也就是認為我們只需要有更多能力。就算不是傳統經濟學家的一般人有時候也會認為，只要有競爭力強的能力就足夠了，不管是工作上、市場上、在學校，或甚至是在家裡。

天分和解決問題的能力當然重要。但光是這樣還是不夠。我們是社會動物，比起自然環境或是人工建造環境，我們更是深處於人類環境中。如果其他人是我們的生態區位（ecological niche），那我們必須要了解如何和他們相處。我們以了解其他人的兩種東西來達到上述目標：不只是「他們能力有多好，可以讓他們前往他們想去的地方？」還有，「他們想要去哪裡？」

人們是自我驅動主體的奇蹟。人類理解他人的意圖不是沒有原因的。我們需要，我們的祖先也曾需要，知道他人對我們是否有善意的或是惡意的意圖。在我的世界裡，我們稱其為人的溫暖，其他人也稱它為可靠、道德、集體性或是好的意圖。

如果人們可以表現出，他們是溫暖又有能力的，他們在社會生活中就

會最成功。這不是說我們總是正確的，但是意圖和努力是有的。這也不是說愛就足夠，因為我們需要證明自己可以根據好的意圖行動。溫暖和能力的組合支持短期合作和長期忠誠。最終，是我們接受人們以感情和心智**兩者**存活和蓬勃發展的時候了。

麥特・瑞德里

科學作家、國際生命中心（International Centre for Life）
創辦主席，著有：《世界，沒你想的那麼糟！》（*The Rational Optimist*）。

Matt Ridley

馬爾薩斯主義

T. 羅伯特・馬爾薩斯（T. Robert Malthus，他使用中間名）認為人口一定會超越食物的供應，除非飢荒、疾病和戰爭發生。所以他警告人們晚婚，不然就必須「冒著瘟疫再次發生的危險」，以及「住在泥濘、對健康無益的環境下。」[33] 我的天啊，很多人一定會開心地接納這個觀念，必須要殘酷，才能防止人口成長過快而超越食物供應。此觀念直接影響了在殖民時期愛爾蘭、英殖印度、帝制德國、優生學加州、納粹歐洲、林登・詹森（Lyndon Baines Johnson）的印度支助，以及鄧小平中國等殘忍的政策。宋建（Song Jian）在接觸了羅馬俱樂部（Club of Rome）的馬爾薩斯主義《成長的極限》一書後，向鄧小平建議一胎化政策。馬爾薩斯主義的厭人欲望仍然存在，在科學中更是太常見。

但是馬爾薩斯的追隨者大錯特錯：不只是因為他們運氣不好，世界其實比他們想像得更好；不只是因為讓嬰兒存活證實是比讓嬰兒死去更好的降低出生率的方式；不只是因為科技拯救了世界，而是因為馬爾薩斯主義者一直錯誤地認為資源是不變的，是會「用完」的有限東西。他們認為成長代表用完固定量的土地、金屬、水、氮氣、磷酸鹽、油等等。他們認為小牛出生是好事，因為牠增加了世界的資源，但是嬰兒出生是壞事，因為多了一張嘴要吃飯。

33.原註：*An Essay on the Principle of Population*, Book IV, Chapter V.

他們完全誤解了資源的本質，資源之所以成為資源，全都是因為人類的聰明才智。所以，二氧化鈾在核能之前並非資源；頁岩油在水平壓裂之前不是資源；鋼在電弧爐（electric-arc furnace）之前也不是可以回收的；空氣中的氮在哈柏法之前也不是資源。土地的生產力被肥料轉變，所以全球目前使用的土地，比 50 年前少了 65%，生產的食物量卻是相同的。一個嬰兒也是資源，是一顆頭腦跟一張嘴。

少數經濟學家，比如朱利安・賽門（Julian Simon）和比約恩・隆伯格（Bjørn Lomborg），都嘗試向馬爾薩斯科學家指出上述論點，並爭辯經濟成長並非資源的累積使用，而是生產力的增加，用更少量而做到更多，但他們都被認為是傻瓜，並且因為這些觀點而受到攻擊。可是他們一直是正確的，因為人口和繁榮一起成長到馬爾薩斯主義者說的數量是不可能的事。「假設農業產量會增加到可以滿足食物的預測需求是不切實際的」，很多知名科學家在 1972 年的英國書籍《生存的藍圖》（A Blueprint for Survival）中如此認為。雷斯特・布朗（Lester Brown）在 1974 年提到，「農夫無法跟上不斷上升的需求，因此未來就會面臨資源逐漸變少以及價格上漲」，飢荒就不可避免。（世界食物產量從那時加倍，而飢荒除了被獨裁者創造之外，已經成為歷史。）

世界人口在這個世紀末前，幾乎一定會停止成長。假如我們還沒有已經超過農田高峰（peak farmland），那也已經很接近了，也就是說，我們使用更少量的土地種植更多食物，所以我們需要更少的土地而不是更多。重要的是，由核能站驅動的電動汽車是無限的資源。世界隨時都在改變是一個活力充沛、充滿本能的地方。現在是時候淘汰以數學家馬爾薩斯牧師為名而產生的停滯不前、短視、厭人的錯誤了。

凱薩・伊達爾戈
Cesar Hidalgo
麻省理工媒體實驗室助理教授、哈佛大學國際發展
中心教師助理。

經濟成長

　　經濟成長是那些沒人想反駁的概念之一，就算是它的批評者都無法避免使用。人們談論綠色成長、永續成長，在最極端的例子裡，還談論逆成長（de-growth）。

　　但是經濟成長作為一個概念及現實，卻是最近的事。對經濟成長的現代評估還不到百年之久，此觀念回溯到 1930 年代顧志耐（Simon Kuznets）發明國內生產毛額（GDP）的時候。經濟學家多半同意經濟體在 19 世紀之前並沒有成長，因此經濟成長作為一個現象，也是最近的事。

　　就像很多人一樣，我相信經濟成長的觀念該淘汰了。留下來的問題是，什麼觀念會取代它，因為經濟成長將會在大眾言論中留下一抹空白，不管是政治競選的重要部分，或是新聞媒體的重複主題。但是經濟成長不可能永久持續。如果美國的平均每人國內生產毛額在未來的一千年，每年小幅度地實際增加 1%，那到了 3014 年，美國人平均每年將製造 11 億美元的驚人數額。對這個數字一個更合理的解釋是，考慮上個世紀的成長是 S 型曲線的一部分，是一個階段轉變。這代表在這一千年中成長會逐漸停止，要不然我們就是在評估錯誤的東西。不管怎樣，我們都可以總結，經濟成長的觀念不再適用。

漢斯・奧瑞奇・奧伯里斯特

倫敦蛇行畫廊館長。與雷姆・庫哈斯（Rem Koolhaas）合著有《日本計畫：代謝派訪談》（*Project Japan: Metabolism Talks*），編有：《動手做：藝術概要》（*Do It: The Compendium*）。

Hans Ulrich Obrist

無限制和永恆成長

我在 1980 年代晚期學習政治經濟時，被生態學和經濟學先驅漢斯・克里斯多福・賓斯旺格（Hans Christoph Binswanger）深深激勵，他現在已經 80 多歲了，重新被年輕一代的藝術家和積極分子（比如提諾・賽格爾〔Tino Sehgal〕）探討，賓斯旺格常常被認為是對他們產生影響的人。

賓斯旺格研究的智慧是，他很早就認為無限成長是不可能持續的，不管對人類或是星球而言。他指出，目前主流經濟學太注重勞工和生產力，而不注重自然和智慧資源。依賴無限成長是不切實際的，就如同在每一個牛市週期後所產生的危機告訴我們的一樣。

賓斯旺格的目標是審視經濟學和煉金術之間的歷史關係，以調查美學和經濟價值之間的異同，（剛開始）聽起來古怪，但是也是有趣的。在賓斯旺格 1985 年《貨幣與魔法》（*Money and Magic*）一書中，他提出無限制成長這樣自以為是的觀念，是如何從煉金術的中古世紀思想流傳下來的，煉金術是尋找能夠將鉛變為金子的過程。

賓斯旺格研究的一個重點是歌德（Goethe），特別是歌德在威瑪法院擔任財政部長時，對於塑造社會經濟學所扮演的角色。在歌德的《浮士德》一書中，與書同名的角色浮士德以無限過程的方式思考，而梅菲斯特（Mephisto）則發現此觀念有害的可能性。在此劇第二部的開頭，梅菲斯特力勸一位因政府揮霍錢財，而面臨財政困難的國王發行本票，因此解

決了國家的債務問題。賓斯旺格自小就受浮士德的故事深深吸引，在他的研究中，他發現歌德在劇中引進紙幣的靈感，是來自於蘇格蘭經濟學家約翰・羅（John Law）的故事，羅在1716年首建發行紙幣的法國銀行。值得注意的是，在羅的革新之後，奧爾良公爵開除了所有的煉金術士，因為他發現紙幣馬上就可以使用的特性，比任何轉鉛為金的嘗試都更厲害。

賓斯旺格也以創新的方式連結金錢和藝術。他指出，藝術是根據想像力的，也是經濟的一部分，當一家銀行以紙幣或錢幣的形式製造金錢時，這個過程是和想像力連結的，因為它是根據引進一個尚未存在的東西的概念。同時，一家公司製造某種商品，並需要金錢才能製造，所以公司向銀行貸款。如果產品賣出去了，那一開始被製造的「想像」金錢就和真正的產品等值。

在經典經濟理論中，這樣的過程可以無限持續。賓斯旺格在《貨幣與魔法》中認為，這樣無限的成長發揮了類魔法的魅力。他創造了一種用來思考蔓生資本主義成長問題的思維方式，鼓勵我們質疑經濟學理論，以及接受理論和真實經濟是不一樣的。但是他沒有建議駁斥市場批發，反而，他建議節制市場需求。因此，市場不需要消失或被取代，而是可以被理解為一種為了人類目的而被使用而非被遵守的東西。

另一個理解賓斯旺格觀念的方式是：對多數的人類歷史而言，一個基本的問題是物質商品和資源的稀少，所以我們在製造方法上，變得更有效率，並且在我們文化中創造了將物體重要性奉為神聖的習慣。不到一個世紀以前，人類以自己掠奪性的產業製造了改變世界的轉變。我們現在住在一個商品過剩而非商品稀少的世界，這是我們根本的問題之一。但是我們的經濟以鼓勵我們每年製造更多的方式運作。於是，我們需要文化形式，讓我們能夠過濾商品過剩，而我們的習慣再次地導向非物質、導向質量而非數量。這需要改變我們的價值觀，從製造物體轉變為從已經存在的物體中選擇。

魯卡・迪拜瑟

Luca De Biase

記者、《24 小時太陽新星報》（Il Sole 24 Ore Nova 24）編輯。

共有財悲劇

　　共有財悲劇（tragedy of the commons）結束了，感謝已逝的諾貝爾獎得主伊莉諾・歐斯壯（Elinor Ostrom）。但是一個十分必要的葬禮還沒有舉行。因此，這個由加勒特・哈丁（Garrett Hardin）在 1968 年著名文章中所提出的理論[34]，雖然現在已被反對，有些因理論而生的結果仍必須被完全理解。這很急迫，因為有些我們現在面對的問題和共有財十分相關：氣候變遷、網路隱私和自由的議題、科學知識的著作權和公共領域之間的選擇。

　　共有財當然可以被過度利用。但是哈丁理論錯的是「悲劇」的概念：使用悲劇一詞，哈丁暗示某種命運會使得共有財被用盡。哈丁認為，一群數量夠多、可以自由選擇的理性個人，必然會以造成共有財耗損的方式行為，因為自由和理性的個人總是會賺取個人的最大利益，並且和大家分攤成本。歐斯壯已經證明悲劇命運不一定會發生。她發現，在世界上驚人數量的案例中，社區都以永續的方式管理公地，充分利用卻沒有耗損公地。

　　歐斯壯對公地基於事實的解釋方法，也有很多好的理論。歐斯壯認為，公地永續的先決條件是法律的合理性、集體和民主的決策方式、衝突管理的地方和公有機制，以及各個政府層級間均無衝突。這些先決條件在

---

34 指哈丁在《科學》期刊發表的〈草原悲劇〉（The Tragedy of the Commons）。文中寫道，有一群牧人住在一片肥沃青翠的草原上，根據傳統，所有人都可以到草原上放牧。但放牧者只想到要餵飽自己的牲畜，卻沒有考慮到別人。最後，放牧的牲畜愈來愈多，草原也日益耗竭，終至消失；一旦草原消失，牧群必定也會消失，於是悲劇便誕生了。

很多情況下存在，而且也沒有悲劇發生。了解公地的文化，是讓永續行為合理的環境。

哈丁在冷戰時發展的觀念，是受到意識形態二元論的影響。就像歐斯壯在她的諾貝爾獎研究中所提到的，公地不適合存在於一個「**市場**和**國家**的兩分法世界」。私人財產和解制，以及國有財產和規範被視為僅有的兩種方法時，共有財是一個失敗的系統，注定成為過去。

但是網路已經成為歷史上最大的知識共有財。爭辯網路是一個失敗的系統很困難。過去的 20 年，網路的共有財已經改變了世界。當然，網路可以被大型公司或是國家特勤局利用。但是沒有悲劇的命運會使得網路崩壞。要拯救網路，我們可以開始了解並保存網路規則，比如網路中立（net neutrality）、多重利害關係人治理（multi-stakeholder governance），以及透明化執行這些規則和治理。維基百科已經證明這是可能的。

沒有悲劇，但是有衝突。接受一個採納歐斯壯複雜經濟系統多核心治理概念的想法，這些衝突會更容易被理解。只了解在國家規範和市場自由間的衝突，當你考慮氣候變遷和其他環境議題時，此封閉的想法似乎更加危險。就環境而言，共有財的觀念似乎比其他概念更有效。這不能保證一個解決方法，但是這是一個更好的起始點。「共有財悲劇」現在已經成了喜劇，但是如果我們不結束它並繼續向前，這會是一齣哀傷的喜劇。

麥克・諾頓

哈佛商學院行銷部門企業管理學系副教授，與伊莉莎白・鄧恩（Elizabeth Dunn）合著有：《快樂錢》（*Happy Money*）。

Michael I. Norton

市場是壞的；市場是好的

市場可以有糟糕的後果。舉一個例子。在一個精巧的實驗中，學者發現，人們進入一個家畜被標價為商品的市場時，較可能貶低那些動物的生命，僅僅認為那些生命是獲得利潤的機會。

市場可以有振奮人心的後果。舉一個例子。在一連串調查中，學者發現效率市場幫助發展了無數救命的藥物（儘管有時候政府也幫了一點忙），讓數十億生命活得更好。

但是在科普文章中，市場不是被形容為邪惡及本質上有缺陷的（偏左派的專家和學者），就是完美且自我更正的（偏右派的專家和學者），很難看到前述兩者之外的敘述。現在該讓這兩個理論都消失了。

往後退一步，看看市場本身的樣子，就是一群個人的集合，這顯示市場不可能是好的或是壞的。用另一個個人集合的簡短詞彙「團體」來取代「市場」：。我們不認為團體是好的或是壞的。團體能夠是非常地無私、慷慨和英勇的，他們也能夠是自私、貪婪和殘酷的。他們能夠有令人驚訝的表現（試想貝爾實驗室〔 Bell Labs 〕），他們也能夠有糟糕的表現（試想那些你曾是成員之一的眾多失常團體）。

想到團體時，我們思考的是那些可能影響他們做出好或壞行為的條件，而通常不去思考他們是否可以自我更正，或是長時間都表現良好，或者（最重要的）天生是好的或天生是壞的。將相同的邏輯適用於市場上，

將會幫助我們發展一個更豐富、準確的理論，知道何時以及為什麼市場可能會有糟糕或振奮人心的結果。

格利歐・波卡勒堤

Giulio Boccaletti

物理學家、空氣和海洋科學家，以及美國大自然保育協會常務董事。

穩定性

　　當納巴泰人（Nabataeans）的古老都市佩特拉（Petra）在 1800 年代早期被約翰・伯克哈特（Johann Burckhardt）「重新發現」時，似乎無法想像任何人可以住在如此乾旱的地方。但是在西元前一世紀的頂峰時期時，佩特拉是強大貿易帝國的中心，也是多達 3 萬人的家。

　　佩特拉的存在證明了供水管理可以在極端環境下支持文明的發展。世界上的這個地區，現今是約旦哈希姆王國，每年只靠不到 70 毫米的雨量存活，而雨量則多半集中在雨季的幾場雨中。兩千年前的氣候也相同，佩特拉卻活了下來，感謝由石頭建造的地底蓄水池、梯形斜坡、水庫和輸水道，它們儲存水並從湧泉和逕流運送水。因為這項建設，佩特拉能夠種植食物、提供飲用水，以及支持一個繁榮的城市。

　　這個故事和現今世界上很多其他地方都一樣。美國西部、中國北部、南非和旁遮普邦，這些區域都蓬勃發展，感謝人類的足智多謀和水工程，讓人們克服了困難、有時候不可能的水文學困境。

　　不管納巴泰工程師知不知道，製造可靠的供水基礎建設，他們仰賴（就像所有自古以來的水工程師一樣）水文事件的兩項假定特性：穩定性（stationarity），以及不太尋常的遍歷性（ergodicity）。兩個概念都有定義良好的數學意義。簡單來說，穩定性意味著一個隨機事件的機率分布是獨立於時間之外的。而一個穩定的過程是遍歷的，假如在一段夠長的時間

中，所有可能的狀況會出現。

　　實際上，這讓我們假設，假如我們觀察一個事件夠久，我們也有可能已經目睹了足夠的行為，可以代表在任何時間點的基本分布功能。在水文學的例子裡，穩定性讓我們使用像「百年一次」洪水的時間統計定義事件。

　　水文學可以被穩定過程代表的假設，讓行為可以在未來被透徹理解的建設設計成為可能。畢竟，像水庫、防洪堤等供水基礎建設都持續數十年、甚至數個世紀，所以它們必須被建構成能承受多數可預測事件，這是很重要的。這也讓納巴泰、中國、美國、南非和印度水工程師能夠設計他們可以合理依賴的水系統。而那些系統目前為止都是成功的。

　　穩定性提供了一個便利的簡化策略：未來的供水管理計畫可以根據於過去水文學的一段足夠長的歷史時間，因為過去就是一個（大約是）固定機率分布的一連串實現代表。但是在真實世界裡沒有反事實，而單一實驗總是在運作，這樣的假設直到被證明是為假的之前都是真的。我們現在知道它們事實上**是**錯的。不只是理論上錯誤，實際操作上也有缺陷。

　　愈來愈多最近的觀測都支持我們的假設固定的機率分布其實不是固定的觀念。它們在改變，且改變快速。很多以前是百年一次的事件，現在更可能是 20 年一次。乾旱曾被認為是十分罕見且不可能發生的，現在卻愈來愈常見。氣候的快速變遷，加上更敏感的全球經濟，更多人和價格都處於風險，這都顯示了我們不住在一個像我們認為那麼穩定的世界。而為了那樣的世界設計、並計畫持續數十年的建設，已被證實愈來愈不適合。

　　對我們和地球的關係以及地球的水資源來說，這樣的影響是重大的。一個大體上穩定的環境可以被「操控」，只要我們可以定義我們想要什麼，並有足夠資源支付，就有人會把它做好。在一個不穩定的世界是不一樣的。供水管理的問題不再和氣候分隔，因為氣候在實際時間規模上不再是持續的。我們面臨未知的變化。過去不一定是未來的指引，我們也不能只

仰賴「有人會把它做好」。「它」不再只是工程的問題。氣候學、水文學、生態學和工程在管理一個動態問題時，都成為了相關的工具，而問題的本質需要適應性和復原力。我們的經濟體應該要準備好適應，因為不能期望長期建設管理它不是被設計來管理的東西。

　　到了西元一世紀，納巴泰人已經融入了羅馬帝國，接下來的幾個世紀，他們的文明凋零，成為貿易路線改變和地理政治變化的受害者（也證明了水雖然可以支持文明的發展，對文明蓬勃發展卻是不夠的！）。現今在世界上，我們有數百個像佩特拉一樣的城市，仰賴建構的供水基礎建設以支持成長。從洛杉磯到北京、從鳳凰城到伊斯坦堡，世界上重要城市依賴穩定的水資源，而不顧不可靠的水文學。

　　如果穩定性是存在於過去的，那供水管理就不再是「專家們」[35]的事務，是可以在私下被處理好的事情。我們必須考慮選擇，對於沒有經歷過的事件，需要有應變計畫，並知道我們可能是錯的。我們必須從管理水資源邁向管理風險。

35.white coats，指的是醫生或科學家所穿的白色實驗衣，意指專家或權威。

羅倫思・史密斯

加州大學洛杉磯校區地理學系教授兼系主任、地球
與空間科學系教授,著有:《2050人類大遷徙》(*The World in 2050: Four Forces Shaping Civilization's Northern Future*)。

Laurence C. Smith

穩定性

　　穩定性,假設自然世界現象和不會隨著時間變化的統計不確定性固定量浮動,是一個廣為應用的科學概念,但應該要去掉了。

　　它有過一段好時光。100多年來,穩定性被使用來在無數關於公共財的決定。在易受野火、水災、地震和颶風影響的地區,它指引了籌畫和建構的法規。它被用來決定房屋如何建造、在哪裡建造,橋的建構強度,以及人們應該付多少房屋保險保費。作物產量能被預測,在已發展國家裡,為了預防災難性的失敗,對作物產量有防護措施。更多的氣象站和河流流量測量被建構,已累積更長期的數據紀錄,我們做出此種計算的能力愈來愈好。這拯救了生命和節省了一大筆錢。

　　但是愈來愈多的研究顯示,穩定性通常是例外而非常規。新衛星科技掃描地球、愈來愈多地質紀錄被挖掘,以愈來愈多的儀器記錄,它們普遍都顯示模式和結構是與隨機訊號的固定量不一致的。反而,在轉移至類穩定狀態時會遇到變化,每個變化都有不同組的物理條件和相關的統計特性。舉例而言,在氣候科學中,我們發現了長達數十年的模式,比如太平洋年代際震盪(Pacific Decadal Oscillation,PDO),一個在北太平洋和聖嬰(El Niño)相似的現象,對持續數10年之久的平均氣候引發的深遠變化(比方說,在20世紀時,太平洋年代際震盪在1922年至1946年,以及1977年至1998年間,經歷了『暖相位』期間,在1947年至1976年間,經

歷了『冷相位』期間），對水資源和漁業造成很大的影響。因為我們穩定增加空氣中的溫室氣體而創造的人為氣候變遷，定義上來說完全是和固定、穩定相反的過程。這危及了很多社會風險的計算，因為當過去的統計機率失效，我們就進入了一個在預期和理解規範以外運作的世界。

這樣的認知在科學家之間並不是新聞，但是進入實際世界卻驚人地緩慢。比如說，就算對氣候變遷的體認和接納已經增加，穩定性仍繼續是水資源風險評估和策劃的預設假說。洪氾區管制（Floodplain zoning）繼續以100碼和500碼洪水等穩定性概念設計，儘管已經知道土地使用變化和都市化對水逕流的影響，以及人為氣候變遷可能造成的影響。世界上的土木工程業和管制機關都遲遲未接受這些改變，也還未找出新方式來應對這些改變。但是可行的替代方案是存在的，比如說，使用預防的、無遺憾的「可能最大洪水」（probable maximum flood, PMF）方法來設計水庫和橋，並且在社會風險計算中結合更有彈性的「主觀貝氏法」（subjective Bayesian）機率。

我們可以做得很好。穩定性不再有用，尤其是在對世界水、食物安全和氣候上的理解。

丹尼爾・高曼

心理學家，著有：《專注的力量：不再分心的自我鍛鍊，讓你掌握 APP 世代的卓越關鍵》(*Focus: The Hidden Driver of Excellence*)。

Daniel Goleman

碳足跡

在倫敦買洋芋片，包裝上的數字會告訴你洋芋片的碳足跡（carbon footprint）等於 75 克碳排放量。這個數字有兩個很棒的功能：它讓洋芋片的生態影響透明化，並將學習這項影響的認知成本降為零。這些碳足跡比率，理論上來說，讓顧客偏好衝擊較小的產品，讓公司在營運上也會這麼做。挺不錯的。但是打算要動員大眾以開始我們需要的大型改變的碳足跡概念，忽略了人類動機的根本，也就是總是拖延改變，而非鼓勵改變。

我們現在應該不要再談論碳足跡了，用一個更精確方法測量人類活動在行星系統，對存續生命造成的負面影響，來取代碳足跡概念。既然我們在談論碳足跡，對「碳足跡」這個概念的任何一種形式都要謹慎一點，這些數字很令人洩氣。更激勵人心的替代方式已經準備好被使用：碳手印。

第一，延伸的足跡。關於全球暖化的對話和補救方法都緊密地注重在我們活動和能源系統的碳影響上，以碳足跡測量，但這樣的焦點扭曲了對話。技術上來說，碳足跡代表在某個活動、系統或是產品中，溫室氣體排放量的總全球暖化影響。二氧化碳是溫室氣體的典型代表，其他氣體包括甲烷、一氧化氮和臭氧（另外還有蒸發的水，或水的濃縮形式雲）。為了要製造一個溫室氣體效應的標準單位，所有不同的排放氣體都被轉換成二氧化碳的相等值。

這是合理的，但卻不夠：為什麼只用碳？還有好幾個星球大的系統都

維持著生命，氣候變遷只是人們傷害地球無數種方式中的其中一種。另外還有生態系統破壞、湖泊和海洋的酸化作用、生物多樣性的喪失、氮和磷的循環、空氣、水和土壤中的微粒含量的危險、人造化學的汙染，以及更多。

所有這些問題會發生，幾乎都是因為人類的能源、運輸、建設、產業和商業系統，是建構於衰減那些全球系統的平台之上。計算某個活動的總生態足跡提供一個更準確的方式，來測量我們多快耗盡所有存續地球生命的全球系統，而不只是碳循環。

這樣的評估方式從產業生態學中的新科學而生，一個像物理學、化學和生物學的硬科學，加上產業工程和產業設計的實際應用的混合物。這樣的生態數學幫助我們了解原本未察覺的影響。比如，當產業生態學家測量如果回收塑膠優格罐，你可以補救了多少碳足跡，結果大約是優格罐碳足跡的 5%。優格罐多數的碳足跡來自於消化牛時釋放的甲烷，而不是塑膠罐。

第二，還有動機的問題。演化塑造人類的腦以幫助我們的祖先在掠奪者是明顯威脅的年代存活。我們的感知系統並沒有和威脅行星支持系統的宏觀或微觀改變的信號相協調。當這些威脅發生時，我們受系統盲目所苦。碳足跡提供了認知的變通方法，幫助我們做出對地球好的決定，它們卻也常常產生令人遺憾的心理影響：了解我們對地球做出的傷害是難過且喪氣的。公共衛生等領域的研究指出，這樣負面的訊息造成很多或多數人的不聞不問。最好提供正面的內容，而不是讓我們覺得丟臉或是嚇唬我們。

加入「碳手印」，這是我們降低碳足跡的所有方式。計算碳手印，先以碳足跡為基準，再進行下一步：評估因為我們做的好事而被改善的數量，回收、重複使用、騎腳踏車代替開車。說服他人也做一樣的事；或是發明一個可以取代高碳足跡科技的替代品，比如用稻殼和菌絲體所做的保麗龍

替代品，而不是用石油。

　　碳手印計算使用和碳足跡相同的方式，但是將總數重新建構為正面的價值。持續增加你的碳手印，你就穩定地減少你對地球的負面影響。讓你的碳手印比碳足跡大，你就是在存續地球，而非傷害它。這樣正面的詮釋，動機研究告訴我們，將更有可能讓人們向目標前進。

史都華・皮姆

杜克大學保育生態學系桃樂絲・杜克講座主席，
著有：《科學家審計地球》(*A Scientist Audits the Earth*)。

Stuart Pimm

無限的科學和技術樂觀

　　科學和技術為我們的生命帶來了驚人的改善，還發它們牢騷似乎不禮貌。我比大多數的人都還要了解它們帶來的益處。我的領域是「另外一半」存在的地方，世界上多數的人口都太貧窮，沒有安全的飲用水、抗生素，也沒有太多電（如果有的話）。我回到家，可以打開開關、打開水龍頭、到哪去都可以帶著賽普沙辛（ciprofloxacin）抗生素。就如同天擇挑出過去的贏家並且殘酷地除去多數的突變，我們喜愛的科學也沒有讓所有身穿實驗室白袍的科學家成為英雄。很多人認為科學進步對他們來說沒什麼利益，沒有做好長遠的思考、只是引人注意，或是唯利是圖地只求己利。最糟的是，樂觀製造了道德危害。當科學承諾它可以修好任何事物時，為什麼還要擔心弄壞東西呢？

　　舉例來說，關於壓裂法（fracking）的討論，以及壓裂法提供的便宜化石燃料供給，在新科技對當地短期的威脅和顯著的利益之間做比較。對美國來說，能源在這裡，而不是在其他政治上危險的國家，需要大量軍事活動防禦；或是入侵，我們絕對不會入侵伊拉克，要是它的主要出口物是哈密瓜。

　　所以壓裂法太棒了？才不是！假設這種或任何化石燃料都便宜，且不會對當地環境造成任何影響。但是它會加速全球碳排放量和漸增的嚴重後果。不合常理地，愈好（更乾淨、更便宜、更快）的技術，最後在空氣中

造成的過量二氧化碳問題就愈嚴重。數十年的便宜汽油一定給了我們一些喘息空間，讓我們可以研發並且轉移至永續能源吧？但如果我們失敗了，這是場會對地球造成不堪設想後果的賭注。

新技術不會幫我們吸收碳、讓化石燃料無拘無束嗎？只有在那些為了研究自己提出的觀念，而尋求大筆研究資金的人的心中。最好且最便宜的技術，就是我們生態學家稱之為樹的東西。燃燒樹木大約佔了 15% 的全球碳排放量，所以減少這些排放量是個好主意，就像巴西在最近幾年在此方面已經十分成功。修復被砍伐的森林也是明智且省錢的。樹在泥盆紀時就存在了。

過熱星球的許多嚴重影響之一是，失去生物多樣性是不可逆轉的。物種滅絕的速度已經比正常速率快了 1000 倍，氣候的擾亂將會讓速度更快。

樂觀主義者有答案！最完全的自負是讓死人起死回生。「滅絕物種重生」（De-extinction）想要讓個別滅絕物種復活，通常是特別有魅力的物種。你知道故事情節的。在《侏儸紀公園》電影裡，已經絕種數百年的樹重新出現讓考古植物學家歡天喜地。蜥腳類恐龍吃了樹的葉子。之後我們便學到了如何重新創造那種動物。奇怪的是，電影卻沒有對如何在一夜之間培育那棵樹做任何交代，那種大小的樹應該有 100 歲以上。要存續一隻蜥腳類恐龍，需要數千種不同的物種，也需要樹的傳粉媒介，或許也需要樹的共生真菌。

數百萬的物種冒著滅絕的風險。滅絕物種重生只是解決危機的極小部分，動物（有些是大型的，但多數是小型的）、植物、真菌和微生物物種現在以比自然速率快上千倍的速度滅絕。

滅絕物種重生的支持者宣稱，他們只要讓旅鴿和庇里牛斯野山羊復活，而不是讓恐龍復活。他們假設恐龍依賴維生的植物存活了下來，所以沒必要讓恐龍復活。全世界的植物園的確都收藏了大量令人嘆為觀止的植

物，有些在野外已經絕種了，其他的很快就會絕種。這些植物在野外的滅絕就比動物的滅絕要容易修復，於是樂觀主義者提倡復育滅絕動物。

或許是如此，不過還有其他實際問題：一隻復育的庇里牛斯野山羊不僅需要提供其食物來源的植物，牠也需要一個安全的家。對於那些嘗試將在動物園裡培育出的已滅絕物種重新放回野外的人來說，最重要的問題是：我們要把牠們放在哪裡？獵人吃這種野生的山羊，直到牠們絕種。將一隻復活的庇里牛斯野山羊重新放回牠居住的野外，這隻山羊很快就會成為史上最貴的羊排。

滅絕物種復育比浪費更糟糕：它建立了生物科技可以修復我們對地球生物多樣性所做傷害的期望。復育滅絕物種總是吸引人的。「真正的」科學家，穿著實驗室白袍，使用有著旋鈕和數位顯示器的高檔機器，從人類的過度行為中拯救地球。任何和人們、政治以及經濟的混亂互動都跟我的世界特徵無關。棲息地破壞、人類人口和野生動物生存之間固有的衝突，這些真實世界與現實也毫不相關。為什麼要擔心瀕臨絕種的物種？我們只要保存牠們的 DNA，以後再把牠們放回野外就好了。

我在國會面前證實物種瀕臨絕種時，總是被問到：「為了保險起見，我們不能安全地減少西點林鴞的數量，將一些西點林鴞關起來？」這個意思很明確：「把北美洲西部的原始森林幾乎全砍光吧，因為如果我們可以用高科技方法保存物種，那森林就不重要了。」就容忍滅絕的高風險吧。

保育是關於物種定義的生態系統，以及牠們依賴的生態系統。保育是關於找尋替代方案，替人類、森林和濕地找尋永續未來。分子精巧裝置無法解決這些核心問題。

我們不應該限制科學，我也一樣歡慶它的成功。我們需要淘汰的觀念是，科技精巧的新方法就足以修復我們的世界。常識是必要的。

布迪西妮・薩馬拉希傑
Buddhini Samarasinghe
分子生物學家。

科學家應該忠於科學

你騎馬身亡的機率（大約每 350 起事件中就有一起嚴重不幸事件）比服用搖頭丸身亡的機率（大約每 1 萬起事件中有一起嚴重不幸事件）要來得高，這是統計學上顯示的事實。但是在 2009 年，發表此言論的科學家被免除了他在英國藥物濫用顧問委員會（Advisory Council on the Misuse of Drugs）主席一職。大衛・納特（David Nutt）教授的職責是向政府首長提出科學建言，根據非法藥物造成的傷害分類藥物。他被解聘是因為他的言論強調了英國政府的毒品政策和科學證據相互矛盾。而今天，技術上而言，大麻等毒品的醫療用途仍是違法的。

很不幸地，這樣的噤聲事件在談到政治上有爭議的科學主題時是很普遍的。2007 年，美國政府也用相似的方式封鎖了氣候科學言論，據稱在 1600 位受訪的科學家中，46% 的科學家都被警告不准使用如「全球暖化」等詞，43% 的科學家說他們發表的研究遭修改，因此結論也被改變。美國對氣候變遷的準備因而被阻擋，一個持續至今的錯誤。

回溯到更久以前，尼古拉・瓦維洛夫（Nikolai Vavilov）的故事令人心寒。瓦維洛夫是在史達林統治的蘇聯時期的植物遺傳學家。他在 1904 年因為批評深受史達林支持的特羅菲姆・李森科（Trofim Lysenko）的偽科學觀點而入獄。幾年後，瓦維洛夫在獄中餓死，1948 年，反對李森科─拉馬克遺傳理論的科學理論均被禁。蘇聯農業因為李森科主義而衰弱幾十年，同

時，飢荒大幅降低了人口。

牛津英文字典對科學方法的定義是：「一個由系統性的觀察、測量和實驗，以及由假設的構成、測試和修改所組成的方法或程序。」這是我們發掘真相最精密的工具。使用得當，那麼它不受我們固有的偏見影響，並會修正這些偏見。科學家被訓練在他們尋求了解我們身邊的宇宙時，運用這個強大的工具。他們揭露的真相可能和我們現今的信仰不同，但是當事實（根據證據，並且以嚴密的測試獲得）改變，想法也需要改變。

我使用上述被排擠的科學家當例子，以闡明將科學排除於政策制定過程外的後果。但是有時候排擠是自己加諸的，科學家可以是發自內心地不想參與這樣的活動，並偏好注重在蒐集數據和發表研究結果。

在科學文化中有個心照不宣的理解、一個習俗，科學家在象牙塔中實踐科學方法。科學家被認為是公正超然的個人，一心專注於自己的研究上，並且脫離身邊世界的現實。他們被期望只研究科學、找出真相，然後讓其他人決定要怎麼做。

這是站不住腳的理論。科學家有道德義務，必須和大眾合作並分享他們的研究結果，提出建議並且對政策發表意見、評論政策的執行。科學影響地球上每一個物種的生命。發現事實的那些人不參與任何後續的政策制訂對話，是很荒唐的。科學必須是大眾言論的一個重要元素，但現在科學卻不是。這樣的斷層所產生的結果可以是危險的，就像提供可以減輕受慢性病痛的藥物是非法的、對國家至關重要計畫令人憂慮的延遲，以及在史達林政權下害死數百萬人飢荒所顯示的一樣。

科學家不應該只堅持於科學研究。或許我們需要延伸科學方法，以便包括對溝通的需求。年輕的科學家應該被教導和大眾交流研究結果的價值和必要性。科學家不應該逃避爭議，因為有些主題一開始就不應該具有爭議性。疫苗功效的科學證據、演化的過程、人為氣候變遷的存在，這些都

是被科學界所接納的。但是大眾領域被腥羶的主流媒體以及尋求連任的政客左右，這些已經確立的事實都變成好像仍待確認。科學根據證據，如果證據告訴我們新的事物，我們需要將這些新事物融入政策中，不能僅僅因為它不得人心或麻煩就忽略它。

　　科學家滿腔熱血地提倡由證據而來的政策，將可以拓展科學研究。扭轉最近幾年的趨勢，並且明顯是在為大眾福利努力，科學家會贏得大眾信任，防止長期研究被短視近利削減。科學進步是依賴大眾的資金和支持的。太空競賽、人類基因體計畫（Human Genome Project）、希格斯玻色子的研究，以及火星好奇號（Curiosity）任務，都為大眾所接受。科學過程需要科學家和大眾合作。但是要讓這些發生，認為科學家應該躲在實驗室裡的概念應該要淘汰。

史考特·桑普森

Scott Sampson

丹佛自然科學博物館研究和蒐藏副館長、恐龍考古學家，著有：《恐龍奧德賽》（*Dinosaur Odyssey*）。

自然＝物體

　　科學中最普遍的觀念就是大自然是由物體組成的。當然，實踐的科學是基於客觀性。我們大自然具體化，所以我們可以測量、測試和研究它，終極目標是揭開它的秘密。這麼做通常需要簡化自然現象至其組成要素部分。比如說，多數的動物學家從基因、生理機能、物種等等方式看待動物。

　　但是這個隨處可見、百年之久的簡化論和客體化趨勢卻會避免我們將自然視為主體，雖然沒有科學支持這樣的短視。相反地，就舉一個例子，或許我們從達爾文那裡所學到最深刻的一課是，所有地球上的生命，包括人類，都是從單一的家譜而來的。但是到目前為止，此理智的洞悉力卻還未進入我們的心裡。就算是那些完全接納有機演化概念的人，也偏向認為自然是被利用的資源，而不是值得我們尊敬的親戚。

　　如果科學認為大自然是物體又是主體呢？我們需要拋棄珍惜已久的客觀性嗎？當然不用。不論選擇的研究領域為何，大多數的社會科學家可以毫無問題地和家人及朋友建立情感聯繫。比科學歷史上的任何時期都更是如此，是時候應該將主體／物體二元性至少延伸至和我們共享世界的非人類生命形式。

　　為什麼？因為我們多數的非永續行為都可以歸因到和自然破碎的關係，認為非人類世界是無腦、無感情物體的領域。永續性幾乎確定是會仰賴於在人類和非人類自然間發展互相提升的關係。但除非在乎自然世界，

不然我們為什麼要培養這樣的永續關係呢？

另一個替代的世界觀是需要的，一個使世界重新復活的世界觀。這樣的思想改變，則至少需要自然的主觀性。自然是主體的概念並不新，世界上的原住民都認為自己生活在生意盎然、遍布親戚的環境中。我們從這古老智慧中還有很多要學習。

主觀化就是內在化，外在世界貫穿我們的內在世界。我們和主體共享的關係總是讓我們感情洋溢，我們對物體沒有情感。我們在關係中，自我的界限會變得可以跨越並且模糊不清。我們很多人在和非人類自然互動時，都經歷過這樣卓越的感覺，不管是和寵物還是森林。

但是我們該如何開始這樣崇高的自然主觀化呢？畢竟，世界觀已經是根深柢固的，它們就像我們呼吸的空氣，至關重要卻不被重視。

部分答案可能在科學實作中被找到。簡化論的西方科學傳統已經專注於物質的本質，並且提問：「它是用什麼做成的？」還有另一個已經歷時百年，通常在暗地裡執行、調查科學的模式和形式的研究。通常和李奧納多‧達文西有關聯性，這個研究尋求探索關係，量化關係是出了名的困難，關係必須得相互連結。模式的科學最近再次興起，大量的注意力朝向生態學和複雜適應系統等領域。但是我們還不夠深入，還需要更多整合性的研究，可以幫助我們了解關係。

另一部分的答案可以在教育中找到。我們需要教導我們的孩子，好讓他們可以用新的方式看世界。冒著悖論的風險，我認為特別是科學教育，可以經由主觀化再次復甦。當然科學的操作，實際地**做**科學研究，一定要盡可能客觀。但是科學的**交流**可以用客觀和主觀兩種方式。

想像如果多數的科學教育都在戶外，直接接觸、並用多重感官感受自然世界。想像學生被鼓勵去了解一個地區的深刻歷史和生態運作方式，而發展出對那個地方有意義的感知。想像如果指導者和教育家不只強調（比

如說花或昆蟲）部分的識別和功能，也強調生物體在其他生物體（以及我們人類）緊密關係中是有感覺的生命這樣的概念。就算學生被要求花更多時間學習某種植物或動物如何體驗世界又會怎樣？

這樣一來，科學，特別是生物學，可以幫助填補人類和自然之間的差距。最終，科學教育和其他領域的學習，可以互相幫助一起達成文化歷史學家托馬斯・貝里（Thomas Berry）所稱的「偉大的事業」（Great Work），將我們認為的世界從「大量的物體」轉變為「主體的共同體」。

愛德華・斯林格蘭

英屬哥倫比亞大學亞洲研究教授、中國思想和
體現認知加拿大研究主席，著有：《試著不嘗
試》（*Trying Not to Try*）。

Edward Slingerland

科學道德

　　哲學家休謨（David Hume）對不斷成長的自然科學解釋力量深感敬佩，並呼籲同行不要再空談，將注意力轉向經驗證據，並且「只傾聽那些來自經驗的主張……駁斥每個不是基於事實或是觀察的道德系統，不管有多細微或是精巧。」這是 250 多年前的事，可惜的是，學術哲學一直到最近的一、二十年才有改變。超越障礙也和休謨著名的「是與應該」或是「事實與價值」的區分有關，愈來愈多的哲學家終於開始爭論我們的理論，應該來自於我們現在最好的、關於人類心智如何運作的經驗證據，對那些假設或是需要艱難心理學的道德系統應該要抱持懷疑。

　　一項來自於認知科學、健全且相關的人類心理學知識，是我們並不是有著理性心智的非理性、情緒化個體。柏拉圖的馬車夫比喻，理性的車夫勇敢地努力要控制他不理性、情緒激昂的馬，對我們來說，這比喻和我們的直覺心理學完美契合，但它最終是錯誤的。一個經驗上更準確的比喻是人馬：車夫和馬是一體的。就我們所知道的，機器裡面沒有幽靈。我們徹頭徹尾是被體現的生物，處在一個複雜的社會文化環境，在我們日常生活裡，引領我們的主要是溫暖情緒而非冰冷計算；是自動、自然的過程而非有意識的選擇；是形態的、類似的圖像而非來自於形式領域的理性概念。

　　所以，採用科學立場看待人類道德的諷刺結果，就是公開純正科學道德的不可能性。完全理性、由證據指導的功利主義者，就和重利薄義

的**經濟人**一樣是個難以理解的迷思，也同樣受到我們的鄙視。演化可能是功利的，完全由成本和利益的考量引導，但是生物演化的無情功利過程，製造了在相似程度上，無法完全以功利主義方式運作的生物體，而且這是有很好的設計原因的。因為理性演化考量，我們只能對最後通牒遊戲（Ultimatum Game）的不公平分配、對我們信譽的挑戰、對我們親人或珍惜事物所做的威脅，做出不理性的反應。我們是充滿文化的動物，受自動自發的習慣主導、幾乎沒有意識的直覺、極度激勵人心的情緒，還有對奇怪且非依經驗的實體全心全意的承諾，比如從人權到聖經到無產階級的烏托邦。

科學是強大且重要的，因為它代表一組制度操作方法和思考工具，讓**身為**科學家或知識分子的我們，能夠從我們直接的見解和相似的心理學抽離。我們能夠了解地球繞著太陽轉、盲眼錶匠可以做出精緻的設計，或是就某種重要的意義上來說，人類心智是可以在生物過程中被簡化的。在我們演化的心理學中，這給了我們一些有用的影響力，我和很多人一樣，認為這是關於我們本身更準確的知識，我們的世界可能允許我們設計，或是接受新的道德承諾，可以創造一個更令人滿意的生活，和一個更公正的世界。但是我們也不能忽略科學沒辦法幫助我們從我們的演化心智中抽離。想要創造一個更平等、公平與和平的世界本身就是一個情緒，最終是一個基於像人類尊嚴、自由和幸福等理想的非理性動機，是我們從出生的文化／宗教傳統中，以簡化、神學上精簡的形式，繼承而來的。在理想最新、自由的反覆敘述中，這些理想相當奇怪，比如，很少文化接受多樣性和寬容是道德必需品，就算在現代世界裡也不是普遍被接納。

所以，認為我們世俗的自由主義者是從中立的立場出現，我們所站的位置沒有任何信仰和迷信，是完全由理性、證據和清楚認識的自我利益指引，這樣的觀念需要被淘汰。基於物質功利主義的世俗自由主義是任何不

笨、未被洗腦，或是未受教育的人不可避免及預設的世界觀，這根本不是真的，這樣的觀念嚴重阻礙我們了解早期歷史時代人類、了解來自其他文化人類，甚至了解我們自己的能力。

　　承認這樣的觀點並不代表沉浸於後現代相對主義，或是盲目地往基本教義之路邁進。科學探究，在它最廣泛的意義中，十分有效地提供我們關於世界的可靠資訊，而認為其它探索方法比科學探索高級，或是甚至同等，便是有悖常理的。世俗自由主義是人類提出過最好的世界觀，可能還有一個實用主義的實例可以證明，或是至少那些個人如果可以選擇，會偏好世俗自由主義。不論如何，這是我們的價值系統，演化人類心理學的本質讓我們不可能不為人類尊嚴或女權奮鬥，並且在適當時刻，將此加諸他人身上。但是了解理由的限制讓我們能夠以更有效的方式清晰表達和保護這些價值。也讓我們能夠在科學上更了解像宗教暴力的原因，或是漫長國際戰爭的根由等問題，抑或像平衡我們對個人責任的直覺和自由意志的神經科學理解等道德挑戰。最終，科學道德需要我們超越一個完全客觀科學道德的迷思。

亞歷克斯・赫爾柯姆伯

雪梨大學心理學系副教授、時間中心（Centre for
Time）副主任、《心理科學觀點》雜誌（Perspective
On Psychological Science）編輯。

Alex Holcombe

科學自我更正

　　科學產量的步伐加快，自我更正就深受其害了。可能更正舊結果的研
究結果，比起原創的研究問題，被認為是更無趣的，需要的更正所面對的
競爭也更強烈。因為在著名期刊中爭取版面的競爭愈來愈瘋狂，從事或發
表研究，以確認快速累積的新發現，已經成為失敗的觀點。

　　發表偏差（publication bias）是不發表「負面」，或是非確證結果的趨
勢。它壓抑更正的影響，就算是很多研究都已經得到負面結果時，也依然
盛行。理想的狀況下，這些研究結果會從個別科學家的實驗室中，快速且
容易地被公開於大眾。但是這條路可以是很難走的，而且因為不常被使
用，很多科學領域都不配使用自我更正的名號。

　　很多領域的著名期刊都直言不諱，聲明他們出版以新方式提升領域
的振奮人心發現，而不是和之前研究相似、發現更無趣結果的研究。就算
是那些宣稱歡迎負面結果的期刊，一個可能更正其他研究的結果也面臨艱
難的戰鬥。替期刊審查新證據科學家通常包含原始研究的作者，以及可能
不正確的結論。人類脆弱、自我主義和匿名都使得審查者的決定偏向「拒
絕」。一般來說，這就足夠讓負面結果不出現在期刊上。

　　自我更正因此被幾個因素損害，有些是人類因素，有些是制度因素。
制度因素有時候是歷史意外。其中一個因素是被認為適合發表研究的場所
數量。在某一些次領域中，幾乎所有的新研究都只出現在幾本期刊中，期

刊都和單一專業組織相關聯。無法對付可以不受懲罰地壓制更正的資深把關者。有著不同出版場所和利害關係人的領域比較健康，單一思想學派想掌握大權比較困難。

像天體物理學等的幾個領域，有著在文稿還沒投稿至期刊前，就交流並引用文稿的文化。研究者只需要將他們的文稿放上網，比如說 arXiv.org [36]網站。發布的結果可能會被忽視，但不會被完全壓制。原則上來說，科學所有領域都可以採用這種方式，但是現在多數領域仍繼續使用他們的秘密審查者，而經常重創新的研究結果。

對更正的偏見在有劣質結果和不準確基本測量方式的領域中特別有害。在這些科學領域裡，文獻很快就會因統計偏差（statistical fluke）而受到汙染。不幸的是，劣質結果和不準確測量方式這兩個特質，是多數心理學次領域的特徵，心理學就是我的領域。有些其他的領域，比如像是現代流行病學，可能還更糟糕，特別是關於第三個惡化因素，只有小規模的真實影響被調查。就像史丹佛醫學教授約翰‧約安尼季斯（John Ioannidis）所指出的，真實影響的數量越少，宣稱的影響就更有可能是一個統計偏差（假正性）。

是有解決方法的，有一種可以改善個別研究學家行為和化解制度障礙的方法：在研究開始之前，公共註冊研究的設計以及分析計畫。臨床試驗的研究者幾十年來都這麼做，在 2013 年其他領域的研究者也跟進。註冊包括會被從事的數據分析細節，這也就移除了先前以提出多方面數據的不可避免波動為健全結果的慣例。評估相關文稿的審查者注重研究註冊的設計，而非太過於偏重結果。這幫助減少驗證研究通常面臨的、與蒐集資訊相關的劣勢。的確，一些期刊也開始接受根據設計良好的研究而寫的文

36.arXiv，讀音如archive，由物理學家保羅‧金斯巴格在1991年建立，金斯巴格並因這個網站於2002年獲得麥克阿瑟獎。這是一個收集物理學、數學、計算機科學與生物學論文預印本的網站。

章，甚至是在結果還未出來前。

　　網路爆炸性的成長帶來了大眾對幾乎任何產品和服務的評等，以及有用的評論，對科學論文卻不是如此，儘管指出瑕疵和更正錯誤的評論有著明顯的價值。直到最近，在其他研究者看得見的地方指出一篇論文的問題，你必須得受到一開始沒注意到或是故意忽略這個問題的編輯和審查者的批評。那些審查者，也是在此領域發表文章的專家，和作者一樣，通常對有瑕疵的方法和主張具有義務。而現在，科學家終於可以善用網路，貢獻專業，以及對文章提出見解，而不再只是作者和兩、三位審查者的意見。2013 年 10 月，美國國家醫學圖書館開放研究學家使用 PubMed 評論任何生物學和醫學的論文，PubMed 是此類論文最常用的資料庫。更正單一錯誤不再艱難。

　　除了更正單一錯誤之外，評論也可以提供新的觀點。觀念的互相交流就會增加。讓人竭盡心力的研究領域會因為引進新方法而復甦，領域外的研究者所帶來的批評將會粉碎堅固的正統觀點。但是招募、升遷和研究金委員會一般不看重研究者使用這些工具所做的貢獻。只要這樣的現象持續，進步就會緩慢。就像馬克斯·蒲朗克所觀察到的，科學革命有時候需要等待葬禮。就算支持先前方法的人已經安息，過時的傳統有時候仍不滅。政策若無人消滅就永遠不死。改革和革新需要我們積極的支持，唯有如此，科學才能不負自我更正之名。

亞當・奧特

心理學家、紐約大學史登商學院行銷學系助理教授，著有：《粉紅色牢房效應：綁架想法、感受和行為的9種潛在力量》（*Drunk Tank Pink: And Other Unexpected Forces That Shape How We Think, Feel and Behave*）。

Adam Alter

複製為安全網

1984年，紐約成為第一個引進強制繫安全帶法律的州。幾乎所有其他州都讚賞這項新法規，並在1980年代以及1990年代跟上紐約的腳步，但是有一小群研究者卻擔心安全帶可能會造成反效果，讓人們開車更不小心。他們相信人們小心開車是因為他們擔心在車禍中嚴重受傷，如果安全帶降低了嚴重受傷的風險，那也會降低小心開車的動機。

社會學家太過依賴複製的概念，就像可能開車會漫不經心的人太過於依賴安全帶一樣，都是危險的。當我們檢視新的假設，會容忍大約在20個結果中會有1個僥倖意外的機率。如果我們再做兩、三次同樣的實驗，結果被複製了，那就可以較安全地假定原本的結果是可靠。我們學到，真相透過複製終會顯現，站不住腳的結果會因實證檢驗而消亡，所以持久的科學紀錄只會反映那些堅實和可被複製的結果。但不幸的是，這樣動人的理論在實際操作上是行不通的。

就像安全帶實例指出的，問題開始於研究者因為太過於依賴複製理論，而漫不經心地行動。每個實驗變得更沒有價值、更不明確，所以研究者不再製造最精細、提供最多訊息的實驗，研究者的動機反而偏向做出多不夠精密的實驗。

相同地，期刊也傾向出版稍微值得被質疑的研究，因為他們希望其他研究者可以測試結果的真實性。但是事實上，只有有限數量的重要研究結

果被複製，因為比起製造新的研究結果，推翻舊的研究結果在科學研究上來說比較沒那麼榮耀。因為時間和資源有限，研究者偏向注重於測試新的觀念，而不是質疑舊的觀念。科學紀錄有著成千的初步研究結果，但是相對來說，卻只有幾個對早期研究結果透徹的複製、答辯和再審查。

如果沒有失敗結果的墳墓，就很難從脆弱的僥倖中分辨出堅實的研究結果。我們對於複製理論的過度依賴，認為研究者會揭發被實驗證明的非真相，代表我們高估了很多仍需要被重新審視的結果可靠性。複製是科學過程中重要的元素，但是認為複製是對抗不精密結果的方法，這樣的幻覺應該要被打碎了。

布萊恩・克里斯汀

《最有人性的「人」：人工智能帶給我們的啟示》（The Most Human Human: What Artificial Intelligence Teaches Us About Being Alive）作者。

Brian Christian

建構科學知識為「文獻」

　　科學中最過時、最需要淘汰的是，我們建構和組織科學知識的方式。就算是網路上的學術文獻，也是排版年代的遺產，被展示在靜態、不可改變的、已成定局的印刷品上。就像軟體產業已經從「瀑布」（fall）式開發變換至「敏捷」（agile）式開發，從量產磁碟倉庫運送的大量發行到不同的無線更新，學術出版也需要改變目前的唯讀模式，接納一個像科學本身一樣動態、最新且合作的過程。

　　學術和科學文獻處理文章撤回的方式之差，讓我為之讚嘆，甚至是最明顯的撤回例子，也是如此，那就更別提比撤回輕微的修正了。通常（比如說），就算是當期刊編輯**和**作者完全撤回一篇論文，這篇論文仍繼續存在於期刊的網站上，並沒有標示文章已被撤回，更不用說在同樣的網站上，被撤回文章的作者和審查文章的編輯的名字也還是在網路上。（試想，如果食品藥物管理局准許一家藥商繼續生產某種已知為有害的藥物，只是要藥商也生產警示標籤，但藥商卻沒有義務將標籤放在包裝上。）

　　一個更細微的問題是，如何使用以及使用何種方式（**讀者自行小心？**）來指出以受懷疑研究為根據的研究（更別提那些根據這些研究的其他研究）。引述很明顯的是首要解決方法，雖然是不夠的。在學術期刊中，所有引述都證實其引用研究的重要性，不論這些研究的結果是否被假定、加強或挑戰，就算是被當成沙包的理論，也因為是一個有價值和重要

的沙包而受到尊敬。但是學術文獻卻沒有區分只被認為是重要的引述，和不但重要並且被認為是真實的引述。學術文獻應該要比將引述視為讚賞或恭喜更為深入。學術文獻需要軟體工程師已經使用幾十年的依賴關係管理（Dependency management）。

只要按一下，依賴圖表可以告訴我們哪些科學理論的支柱是真正承載流量的。只要按一下，它也會告訴我們哪些觀念可能會和一個特定理論的碎片一起被清除。稱職的學術出版社可以，舉例而言，不僅指出被撤回的文章（這不是標準的操作方式，我要再次重申這是不可原諒的），並且也指出根據被撤回研究某些有著有意義結果的文章。

稱職的學術出版社也會採納另一個現代軟體發展支柱：**修正控制**（revision control）。像維基等的碼庫，是有生命的文件，不僅開放被審查、斥責和贊同，也開放被修改。在像 Git（還有大肆開放資源社群 Github）的修正控制系統中，使用者可以提出「問題」來指出問題，並且要求作者回應。他們可以創造「拉取請求」（pull request），提議答案和替代方法，如果他們想要管理自己版本的專案，採取一個不同的方向，他們可以「派生」（fork）一個儲存庫。（有時候派生儲存庫服務特定的讀者；有時候它們因為忽略或不用而凋零；有時候它們完全從原稿那邊偷了讀者和使用者群；有時候兩者儲存庫平行存在或是繼續分歧；有時候它們協調並在下游結合。）Git 儲存庫是最好的自上而下和自下而上、獨裁和民主的形式，它的領導者設立目的和願景，並且有最終的控制和決定權，但是任何用戶都有同等的權利抱怨、提出改正、開始反抗，或是收拾行李，在隔壁找到另一片天。

「接受」、「拒絕」、「修改和重新提交」，這三元素是過時的，是鑄字印刷的遺產。就算是同儕審查，因為它的匿名性和官僚性，也可能該被改變了。匿名的秘密審查過程可以被比如一個相似於「測試」期的過程取代。

文章在被一些人考慮時，不會因為被其他研究者耽誤數月而無法公開，至少公開給其他研究學家。秘密的批評不必耽誤他人的工作達數月之久。當讀者的更正都以不同的編輯而直接被包含其中（註明原因），作者不需要感謝「找到錯誤並提供重要回饋的匿名讀者」。讀者不需要以義務或慈善的方式提供他們的建議，他們不需要不為人知。

有些當前的改革跡象看似有希望。在學者間工作底稿的大量流傳，挑戰同儕審查過程的限制和延遲。PLOS ONE 堅持由上而下的質量保證，但是讓重要性從底部出現。康乃爾的 arXiv 計畫提供一個代替傳統期刊模式的好方法，包括版本管理（還有「認可」〔endorsement〕系統從 2004 年起，被認為是取代傳統同儕審查的可能方式）。但是，網站的介面設計卻限制了參與及合作的可能性。

在這一方面，在集體運算活動（Polymath Project）網站上的大型國際合作，在 2013 年成功地讓張益唐「孿生素數猜想」（Twin Prime Conjecture）的研究更上一層（我知道蒙特婁大學的詹姆士・梅納德〔James Maynard〕後續又做了更多）。令人驚訝的是，這樣創新的合作研究主要是在評論區做出來的。

科學領域迫切需要更好的工具，同時，更好的工具已經存在於相鄰的軟體發展領域。是時候讓科學敏捷。身為文章內容，科學文獻是前所未有的強健，當然，科學文獻本該如此。身為文章形式，科學文獻是前所未有的不適當和無能。最需要被修正的就是修正本身。

凱瑟琳・克蘭西

Kathryn Clancy | 伊利諾大學香檳校區人類學系助理教授。

我們製造和提升科學的方式

　　去年，我負責調查和訪問科學家田野調查的實地經驗。超過 60% 的受調者都被性騷擾過，20% 則被性侵害。我和我的同事發現的不僅僅是性侵犯：研究的受調者回報心理和生理虐待，比如被逼著日以繼夜地工作，卻從未被告知他們何時可以回營區、不准上廁所、言語威脅和霸凌，以及沒有食物可吃。多數的加害者都是比受虐者資深的同行，受虐者通常是女性研究生。自從我們開始分析這些數據以來，當我閱讀一篇實證科學論文時，總是想著這個研究是因為誰被剝削、又是透過誰的利用剝削而建構的。

　　當研究成果是數百萬美元研究資金、《紐約時報》報導、諾貝爾獎，或甚至只是終身職，我們似乎很願意為科學探索和革新付出任何代價。這就是需要淘汰的概念，科學應該比科學家更享有特權。

　　認為觀念比人重要是一個看待科學領域特別理想化的方式。這樣的觀點不但假設科學領域是菁英領導的，並且也認為誰是科學家、或是她從哪裡來，和她的成功等級一點關係都沒有。但是，眾所皆知的是，階級、職業和教育成就，因種族、性別和人類多樣性的其他層面而異，而且這些因素的確會影響誰選擇科學職業，以及誰留在科學領域。不管我們想把科學想得多純正，科學領域是由人管理的，而人通常依隱性偏見（implicit bias）運作。科學家知道這些事情，就是科學家寫了我所上述的論點，但是我不確定我們都內化了這些論點代表的意義。隱性偏見和工作場所多樣性的含

意是，社會結構和身分激發了工作者間的互動，增加了超時工作和騷擾的剝削機會，特別是那些資歷淺的人或是少數族群。

　　科學家不是不知道文化上看待科學研究的方法是有問題的。科學家之間有愈來愈多關於永遠困難的工作／生活平衡的討論。大體而言，這些討論都集中於我們可以透過時間管理和訂定優先順序，而為我們自己創造更好生活的個人方式。在我看來，對那些已經歷經實習科學家的困難時期而存活下來的人來說，這些討論是奢侈品。當你是實驗室裡或是化石挖掘的小嘍囉時，根本沒什麼方式去考慮或改善工作／生活平衡。

　　超時工作和剝削並不會像人道、平等以及尊敬一樣有效地帶來科學進步。比如說，最近的社會關係模型（social-relations modeling）研究發現，女性融入實驗室團體而非被邊緣化時，實驗室發表更多論文。再者，多年對產生不良影響的工作行為的研究也發現，當你製造強制執行的政策和獨立的報告方式，工作環境改善，工作者也更有效率。科學裡麻煩、超時、統統奉獻給工作的心理狀態，並沒有被任何實驗證明可以製造最好的工作成果。

　　為了更好地從事科學，科學家的生活需要被放在科學探索之前。我們很多人都因恐懼而工作，害怕被搶先、害怕得不到終身職、害怕沒有足夠資金可以做研究、甚至害怕自己被剝削。但是我們不能讓恐懼驅使一個詭計，而毀滅前途可能一片光明的科學家。學術卓越的標準不應該是根據誰逃過了不好的對待，或是誰存活了下來，應該是根據誰有智慧可以做出最有意義的貢獻。因此，實習生需要工會和制度政策來保護他們，資深科學家需要開始改變文化。一個包容且人道的工作場所，會帶來最縝密、改變世界的科學探索。

Aubrey De Grey

艾伯瑞‧迪格雷

老年學專家、SENS 基金會主科學官，著有：《終止老化》（*Ending Aging*）。

同儕審查分布資金

專業層級自上而下，更多的科學家們都捨棄他們的工作，而選擇了更可靠和更沒有壓力的收入來源。科學界尋求讓人性對自然的理解更上一層樓，因此我們有更多能力可以更好地運用自然，耗盡此不可或缺科學界層級的壓力和不確定性的來源究竟是什麼？在最極端的一邊，是這些層級的成員，也就是科學家本身，憑藉由經費申請同儕審查而分配資金的習慣。

當然，只有在極端的一邊。我絕對不是在怪科學家。事實上，我也不是在怪任何人。問題是此普遍的系統是在一個不同的時期演化的，是在適合它的環境下，而現在此系統明顯地無法適應現狀，系統也確實顯示是本質上無適應性的。現在需要的是一個可以替代的系統，能夠解決科學界每個人同意存在的問題，但是仍能夠根據所有人同意是公平的制度分配資金。

同儕審查系統顯然是一個局部極大值（local maximum）：很多調整都被提出，卻都沒有被採用，因為它們都弊大於利。但是它是一個**總體最大值**（global maximum）嗎？它是像邱吉爾所描述的民主一樣，是個糟糕的選擇，但是比其他選擇好。或是根據所有主要測量方式，徹底捨棄會更好？我不確定是否每項條件都符合，但是徹底捨棄帶來足夠的希望，讓科學界相信不需要因為假定不可能有更好的系統存在，而忍受現有的系統。

首先，先解釋經費同儕審查到底為什麼不好？三個字：「給價線」（pay line）。同儕審查是在公共研究資金的供需平衡，大約至少30%的申請會

得到資金時出現。那時效果很好：如果你真的不知道如何設計一個計畫、如何告訴你的同事計畫的價值，或是如何儉約地實行計畫，這些缺點會浮現，你就會知道如何避免它們，直到同事最後會告訴政府已經給過你機會了。但是目前的比例通常低於 10%。這代表你只需要非常厲害就夠了嗎？我也希望是如此。

這真正代表的意思是你不只需要非常厲害，也要很有毅力，另外，這是目前最糟的方面，你必須要讓大家相信計畫一定會成功。這有什麼不好？因為有些計畫比其他計畫要簡單（得多），但困難的計畫通常是那些會決定一個領域長遠進步速度的計畫，就算困難的計畫失敗率很高。一個忽略高風險／高收穫研究的系統，嚴重阻礙了科學進步，對人類會造成嚴重的後果。跨領域研究，也就是讓之前沒有被結合的觀念互相合作，在歷史上證明是成果非凡的，但卻幾乎是不可能得到資金的，因為研究小組（或是用國家衛生研究院的術語，「研究計畫審查會」〔study section〕）並沒有所需的專業可以了解計畫的完整價值。

這些大半都可以被一個基於同儕認同（peer recognition）的系統解決，一位科學家一開始申請公共研究計畫資金時，他或她的職業以 5 年為一期劃分，開始於過去的 5 年（第零期）、未來的 5 年（第一期），以此類推。第一期是依據簡單的資格（博士學位、博士後研究的年數）而提供較低、初級的資金，**研究者不需要提供任何關於未來研究的具體敘述**。第二期的資金等級是以科學家所選擇領域的可用資金總數依比例而決定的，一樣不需要未來研究的敘述，而是根據在第零期所做的研究被引用的次數。

在第一期的第四年會依在第零期第二年到第一期第一年（總共 5 年，大約是第零期所做的研究會被發表的期間）所出版的論文，於第零期第二年（總共 8 年）被引用的次數做決定。引用依據申請人是否為初次／資深／中等作者衡量，自我引用不算在內，只有仰賴研究資金的新研究論文才

會被包括。考慮到年資和在相關期間資金提供的程度，根據全面適用的標準，而不是靠斟酌。第三期的資金也以相似的方式決定，在第二期第四年的年終，依據在第一期所做的研究決定，依此類推。考慮到資金是在每一期的第一年預先分配的，也需要有彈性，允許大型資本開支。

這樣的方法在很多方面都改善了目前的系統。不用花時間準備和呈交（還有重新提交……）提議書的研究敘述。對一個高風險／高收穫研究的偏見也大幅減低，因為沒有同儕審查，也因為提供資金期間超過目前通常的三年。過去研究的重要性在一段適當的時間後也受評估，而不是以研究剛發表在周刊後產生的影響因素，這樣的第一印象測量方式。也可以在多個領域間申請資金，不同領域的資金依比例分配，也排除了對跨領域研究的偏見。最後，在每一期的最後一年都有時間可以策畫下一期所需的研究，並且對可用資源瞭若指掌。

研究學家當然可以在其他地方尋找額外資金，當然，有些公共資金也依然可以用傳統方式分配。因此，這樣的方式不一定代表需要徹底捨棄另一個方式。這可以很容易地引進。值得考慮吧？

羅斯・安德森
Ross Anderson

劍橋大學安全工程學系教授，著有：《安全工程》（*Security Engineering*）。

有些問題對年輕科學家來說太難了

馬克斯・蒲朗克著名地描述科學過程是「一次一場葬禮」，老一輩的物理學家過世，而追隨新量子信仰的年經一代接續他們的工作。

這樣殘忍風格的科學演化留下了一些抹不去的疤痕。很多年以來，認為量子力學基礎的問題可能真的有一個答案，就像個禁忌一樣。但是在物理學、化學和工程學不同領域的新結果都開始顯示可能真的有一個答案。

在 1927 年的索爾維會議，尼爾斯・波耳和維爾納・海森堡辯贏了愛因斯坦和路易・德布羅意（Louis de Broglie）。他們說服世界，認為我們應該不加懷疑地相信新量子力學的工具，而非試圖從基本的經典原則中獲取工具。這是哥本哈根學派，量子力學的「閉嘴，計算就對了」學派，迅速地成為正統觀念。此學派在約翰・貝爾（John Bell）的計算被阿蘭・阿斯佩（Alain Aspect）於 1982 年以實驗證實之後，地位更加鞏固，並且顯示在量子層面的現實不能同時是局部和因果相關的。

有些物理學的哲學家思考著量子力學奇異的詮釋，而多數物理學家則不屑一顧，他們接受量子基礎是「公認無法解決」的問題，並告訴他們的研究生根本別去浪費生命尋找解決方法。其他人則是愛死了物理學證明世界太複雜而無法被理解的觀念，以及證據是超出門外漢理解範圍之外的觀念。隨著量子成為核心魔術，物理學家可以是權威人物。最近，量子跟任何事物都沾得上邊，從密碼法到生物學，量子這個詞成了募款的魔咒。只

要因為害怕被認為是怪人，或害怕因為是門外漢而被打發，所以不敢挑戰此觀念的日子還在，我們就被困住了。

　　事情開始改變。在物理學中，伊夫・庫德（Yves Couder）和埃馬紐埃爾・福爾（Emmanuel Fort）發現跳躍滴液在一池震動的油上，和很多之前認為是量子世界獨特的現象相似，包括單狹縫和雙狹縫折射、穿隧和量子化能量。在化學中，小澤正直（Masanao Ozawa）和威那・霍夫（Werner Hofer）都顯示了不確定原理只是大致上是真的：現代掃描探針顯微鏡（Scanning probe microscope）通常可以比海森堡預測的還要再準確一點地測量原子的位置和動量，宣稱量子密碼學是「可證明地」安全的人要擔心了！在計算中，承諾的量子電腦還是只能算出 15 的質因數，儘管快要 20 年以來已經花費了數億美元的研究資金。物理學家席爾・凡・紐爾霍伊森（Theo Van Nieuwenhuizen）指出貝爾理論中的語境漏洞，而且看起來很難解決。

　　另一個科學中重要的問題：意識，也有著驚人的相似之處。多年以來，幾個敢解決這些問題的優秀學者都已屆退休之年，也夠有名可以不在意任何反對聲浪。就像丹尼爾・丹尼特和尼可拉斯・亨弗瑞（Nicholas Humphrey）寫出對意識的評論，東尼・萊格特（Tony Leggett）和杰拉德・特・胡夫特（Gerard't Hooft）也寫下對量子基礎的看法，所以火焰持續燃燒。但是時候添加火種了。維也納物理學家現在已經籌辦了兩場關於新興量子力學的討論會，因為人們終於敢努力思索量子力學到底是怎麼回事。

　　我想要讓它淘汰的觀念是，認為有些問題對一般科學家來說太難解決的觀念。前輩不應該試著對在難倒我們的問題上創造禁忌。我們必須以鼓勵的方式挑戰年輕一代：「證明我們是錯的！」至於對年輕科學家而言，他們應該勇敢作夢、目標放遠。

凱特・米爾斯

Kate Mills | 倫敦大學學院認知神經學研究院博士生。

只有科學家可以研究科學

目前，多數接受資金或受聘從事研究工作的人，都是在傳統的學術環境下接受訓練。這不但包括12年義務教育，還包括6到10年的大學教育，通常還加上多年的博士後培訓。雖然這正式的學術培訓當然提供了成為一個科學家所需要的工具和資源，但是接受非正式培訓的各個年齡層個人也同樣可以透過科學為我們的世界知識做出貢獻。

這些「公民科學家」（citizen scientist）通常被讚賞讓研究大數據的研究者更輕鬆。公民科學家辨認星系或追蹤神經過程對這些計畫做出貢獻，但通常沒有傳統的鼓勵或報酬，比如薪水或是作者身分。但是，限制非正式培訓的個人對數據蒐集或數據處理的可能貢獻，就減低了公民科學家啟發研究設計、數據分析和詮釋的能力。徵求參與科學研究的個人的意見（比如孩童和家長），可以幫助傳統科學家設計生態上令人信服且吸引人的研究。同樣地，這些人可能也有他們自己的科學問題，以及對研究結果詮釋提供新的和多樣化的觀點。更重要的是，科學不只限於成人。年僅八歲大的小孩就已經和其他人合著科學報告。青少年已經做出了健康的重大發現並有實質結果。但不幸的是，這些年輕的科學家面臨無數的障礙，而由制度提供資金的個人卻常常將其視為理所當然，比如說使用過去出版的科學研究結果。雖然開放獲取（open-access）出版和很多開放科學倡議，讓科學環境對公民科學家更友善，但是很多傳統科學方法對沒有資金的人來說依

然遙不可及。

　　我們認為透過科學認識自己可能會失真，因為多數的心理學研究樣本個體並不代表整個人口。這些怪（WEIRD，西方的〔Western〕、受過教育的〔Educated〕、工業化的〔Industrialized〕、富有的〔Rich〕、民主的〔Democratic〕）樣本也組成最非客觀的神經影像（neuroimaging）。對此項偏見漸增的體認也促使學者積極地尋找更有代表性的樣本，但是對怪怪科學家可能引進偏見的體認卻沒有太多討論。

　　如果獲得資助及發表的科學研究是由一群被訓練在學術界出人頭地的個人所做的，那麼我們對科學問題和詮釋就可能有偏見。無法融入一個學術模型、但是卻渴望用科學方法了解世界的個人面臨很多阻礙。群眾募資（crowd-funded）的計畫（甚至是科學家）都開始受到依賴逐漸減少資金和學術職位的同行所認同。但是，某些科學實驗如果沒有制度的支持，執行起來更困難（如果不是不可能的話），比如說，需要人類參與者的研究。社區支持的制衡對科學計畫依然至關重要，但是或許它們也可以不被傳統學術環境約束。

　　蒐集和分析數據的方式一天比一天更容易被大眾取得。新的道德問題需要被討論，需要建構基礎建設以照顧到那些在傳統環境外從事研究的人。這樣一來，我們可以看到來自各年齡層和背景的非正式培訓科學家，所從事的科學探索數量增加。那些之前未被聽到的聲音會對我們的世界知識帶來有價值的貢獻。

梅蘭妮・斯萬

Melanie Swan

系統層級思想家、未來主義者、應用基因體學專
家、梅蘭妮・斯萬未來小組（MS Futures Group）校
長、DIY 基因體學（DIYgenomic）創始人。

科學方法

　　科學方法是即將淘汰的科學觀念。更準確地說，是只有**一個**科學方法
的觀念，一個獲得科學結果的唯一方法。認為傳統科學方法是唯一方式的
觀念，對於像大數據、群眾外包（Crowdsourcing）和合成生物學（synthetic
biology）等新的現代科學情勢並不適用。透過觀察、測量和實驗的假設測
試，在過去當獲取訊息是稀少和昂貴時是可行的，但是現在情勢已經改觀
了，近幾十年來，我們一直適應新的資訊豐富性年代，這樣的年代也帶來
了實驗設計和重述。其中一個結果是幾乎每個領域都有著計算科學，比如
說，計算生物學和數位文稿保存。資訊豐富性和計算進步已經發布了一個
和傳統科學方法不同的科學模型演化，有三個新興領域對此的進步更大。

　　大數據，創造並使用大量和複雜的雲端數據組，是重新塑造科學行
為的普遍趨勢。規模無限：組織規律地每小時將百萬交易轉換成 100 拍位
元組的數據庫。全世界的數據每年倍增，在 2015 年預期會達到 8 皆位元
組（zettabyte）。就算是在大數據年代之前，模型、模擬和預測在科學過程
中成為關鍵的計算步驟，而需要使用大數據的方法則讓傳統的科學方法愈
來愈不相關。我們和資訊的關係因大數據而改變。先前，在資訊稀少的年
代，所有的數據都很顯著。比方說，在月曆上的每個數據元素或是預約都
是重要的，且是需要行動的。對大數據來說，卻是相反的，99% 的數據可
能都不相關（直接、長遠，或是可能被處理成高解析度）。重點變成從廣泛

的整體中擷取相關的點，從雜音、不規則和例外中尋找信號，比如說，基因體多態性（genomic polymorphism）。大數據處理的下一個階段是樣式辨認（pattern recognition）。高取樣頻率不僅提供現象的點測試（在傳統科學方法中），也提供多種時間框架和條件中的解釋。我們第一次可以取得縱向的基本規範、變數、模式和循環行為。這需要在傳統科學方法的簡單因果關係之外思考，延伸至相關性、關聯性和事件引發的系統性模型。在大數據探索中使用的一些重要方法包括機器學習演算法、神經網絡、階層表現和資訊視覺化。

　　群眾外包是另一個重新塑造科學行為的趨勢。這是大數量個人（群眾）的協調，透過網路參與某種活動。群眾模型帶來了科學生態系的發展，一邊包括使用傳統科學方法的專業訓練制度研究者，另一邊包括使用各種方法探索個人興趣的公民科學家。中間是不同等級的專業組織和同儕協調的努力。網路（還有網路連結所有人的趨勢，現在總共連結 20 億人，估計在 2020 年總共會是 50 億人）讓超大規模的科學成為可能。不只讓群眾外包的現存研究更便宜也更快速，也讓百倍大的研究和先前研究的細節也成為可能。群眾可以用自動連結量化自我追蹤和數據公共領域網站，提供數據數量。公民科學家透過像「星系動物園」（Galaxy Zoo）等網站，參與細微的資訊處理，以及其他數據蒐集和分析活動。群眾更密集地加入群眾外包勞動市場（剛開始像土耳其機器人〔Mechanical Turk〕，現在則愈來愈技術專精）、數據競爭和嚴肅賭博（比如預測蛋白質折疊〔protein-folding〕和 DNA 構造）。新的科學行為方法以自學、量化生活（Quantified Self）、生體入侵（Biohacking）、3D 列印和合作的同儕研究革新。

　　合成生物學是第三個重新塑造科學行為的普遍趨勢。被讚賞為「21 世紀電晶體」的候選人，因為它的變形可能性，合成生物學是生物設備和系統的設計和建設。它高度跨領域，連結生物學、工程學、功能設計和計

算。其中一個關鍵的應用領域是代謝工程學（metabolic engineering），增加細胞正常的物質製造，之後可以被作為能源、農業和製藥用途。合成生物學的本質是積極地創造新興生物系統、生物體和能力，這和原本的科學方法被發展用來的現象消極分類恰恰相反。把細胞內遺傳和調控程序最佳化雖然部分可以用科學方法解釋，但是整體的活動和方法範圍是更廣泛的。發明**新興**生物體和功能需要一個和傳統科學方法所支持的科學方法全然不同的科學方法，並包括科學的再概念化，作為分類**和**創造的力量。

在大數據、群眾外包和合成生物學出現的新科學時代，我們不能再只依賴傳統的科學方法。為了下一代的科學進步，許多模型應該被使用，以更合適並同樣有效的新方式補充傳統科學方式，並為科學行為開創新的層級。科學現在可以在下游以愈來愈精細的解析和排列進行，並在上游以更廣泛的系統性動力進行。暫時性和未來變得更可知和可預測，因為所有的過程、人類和其他事物都可以用連續即時的更新塑造。

就認識論而言，「我們怎麼知道」，以及世界的真相和現實，正在改變。在某些意義上，我們可能處於黑暗時代之中，未來科學方法的多樣性定會引領我們至新的領悟，就像傳統科學引領我們至現代性一樣。

Fiery Cushman

菲利‧庫許曼

哈佛大學心理學系助理教授。

重大影響帶來重大解釋

很多科學家都被通往成功的兩步驟誘惑：先找出重大影響，然後找出影響的解釋。這樣的方式背後有個暗藏的理論，也就是認為重大影響會有重大解釋。科學家對解釋比對影響更有興趣：牛頓有名不是因為他發現蘋果和軌道物體都會落下，而是解釋了原因。所以如果暗藏的理論是假的，那麼很多人就找錯樹了。

當然有重大影響的替代和可能來源：很多細小解釋相互影響。當它發生時，這個替代選擇比不對的樹更糟，這是棵沒有希望的樹。不對的樹就只是產生令人失望地細小解釋。但是沒有希望的樹有許多纏繞在彎曲交錯樹枝中的解釋，需要特別努力才能取得成果。

所以，重大影響真的偏向有重大解釋嗎？這個問題大概沒有一個簡單和一致的答案。（畢竟這是一棵沒有希望的樹！）但是我們可以使用一個簡單的模式來做出有根據的猜測。

假設這個世界是由三種事物組成的：有著我們可以拉的**槓桿**；拉這些槓桿可以產生**可觀測的效果**（閃電、鈴響、蘋果掉落）；最後，含有隱藏的**因果作用力**（解釋），連結槓桿和槓桿的影響。

為了要探索這個玩具世界，我在我的筆記型電腦上模擬。首先，我製造 1000 個槓桿。每一個槓桿都啟動 1 到 5 個隱藏的機制（200 個槓桿只啟動一個機制，另外 200 個啟動第二個，以此類推）。在我的模擬中，每個機

制都只是一個從平均數是零的常態分布中所生的數字。接著，被每個槓桿啟動的隱藏機制相加以製造一個可觀察的影響。所以 200 個槓桿製造的影響等於常態分布中的一個數字，另 200 個槓桿製造的影響等於兩個上述數字的總和，等等之類。

之後，我有 1000 個不同大小影響的清單。有些很大（極負或極正），其他的很小（接近零）。我檢視了 50 個最小的影響，想知道其中有多少個是從單一獨立的機制產生的：50 個裡面有 11 個。接著我查看有多少個是 5 個機制相加的結果；50 個裡面有 6 個。最小的影響都偏向有較少的解釋。

接下來，我檢視 50 個最大的影響，平均大約有 100 倍大，並且發現它們都偏向有更多解釋。其中 25 個有 5 種解釋，沒有任何一個是只有一種解釋。第一個只有單一解釋的影響是大小排行第 103 的影響。（這些例子幫助具體佐證我的論點，但是它的本質可以描述得更精簡：兩個不相關的隨機變數總和的標準差比其個別標準差要大。）

所以如果科學家唯一的目標是簡單，那麼在我的玩具世界裡，她就應該避免最大的影響，並且追尋最小的影響。但是她可能會覺得被欺騙了，因為這樣的方法只會找出影響不大的解釋。作為一個平衡簡單（少量解釋）和影響（重大解釋）的粗略方法，我計算了一種不同影響大小的實驗「預期值」：找到一個單一原因影響的可能性，乘以其影響的大小。你可能也猜得到，最高的預期值都偏向往影響範圍的中間聚集。看來平衡在中庸裡找到靈魂伴侶。

但我這樣簡便粗略的計算是有先決條件的。多數的科學家能夠處理超過一個層面的因果機制（有些甚至可以處理 5 個！）另外，科學家調查的真正因果機制比我的模型能夠做的要複雜許多。一個解釋可能和很多影響相關、各種解釋和其他解釋非直線性地結合、解釋可能相關聯，等等之類。

但是，依然值得讓認為我們應該堅定地追求最重大解釋的觀念消失。

我猜對此理論困境，每位科學家都有自己最喜愛的例子。在我的領域中，被討論不斷的是，為什麼人們認為將一部超速的電車從前面有 5 個人的方向移向只有 1 個人在的方向，是可以接受的，但是讓 1 個人站在電車前面阻止電車撞上 5 個人，卻是不能接受的。這個案例很誘人，因為它的影響重大，解釋卻一點都不明顯。但是，在跨越不同實驗室的多年研究後，影響不只是有一種解釋是被廣泛同意的。事實上，我們在研究有著關鍵利益、單一原因的較細小影響時，學得更多。

讚賞帶來重大影響的研究，以及用來解釋影響的理論，是很自然的事。這樣的讚賞通常也是情有可原的，尤其是世界有重大問題需要雄心壯志的科學解決方法。但是科學只能以其最好的解釋速率進步。通常最優雅的進步來自於中庸部分的影響。

山謬‧阿貝斯曼

應用數學家、考夫曼基金會（Ewing Marion
Kauffman Foundation）研究及政策資深學者，著
有：《知識的半衰期》（*The Half-Life of Facts*）。

Samuel Arbesman

科學＝大科學

　　幾個世紀以前，在科學還未純熟時，運用簡單實驗提供科學知識是可行的。你可以是個科學愛好者或是「紳士科學家」（gentleman scientist），並且發現了關於我們世界的某種基本事物。但是在過去的幾十年中，科學愈來愈大。在大科學的時代，我們需要更大團隊的科學家一起合作探索，不論是生命科學還是能量物理。而這個則需要很多錢。科學家從事小規模科學的年代似乎已經結束了。

　　這也是我們常常聽到的敘述。希格斯玻色子不是使用在車庫中發明的裝置而被發現的。它是被一個大型科技架構發現的，而且有成千科學家參與其中。

　　所以小規模科學結束了嗎？雖然趨勢是偏向團隊科學（team science），但小型且聰明的科學（少量預算、簡潔實驗，有時候甚至是業餘愛好者的領域）並沒有消失。小科學並非一定是對抗機構的孤獨弱者，很多時候，這充其量只是一、兩個資金不足的科學家想嘗試做到最好。但是，他們似乎也在這樣的現代大科學時代存活了下來。舉例而言，幾年前，一位古生物學研究生洗刷了一種恐龍同類相食的罪名，此發現始於十分簡單的觀察，就是觀看美國自然歷史博物館地鐵站牆上的化石。或是想想那些檢視任何可能的錯綜複雜方法的科學家，以及那些研究《自然》雜誌出版的科學家。小科學還是有可能的。

雖然這些例子可能看似有點瑣碎，但是小規模科學可以有大影響。彼得・米切爾（Peter Dennis Mitchell）在 1978 年獲得諾貝爾化學獎，獲獎的研究是他在自己的小型私人研究機構中做的，只有幾個人參與。支持此研究機構實驗室的包括了米切爾家人的贊助金，讓米切爾成為一位現代的紳士科學家。另一個諾貝爾獎則頒給裂腦病人的研究，裂腦病人左右腦半球的連結嚴重受損，此研究帶來了對腦功能新穎的見解。項研究中一部分的實驗十分簡單（雖然極度聰明），諾貝爾獎的網站上就有個和原始實驗相同的遊戲，讓你可以在家玩。

你仍然可以經濟實惠地從事科學。幾十年前，斯坦利・米爾格拉姆（Stanley Milgram）只使用明信片就測量了著名的六度分隔理論（six degrees of separation）。雖然從那時起，科學變得愈來愈大，但在某些方面，以小規模方式從事大規模科學也變得更容易。感謝大量的計算進展和隨處可取得的廣泛數據（更別提在線上蒐集數據更加容易），任何科學家現在都可以用小且簡單的方式，便宜地從事大科學。科技讓研究科學家能夠用驚人的方法運用預算。我們每一個人現在也能夠以業餘家的身分，藉由公民科學漸增的盛行，輕而易舉地對科學做出貢獻，在公民科學中，一般大眾通常以小量漸增的方式，幫助像數據蒐集等工作。從分類星系或浮游生物到了解蛋白質如何折疊，每個人現在都可以是科學過程的一部分。雖然數學可能依然是非凡天才的天下，但是科學愛好者或業餘家也可以佔有一席之地：歐幾里得（Euclid）在數千年提出並解決的問題，兩位高中學生在 1990 年代中期發現了另一個可以解決此問題的新方法，而在此之前從沒有發現過任何其他的方法。另外還有一個被稱為趣味數學（Recreational mathematics）的領域。這些例子所顯示的是，創意實驗和正確問題與充足資金以及公共建設同等重要，科技讓這樣的工作變得前所未有地容易。小科學依然可以蓬勃發展。

朱恩・格魯伯

June Gruber

科羅拉多大學波德校區心理學系助理教授、正面情緒和精神病理學實驗室主任。

傷心都是不好的，快樂都是好的

　　一個在情緒研究的觀念，以及此觀念對心理健康的影響早就該淘汰了，此觀念認為負面情緒，比如傷心和恐懼，對我們的心理健康本質上就是不好的或是無適應性的，而正面情緒，比如快樂和愉悅，本質上則是好的或是有適應性的。這樣的價值判斷需要在情感科學（affective science）的架構中被理解，取決於一種情緒是否阻礙或是促進一個人追求目標、取得資源和在社會中有效運作的能力。「悲傷本質上是不好的」或是「快樂本質上是好的」這樣的理論，為了人類情緒的科學研究進步，必須被捨棄。

　　先談談負面情緒。早期的快樂理論對健康定義的一部分是負面情緒的相對缺乏（relative absence）。認知行為治療等以實驗為基礎的療程也注重於減少負面情感和心情，以增進健康。但是有些權威性的科學研究則認為負面情緒對我們的心理健康是十分重要的。以下舉三個例子：

　　1. 從演化的觀點來看，負面情緒提供我們威脅或需要注意問題的重要線索，以幫助我們生存，比如像是不健康的關係，或是危險的情況。

　　2. 負面情緒幫助我們專心：負面情緒促進詳細和分析的思考、減少刻板思考、增進目擊者的記憶（eyewitness memory），以及在具挑戰性的認知任務裡促進毅力。

　　3. 試圖壓抑負面情緒，而不是接受或是體悟負面情緒，會產生反效果，此增加痛苦的感覺和加強濫用毒品、過食和甚至自殺念頭的臨床症狀。

和這些健康的快樂理論恰恰相反，負面情緒本質上則並非對我們是壞的。再者，負面情緒的相對缺乏預示一個更差的心理調適。

　　正面情緒被認為是愉快的或是激勵我們追尋目標導向行為的正向效價狀態。一項存在已久的科學傳統一直著重於正面情緒的益處：認知益處，比如像是提升的創造力、社會益處，比如關係滿意度和利社會行為，以及生理益處，比如改善的心血管健康。從此項研究所生的假設是，正面情緒狀態應該總是被最大化、加速次領域的誕生，以及獲得更多大眾的注意力。但是愈來愈多的研究反對正面情緒本質上是好的這樣的論點：

　　1. 正面情緒促進自我注重的行為，包括自私、對外團體成員的刻板印象、欺騙和不誠實，以及在某些環境中的移情準確性（empathic accuracy）。

　　2. 正面情緒和桀驁不馴以及在細節導向的認知任務上不佳的表現相關。

　　3. 因為正面情緒可能會降低顧慮，它們和冒險以及高死亡率也相關。

　　正面情緒的確並非總是具適應力的，有時候會妨礙我們的健康，甚至是我們的生存。效價（valence）不是價值：我們不能根據情緒的正面或負面效價來推論關於情緒的價值判斷，情緒不會僅僅因為它的正性或負性，本質因而是好的或壞的。我們應該要將情緒功能性的特定價值基礎決定因素更臻完美。為了達成目的，新的研究必須強調需要注重的關鍵變數。重要的是，情緒表露的環境可以決定情緒是否幫助或阻礙一個人的目標，以及哪一種情緒調整策略（重新評估或分散注意力）最能夠符合情況。另外，一個人心理彈性（psychological flexibility）的程度，包括一個人多快可以轉換情緒或從高壓環境中恢復，也會產生重要的健康結果。

　　心理健康不是由一種情緒類型的存在而決定的，而是情緒的多樣性，包括正面和負面。出乎意料的是，情緒是「好的」或是「壞的」似乎和情緒本身沒有什麼關係，而是和我們如何小心地在豐富的情感生活潮流中乘風破浪有關。

艾爾達·夏菲爾

普林斯頓大學心理學系公共事務威廉·史都華·塔德（William Stewart Tod）講座教授，與森迪爾·穆蘭納珊（Sendhil Mullainathan）合著有：《匱乏經濟學》（Scarcity）。

Eldar Shafir

相對的兩面不可能都是對的

英國廚師赫斯頓·布魯門索（Heston Blumenthal）的創意「熱冰茶」是糖漿狀的混合物，準備的方式為在杯子中間放入一個分隔器，在一邊倒入熱茶，另一邊則倒入冰茶。因為液體黏稠的性質，當分隔器被抽離時，兩半邊的液體仍然能夠持續分隔一段時間，足以讓幸運的食客能同時享用完美的熱冰茶。當你喝布魯門索的茶時，爭辯這杯茶到底是冷還是熱並沒有意義。你當然可以只喝冷的那一邊或只喝熱的那一邊。但是那杯茶是冷的也是熱的。

世界和科學多半看起來比我們想承認的更像那杯茶，特別是社會和行為科學。

舉例而言，我們通常假設快樂和傷心是對立的兩極，因此是互斥的。但是最近對情緒的研究顯示，正面和負面的影響不應該被認為是連續體相反的兩端，而且事實上，快樂和傷心的感覺可以一起發生。當研究參與者在看完某部電影，或是從大學畢業後馬上被訪問，結果發現他們是深深感到開心和難過的。我們的情緒經驗，結果真的很像一杯黏稠的茶：它可以同時是熱的和冷的。

善良和邪惡也是一樣。就像喝茶熱的或冷的一邊，我們現在知道微小的環境差別就可以產生影響。在一個經典研究中，心理學家約翰·達利（J. M. Darley）和丹尼爾·巴特森（C. D. Batson）召集了神學院的學生佈道撒

馬利亞人的比喻（Parable of the Good Samaritan）。一半的神學院學生被告知他們比預定開講的時間早了很多，另一半則相信他們要遲到了。在他們要去佈道的路上，所有的學生都會碰到一個明顯受傷的男子倒在門口呻吟，並需要幫助。時間充裕的人多半停下幫忙，但是那些快遲到的人裡，只有10% 的人停下幫忙，其他的人都跨過受傷男子，匆匆趕路[37]。不論神學院學生所接受的道德訓練和聖經學問，結果顯示時間限制的細微差別讓他們決定不顧受苦男子的懇求。就像那杯高概念（high-concept）的茶，每位學生**都是**關愛又冷漠的，依照命運任意的扭轉而展現某一種特性。

或是看看禿頭戴眼鏡的德國工程師約翰・拉貝（John Rabe），被稱為「南京的活菩薩」。拉貝是南京安全區著名的國際委員會主席，在日本佔領時期，他救了成千上百條中國人的性命。但是在杯子的另一邊，拉貝在同一個城市也是納粹黨的首領。1938 年，他向大眾保證他「百分之百」支持德國的政治體系。

本質上來說，這樣的反摩尼教（anti-Manichaean）觀點假定不是只有一種選擇永遠存在。如果你相信人只是永遠善良的或是永遠邪惡的，如果你認為那個杯子不是熱的就是冷的，那麼你就是錯的。你還沒感受過那個杯子，而且你對人類本質的理解天真得可怕。但是只要你的觀點不是那麼極端，只要你承認又冷又熱的可能性，那麼在很多情況下你不需要選擇，因為結果是兩者都存在。

根據我些微的了解，物理學家質疑波和物質間的區別，而生物學家拒絕在先天和後天間做選擇。但是讓我回到我最了解的領域。在社會科學裡，持續不斷且經常十分熱烈的辯論，是關於人們是否是理性的，以及關於人們是否是自私的。兩方都有令人信服的研究支持，冰的一方和熱

37.原註：'"From Jerusalem to Jericho': A Study of Situational and Dispositional Variables in Helping Behavior," Jour. Pers. & Soc. Psych. 27:1, 100-108(1973).

的一方，人們可以是冷漠、精準、自私和算計的。或者，他們也可以是急性子、困惑、利他、情緒化和有偏見的。事實上，他們可以在同一個時間點展現這些相衝突的特性。人們可以是十足精準的氣象預報家，卻是自信過頭、無藥可救的投資者、可以同時是殘酷的統治者和令人喜愛的寵物主人、有同情心的朋友和冷漠的父母。研究關於在高要求環境下所做的決定，其發現當人們專注於當務之急的問題時，人們可以是考慮周到且算計的，但是當考慮到不在他們注意力中心的問題時，儘管有時候這些問題緊密相關，也同等重要（或是更重要），人們卻是粗心和受到誤導的。

我們都知道，歷史充滿著聰明人做笨蛋事以及好人做壞事。我們是利他還是自私的？聰明還是笨？善良或是邪惡？就像那杯熱和冰的茶，總是有一點兩者皆是，這不過是取決於你從杯子的哪一邊喝茶。

大衛・貝羅比

David Berreby

記者、Bigthink.com「心智重要」（Mind Matters）部落客，著有：《我們和他們：認同的科學》（*Us and Them: The Science of Identity*）。

人是羊

1914 年夏末，歐洲文明開始了殺戮的漫漫長路，反對者卻寥寥無幾。相反地，在每個大城市裡，新聞影片播放開心的群眾在夏日陽光下歡呼。接下來的幾十年有更多的戰爭和壓迫，而且從不缺乏樂意的劊子手和順從的奴隸。到了 20 世紀中葉，是史達林和毛澤東，以及相似於他們的模仿者的時代，看來了解為什麼 20 世紀的人們無法站起來反抗送他們去打仗、集中營或是古拉格（gulag）的首領，似乎是件緊急的事。於是，社會科學家提出了一個答案，之後被彙整以及普及化，變成了任何一位受過教育的人都應該知道的事：人是羊，膽小可悲的羊。

認為我們不願意為自己著想，反而偏好不招惹麻煩、遵守規定以及順從，這樣的觀念應該是由縝密的實驗室研究建立的。（偉大的心理學家所羅門・阿希〔Solomon Asch〕在 1955 年寫道，「我們發現在我們社會中順從的趨勢如此強烈，相當聰明且善意的年輕人願意稱白色為黑色，這是令人憂心的。」）[38] 大量的研究論文依然參考羊模型的某個層面，好似這是普遍認同的真相和大眾行為的新假設所根據的鞏固基石。更糟的是，受過教育的外行人，比如政客、選民、政府官員，在對話中屢次提起。但是這是錯誤的觀念。此導致壞的假設和壞的政策。該是時候捨棄它了。

幾年前，心理學家伯特・哈吉斯（Bert Hodges）和安・吉耶爾（Anne

38.原註：Solomon E. Asch, "Opinions and Social Pressure," Sci. Amer., 193:5, p. 34 (1955).

Geyer）檢視了阿希在 1950 年代所做的一項實驗。阿希請人們看一條在白色卡片上的線，接著請他們說出在另一張白色卡片的三條線中，哪一條線和剛剛看到的線是相同的長度。每一位實驗自願參與者都在一個小團體裡面，而團體的其他成員其實都是這項實驗的合作研究者，故意選了錯誤的答案。阿希發現當團體有人選了錯誤的答案時，很多人也跟著選了不對的答案，不顧自己的判斷力。

但是在這項實驗中，每位實驗對象其實都有 12 次不同的對照，而這些對象多半不同意團體內多數人的選擇。事實上，就平均而言，每個對象有 3 次是同意多數人的選擇，而其他 9 次都堅持自己的看法。認為實驗結果是順從的禍害，就是認為，如同哈吉斯和吉耶爾所說的：「個人在這種情況下的道德義務是『根據所見發表意見』，而不管他人的意見。」[39]

實驗自願參與者解釋他們的行為，指出他們的判斷力並沒有被扭曲，也不是害怕與大眾持相反的意見。他們不過是在那一次選擇了和其他人一樣的答案。不難想像一個理智的人會這麼做。

「人是羊」的模型讓我們以服從或反抗、愚昧的順從或單獨的自我斷言來思考（為了不要當一隻羊，你必須是孤獨一匹狼）。此觀念並不認同人們需要信任他人、贏取他人的信任，而此也指引人們的行為。（在米爾格拉姆〔Stanley Milgram〕著名的實驗中，人們願意替他們認為是完全陌生的人電擊，此常常被引述為「人是羊」模型的證據。但是這項實驗真正測試的是實驗對象對實驗者的信任。）

對於信任他人的問題，如何贏得以及保有信任、誰贏得信任、誰又無法贏得信任，在了解一群人如何運作及影響團體成員時，看似確實重要。另外還有什麼？

39.原註：Bert H. Hodges & Anne L. Geyer, "A Nonconformist Account of the Asch Experiments: Values, Pragmatics, and Moral Dilemmas," Pers. & Soc. Psych. Rev. 10:1, 4 (2006).

那些曾被認為是不相關雜音的即時影響，看來行為也是容易受此左右的（比如說，在約翰·達利和丹尼爾·巴特森的實驗中，趕時間的神學院學生比起那些不趕時間的學生更不可能停下來幫忙陌生人）。另外，不斷增長的影響證據讓心理學家感到不安，因為那些證據看似和心理學根本沒有什麼關係。比如說，邁阿密大學的尼爾·強森（Neil Johnson）和倫敦大學皇家哈洛威學院的麥可·斯巴格達（Michael Spagat），以及他們的同事發現，多種不同戰爭（不同行為者、不同風險、不同文化、不同大陸）中攻擊的嚴重度和時間點，都遵守冪次律（power law）。[40] 如果這是真的，那麼一位戰士的動機、意識型態和信念對於下星期二攻擊的決定，就比我們認為的要來得不重要。

或者，再舉另外一個例子，如果像尼可拉斯·克里斯塔基斯（Nicholas Christakis）的研究所稱，你抽菸、性病、感冒或是變胖的風險，有一部分是取決於你的社會網絡聯繫，那麼你個人的感覺和思考又會產生多大的不同？

或許人們在團體中的行為最終會被解釋成即時影響（比如海上的浪花）和在意識外有力的驅動程式（比如深海潮流）的結合。所有未解決的問題都很重要和吸引人。但是它們都只有在我們放棄認為我們是羊的簡化概念後，才會顯現。

40.原註：J. C. Bohorquez, et al., "Common Ecology Quantifies Human Insurgency," Nature 462:7275, 911-14 (2009). doi:10.1038/nature08631.

大衛・巴斯

德州大學奧斯汀校區心理學系教授，著有：《危險的激情：為什麼嫉妒同愛、恨同樣必要》（*The Dangerous Passion: Why Jealousy Is as Necessary as Love and Hate*）。

David M. Buss

情人眼裡出西施

　　上一個世紀的大半時間，主流社會科學家都假設吸引力在各種文化間是膚淺、專斷和變化無限的。很多人依然堅持這些觀念。這些觀念吸引人的地方有很多。第一，美麗是以非民主的方式分配的，違反了我們生來平等的信仰。第二，如果生理的欲望是膚淺的（「你不能以貌取人」），它的重要性就可以不被考慮，比起更深層、更有意義的特性，就比較不重要。第三，如果美麗的標準是專斷且變化無限的，它們可以很容易地被更改。

　　20世紀的兩項運動似乎讓這些觀點獲得科學支持。第一個是行為主義。如果人類特徵的內容是在發育時，經由經驗情況的強化而建構的，這些情況必須創造吸引力的標準。第二個是在吸引力中，看似驚人的跨文化變化人誌學發現。如果紐西蘭的毛利人認為特定的嘴唇刺青很吸引人，而亞馬遜熱帶雨林的亞諾馬米族（Yanomami）欣賞鼻洞和臉頰洞，那麼其他地方對美麗的標準也一定是同樣專斷的。

　　性擇（sexual-selection）理論在演化生物學中的復興，特別是擇偶偏好，帶來了有力的理由，可以質疑社會科學家長久支持的理論立場。我們現在知道對有擇偶偏好的物種來說，從蝎蛉、孔雀到象鼻海豹，生理外觀通常十分重要。它傳遞了生殖上有價值的特性，比如健康、繁殖力、優勢和「優良基因」。人類是所有其他性繁殖物種的例外嗎？

　　更早於對此主題的上百次實證研究的演化理論認為我們沒有不一樣。

在擇偶上，第一要件，使用商人的用詞，就是要成功選擇一個有繁殖力的配偶。那些沒有找到有繁殖力配偶的人就沒有後代。現今每一個存活的人，都是來自於一連串綿延不絕、成功擇偶的祖先。作為演化成功的故事，每個現代人類都從他或她的祖先遺傳了擇偶偏好。

從我們祖先身上重複觀察到的特點，在統計上和可能性上，都確實和繁殖力相關聯，根據此理論，這些特點應該成為我們對美麗不斷演變的標準，不管是男性還是女性，這些包括健康的特徵，比如對稱外貌以及沒有潰傷和機能障礙。因為比起男性，繁殖力對女性來說更是以年齡分級的，年輕的特點應該在性別特定的吸引力標準中重要顯現。剔透的肌膚、豐潤的嘴唇、晶亮的眼球、女性雌激素依賴性的特徵、低腰臀比，以及其他女性繁殖力的特徵，現在都被認為是一片片拼湊出女性美麗普遍標準的拼圖。

女人對男性吸引力不斷演變的標準就比較複雜。代表男人健康免疫功能的男性特徵，被尋找短期配偶的女人認為是有吸引力的，而非尋找長期配偶的女人；被正在排卵的女人認為是有吸引力的，而非正值生理週期黃體期的女人；或是擇偶者自身價值（mate value）較高的女人認為是有吸引力的，也許是因為她們有能力可以吸引和控制這樣的男人。女人判斷男人有無吸引力取決於多種環境：社會地位特徵、注意力結構、和嬰兒良好的互動、和嫵媚動人的女人一起出現，以及其他更多環境。女人認為什麼樣的男人有魅力，更複雜且多變化的標準反應在另一項重要的實驗結果裡：比起讓男人同意哪一些女人是有吸引力的，更無法讓女人同意哪一些男人是有吸引力的。

情人眼裡出西施，認為美麗是膚淺、專斷和在文化間變化無限的理論，可以放心地加以捨棄。我認為這是 20 世紀社會科學家製造的最大迷思之一。此理論的代替物，是人類學家唐納・賽門斯（Donald Symons）所稱的「情人認為適合的就是西施」，此觀念依然讓一些人很不自在。它違反了

一些我們重視的信念和價值觀。但地球不是平的、也不是宇宙中心的概念不也是這樣？

海倫・費雪

羅格斯大學生物人類學家，著有：《我們為何戀愛？為何不忠？：讓人類學家告訴你愛情的真相　》（*Why Him? Why Her? How to Find and Keep Lasting Love*）。

Helen Fisher

浪漫愛和上癮

「如果觀念一開始不荒謬，那這個觀念就毫無希望可言。」愛因斯坦這麼說。我想要擴展上癮的定義，並且讓認為**所有**上癮都是病理且有害的科學觀念消失。

50 多年前，正式診斷開始時，對賭博、食物和性（也被稱為非物質獎賞〔non-substance rewards 〕）的強迫追求都沒有被認為是上癮。只有對酒精、鴉片、古柯鹼、安非他命、大麻、海洛因和尼古丁的濫用才被正式認為是上癮。這樣的分類很大一部分是因為毒品活化腦中與渴望和著迷相關的基本「獎賞路徑」（reward pathway），並且製造病理行為。精神科醫生在這樣的精神病理學世界裡工作，是個不正常且讓你生病的世界。

身為一個人類學家，我認為他們因此觀點而受限。科學家現在已經證明食物、性和賭博的強迫行為運用了很多相似於毒品濫用所活化的腦中路徑。2013 年版的《精神疾病診斷與統計手冊》（*The Diagnostic and Statistical Manual of Mental Disorders,* DSM）終於承認至少一種非毒品濫用，比如賭博，可以被認為是一種上癮。性濫用和食物濫用還沒有被包括。浪漫愛也還沒有。我要提出愛上癮，就其行為模式和腦機制而言，和其他任何上癮都是一樣真實的。再者，這通常是**正面**的上癮。

科學家和外行人早就認為浪漫愛是超自然的一部分，或是 12 世紀法國吟唱詩人的社會發明。證據卻不支持這些概念。情歌、詩、故事、歌劇、

芭蕾、小說、迷思和傳說、愛情魔術、愛情咒語、為愛自殺和殺人，數千年來，浪漫愛的證據在 200 多個社會中被發現。在世界各地，男男女女渴望愛情，並為愛而死。人類浪漫的愛，也被稱為熱情的愛或「戀愛」，常常被認為是人類的普遍現象。

再說，被愛沖昏頭的男女有著所有基本的上癮症狀。首先，情人單單只專注在他／她選擇的毒藥，也就是愛的對象。情人會著迷地想著他或她（侵入性思維），並且常常強迫性地打電話、寫信或保持聯絡。這樣的感受裡最重要的是贏取心上人那股強烈的動機，和毒品濫用者對毒品的迷戀並無不同。熱情如火的情人扭曲事實、改變他們的優先順序和日常習慣以配合愛人、經歷個性的改變（情感障礙〔Affect disturbance〕），有時候還會做一些不適當或危險的事來打動這位特別的人。很多人都願意為「他」或「她」犧牲，甚至放棄生命。情人渴望和心上人有情感和身體上的結合（依賴）。就像上癮者在拿不到毒品時痛苦不堪，情人和心上人分開時也同樣痛不欲生（分離焦慮）。災難和社會阻礙更是助長了這樣的渴望（挫折的吸引力〔frustration attraction〕）。

事實上，被愛沖昏頭的情人都顯露了四種上癮的基本特徵：渴求（craving）、耐受（tolerance）、戒斷（withdrawal）、復發（relapse）。他們和愛人在一起的時候，感受到「大量的」愉悅（中毒）。當他們的耐受增加，他們追求和愛人有更多互動（強化）。如果愛上的對象終結這段關係，情人經歷毒品戒斷的徵兆，包括抗議、大哭、無力、焦慮、失眠或嗜睡、沒有胃口或是大吃、易怒或是孤單。情人就像上癮者一樣，常常十分極端，有時候為了贏回心上人的心，會做出丟臉或是危險的事。情人也像毒品上癮者一樣復吸。在關係結束很久以後，和拋棄他們的負心人有關的事件、人、地方或是任何外在信號，都會刺激記憶並產生新的渴求。

在眾多認為浪漫的愛是一種上癮的證據中，或許沒有比漸增的神經

科學數據更令人信服的證據。使用功能性磁共振造影，幾位科學家已經證明浪漫愛的強烈感覺使用腦的「獎賞系統」區域：特別是和能量、專注、動機、喜悅、絕望和渴求相關的多巴胺路徑，包括和毒品（非毒品）上癮相關的主要區域。事實上，我和我的同事露西‧布朗（Lucy Brown）、阿瑟‧亞倫（Art Aron）和碧安卡‧亞賽維多（Bianca Acevedo）在被拒絕情人腦中的依核（nucleus accumbens，以及所有上癮相關的核心腦工廠）中的發現活動。另外，有些我們最新的研究結果顯示，在瘋狂又幸福相愛的情侶中，依核活動和浪漫熱情感覺之間是有關聯。

諾貝爾獎得主埃里克‧坎德爾（Eric Kandel）認為，腦部研究「將會為我們帶來以人類而言，我們究竟是誰的新見解。」[41] 理解了我們現在對腦所知的事，我的腦部掃描同事布朗認為浪漫的愛是自然的上癮。而我一直認為這樣自然的上癮是大約在 440 萬年前，在我們第一代人類祖先中，從哺乳類前身演化而來的，和（一系列、社會的）一夫一妻制演化一致，是人類的特徵。其目的是：鼓勵我們的祖先將交配時間和新陳代謝能量在一個時間集中在單一配偶上，因此開始組成配偶關係，像團隊一樣一起養育後代（至少在嬰兒時期）。

我們愈快接受腦科學告訴我們的事，並且使用這項資訊來改良上癮的概念，就更能了解我們自己，以及更了解在這星球上沉迷於喜悅，並和此深深有力、自然以及通常是正面的上癮——浪漫愛，所帶來的遺憾奮鬥的數十億人。

41.原註：Eric Kandel, "The New Science of Mind," New York Times, Sept. 6, 2013.

布萊恩‧努特森

Brian Knutson 史丹佛大學心理學和神經科學系副教授。

情緒是次要的

有些人仍假設情緒是次要的，但現在是時候承認情緒是主要的了。

認為情緒是次要的主張可以照字面解釋，也可以用比喻解釋。從字面的觀點來看，自實驗心理學在鍍金時代誕生後，專家一直爭辯哪種生理學對情緒經驗是必要的。在威廉‧詹姆士（William James）前瞻性的文章〈情緒是什麼？〉（What Is an Emotion?）中，他違反直覺地認為，當我們碰到一隻熊的時候，次要的（比如脖子以下）生理改變發生（胃絞痛、心跳加速、流汗），於是製造了情緒經驗（恐懼）。依其所示，次要反應必須在恐懼的感覺之前先發生。

詹姆士的哈佛同事華特‧坎農（Walter Cannon）並不同意這個觀點，並認為腦部活動製造情緒經驗和次要反應。坎農的論辯根據研究（比如，情緒反應可以由刺激貓的腦部而被引起，貓在脊椎神經損害後仍繼續表現出那些情緒反應），也根據生理邏輯（次要回應太慢、不敏感，而且引起情緒反應的次要反應無法被區分）。因此，雖然詹姆士是一位有創造力的思想家，以及一位有說服力的作家，他卻沒有將實際經驗納入推論，而冷淡且低調的坎農（他也創立了像「恆定」〔homeostasis〕以及「戰鬥或逃跑」〔fight or flight〕等影響力深遠的概念）則帶進數據支持論辯。

我常常重新檢視這場百年之久的學術爭辯。因為次要論的假設依然是構成許多現代情緒理論的支柱（比如，次要身體信號的形式、表現或是任

何聲稱傳遞情緒的感官過程）。當然，次要反應可以改變情緒，但是它們並不夠迅速或具體，可以傳遞那些保障我們祖先生存的快速情緒反應。毫無疑問地，情緒製造次要反應，但是如果沒有關於哪個反應先發生的訊息，相關聯的行動並不代表因果關係。為了對次要的觀點公平，科學家現在缺乏一個腦如何製造情緒的量化計算模型，而神經機制也依然未解。但是當未來幾年的腦部模擬、損傷和成像證據累積時，我敢說情緒的主要價值將會盛行。

　　從比喻的觀點看，情緒次要論假設的問題就更深遠。一個更古老的爭辯注重於情緒的功能而非架構。具體來說，情緒對心理功能而言，是次要或是主要的？次要論的觀點可能假定情緒並不影響或甚至不中斷心理功能。雖然此假設的根源可以往回追溯至瑣羅亞斯德教的二元論，但通常都是責怪笛卡兒將二元論從宗教帶至科學。笛卡兒將心智和心靈放在一起，卻將熱情和身體放在一起，而分開了心智和熱情（他們採用聲稱移動松果體的「動物心靈」形式）。根據笛卡兒的心智－身體二元論，心智因此可以不受過分熱情的干擾，而獨立運作。

　　相對於此次要論觀點，認為情緒是心理功能中心的描敘來自東方而非西方。西藏佛教的「生命之輪」，以動物代表的熱情感受在轉輪上佔了一塊，驅使思維和行為。在上述兩種論點中，過分熱情可以改變思維和行為，但是在笛卡兒的論點裡，情緒是從次要地位影響心智，而佛教的論點則是情緒從中心驅使心智。如果情緒對心理功能是主要的，那麼我們學到的心智科學地圖就是反的。

　　的確，情緒在心智的現代科學模型中普遍缺乏。社會科學最著名的心智譬喻中，心智是本能反應（來自行為主義）的比喻公然遺漏了情緒，而心智是電腦的比喻（來自認知主義），幾乎忽略了情緒。就算情緒出現在後期的理論中，它通常也是事後才被想到的，一個對已經發生事物的附帶回

應。但是過去 10 年來，增長的情感科學（affective science）領域已經揭露情緒可以發生在思維和行為之前，並且激發思維和行為。

新興的生理、行為和神經成像證據指出情緒是主動也是反動的。來自腦中的情緒信號現在作出關於選擇和心理健康症狀的預測，很快可能就可以引領科學家到對思維和行為賦予更準確控制的特定路徑。因此，**繼續忽略情緒是心理功能的中心，代價可能很高**。假設心智如同大量本能反應、電腦程式，或是一個為自我利益的理性行為者，我們就在個人以及團體裡，失去了預測和控制行為的重大機會。我們應該不要再將情緒置於次要地位，而應讓情緒回到它原本所屬的中心。

保羅·布倫

Paul Bloom

耶魯大學心理學和認知科學系布魯克及蘇珊娜·雷根（Brooks and Suzanne Ragen）講座教授，著有：《善惡之源》（*Just Babies: The Origins of Good and Evil*）。

科學可以最大化我們的快樂

　　心理學家已經做出了關於什麼讓人們快樂的重大發現。有些發現和常識相衝突。比方說，我們其實比自己想像得更容易從負面經驗中恢復，我們通常對哈佛心理學家丹尼爾·吉伯特（Daniel Gilbert）所稱的「心理免疫系統」無所察覺。其他的發現和祖母就可以告訴我們的一致，比如快樂來自於和朋友在一起，而痛苦通常因孤獨而生。最好活得像唐老鴨，而不是牠的小氣叔叔史高治·麥克老鴨。

　　有些主要的研究者相信當這樣的研究繼續，我們將會獲得一個如何最大化我們快樂的科學方法。這是錯誤的。就算是假定一個完全客觀的快樂定義（並且不論快樂生活和**幸福**生活的區別），如何建構一個最快樂生活的問題仍（至少一部分）不屬於科學領域。

　　為了了解原因，來想想一個相關的問題：我們如何能夠決定最快樂的社會？英國哲學家德瑞克·帕菲特（Derek Parfit）和其他人都指出，就算你可以精準地測量每一個個人的快樂，這依然是個傷腦筋的困難問題。我們應該選擇一個快樂總數最高的社會嗎？如果是這樣，那麼一兆生活悲慘的人（但是還沒悲慘到他們寧可死掉），就會比 10 億快樂得不得了的人「更快樂」。

　　這聽起來不太對。那我們計算平均嗎？如果是這樣，那麼一個多數個人都極度快樂、而只有少數個人受到恐怖折磨的社會，就會比一個所有人

都不過是非常快樂的社會「更快樂」。這聽起來也不對。或者，想想這兩者間的對比：（a）一個所有人都同等快樂的社會，和（b）一個顯著不平等的社會，但是卻有著比（a）大的快樂總數和平均快樂數。哪一個比較快樂？這個問題很困難，和真實世界息息相關，而且這也不是那種科學可以解決的問題，因為科學並沒有提供如何計算總體快樂的實驗方法。

重要的是，就像帕菲特提出的，個人的生命也面臨同樣的問題。你應該如何在一生中協調你的快樂？哪一種生命比較快樂：是一直都還挺快樂的一生，還是苦樂參半的一生？同樣的，這不是那種可以用實驗回答的問題。

另外還有道德考量。我們常常面臨必須選擇是否為了他人利益而犧牲自我快樂的情況。我們多數人會為朋友和家人做出這種犧牲，而有些人會為陌生人這麼做。這麼說吧，這是個道德問題，而不是享樂的問題：一個全然的享樂主義者只會在相信幫助他人會增加自己快樂的限度下幫助他人。但是現在試想如果同樣的交換應用於單一個人，並只發生在單一個人的一生中。現在想想你的快樂，並且問自己你願意放棄多少，不是為了他人放棄而是為了未來的自己。

生命滿是這樣的選擇。當我們沉浸於某種當下的享受時：油炸食物、不安全性行為、毫無顧忌地生活，我們就在貪心地最大化眼前的快樂，而犧牲了未來自己的快樂：討人厭的運動、健康卻無味的食物、為未來儲蓄。我們是利他主義者，為了未來自己的快樂而於現在做出犧牲。那麼，令人驚訝的是，就連最自私的享樂主義者都必須對付道德問題，而看起來像是關於快樂的科學問題，馬上就變成明顯是關於做正確事物的非科學問題。

帕斯卡爾・博耶

人類學家、心理學家、聖路易斯華盛頓大學個人和
集體記憶亨利・魯斯（Henry Luce）講座教授，著
有：《解釋宗教》（*Religion Explained*）。

Pascal Boyer

文化

　　文化就像樹一樣。是的，四處都有樹。但是這並不代表我們就有樹的科學。知道一些「樹」的粗略概念對埋伏並攻擊獵物的蛇、築巢的鳥、試圖逃離瘋狗的人，當然還有景觀設計師來說，是有用的。但是此概念對科學家來說並沒有用處。沒有什麼適用於所有人類、蛇和鳥認為是「樹」的東西可以被發掘，比如說，以解釋成長、繁殖、演化。也沒有什麼是可以同時適用在松樹和橡樹上、猴麵包樹和像香蕉樹一樣的巨大草本植物。

　　我們為什麼認為有文化這種東西？像「樹」一樣，這是個方便的詞。我們使用它來稱呼各種我們認為需要一個總稱的事物，比如人類從其他人類所獲取的大量資訊，或是我們在某些人類團體發現的特徵概念或規範，卻在其他團體中找不到。沒有證據證明這兩種領域和適合科學研究的事物相符，並且能夠提供普遍假設或描述機制。

　　別搞錯了。我們可以並且應該參與「文化事物」的科學研究。不管有多少傳統社會學家、歷史學家或是人類學家詭異的蓄意阻撓，人類行為和溝通可以並且應該根據它們的自然原因被研究。但是這不代表普遍來說，我們會或是應該有文化科學。

　　我們可以從事人類行為和溝通普遍原則的科學研究，這是演化生物學、心理學和神經科學可以做到的，但是那是比「文化」更廣泛的領域。相反地，我們可以從事比如技術的傳送，或是協調規範的延續，抑或是禮

儀穩定性等領域的科學研究，但是這些都是比「文化」更窄的領域。因此，普遍而言，關於文化事物，我不認為有任何好的科學能提供什麼意見。

這從某方面來說一點也不令人驚訝。當我們說某些概念或行為是「文化的」，我們不過是在說某些概念或行為和其他人的概念或行為相似。這是統計的事實。它並沒有告訴我們造成那個行為或概念的過程。就像法國認知科學家丹·斯波伯（Dan Sperber）說的，文化是心智表徵的流行。但是知道流行的事實（這個觀念是普遍的，而那個觀念很罕見），除非你了解生理學，不然可以說根本沒有用處：這個觀念是如何被習得、儲存、修改，此觀念如何連結至其他表徵和行為。我們可以說出很多關於傳播動力有趣的事物，從羅伯特·博伊德（Rob Boyd）和皮特·里查森（Pete Richerson）等學者，到更近代的模型製造者都做過了。但是這樣的模型並不試圖解釋為什麼文化事物是這個樣子的，而且恐怕也沒有通用的答案可以回答這個問題。

文化的觀念真的是一件壞事嗎？是的，相信文化是現象領域已經阻礙了團體人類行為科學的適當發展，這應該是社會科學的領域。

第一，如果你相信有「文化」這種東西，你很自然地會偏向認為它是一個現實的特別領域，有著自己的定律。事實上，你卻無法找到一致的因果原則（因為根本就沒有）。所以你讚嘆文化絢麗的多變和多樣性。但是文化之所以是絢麗多樣的，就是因為它並非一個領域，就像白色物體領域中，或是在比蘇格拉底年輕的人中，有著驚人的多變性。

第二，如果你相信文化是一種東西，那文化應該在每個人和世代間都相通，這對你來說就很正常。所以你完全認為不太可能發生、並需要特別解釋的現象是毫無問題的。人類溝通並非是心智表徵從一個腦到另一個腦的直接轉移。它包括對其他人行為和話語的推論，而很少（如果發生）會產生完全相同的概念。這樣的過程能夠在大量人群中產生粗略穩定的表

徵，並是個急需被解釋的完美反無序過程。

第三，如果你相信文化，那你最終就是相信魔術。你會說某些人以特定方式表現，是因為「中國文化」或是「穆斯林文化」。換句話說，你會試著用非物質主體，來解釋物質現象，比如表徵和行為，一個關於相似的統計事實。但是相似並不會造成任何事物；造成行為的是心理狀態。

當人類互動和組成團體時，我們有些人試圖對人類的自然科學做出貢獻。我們根本不需要社會科學版的燃素（phlogiston），也就是文化的概念。

蘿拉・貝齊格

Laura Betzig

人類學家、歷史學家，著有：《專制和分化生殖》(*Despotism And Differential Reproduction*)。

文化

很多年前，當我坐在大師的腳邊時，亞馬遜雨林之王喜歡談論文化。他引述自己老師的話，老師認為文化是**獨特**的：文化是一種在其本身，並且由其本身所組成的事物。它讓我們不僅僅是我們生理構造的總和、它讓我們從演化過去的枷鎖解放。它讓我們和其他動物不同、讓我們是特別的。

拿破崙・沙尼翁（Napoleon Chagnon）對此不是很確定，而我也一樣存疑。

假若在人類 10 萬年的社會生活，從南非的弓箭頭到法國西南部多爾多涅省的維納斯雕像，不過就是我們努力成為父母的結果？假若一萬年的文明紀錄，從近東神殿的稅收帳戶到紐約港口青銅雕像的刻文，不過就是我們對未來世代基因表徵的努力？

兩種案例都有可能。10 萬多年以來，史前的覓食者大概就像非洲或亞馬遜的當代覓食者一樣生活。他們可能竭盡所能地和平相處，但是有時候為了生產和繁殖而打鬥，所以贏的一方可以和更多女人一同居住，並撫養更多小孩。在較難逃離的地方，或在資源容易取得、但鄰近領域食物和庇護所卻相對稀少的領域裡，他們可能更容易打鬥。

接著，在過去的一萬年中，建立第一批文明。從美索不達米亞到埃及、從印度到中國，再從希臘到羅馬，真社會性（eusocial）帝王，就像真社會性昆蟲，將他們一部分的下屬變為無法生育的階級，而自己卻是繁殖力十足。太監（praepositus sacri cubiculi）管理神聖的臥室，最終掌管了

台伯河上的帝國，其他太監收取稅收、領導軍隊，並掌控數百位在羅馬皇室（familia caesaris）「土生土長」的孩子。之後野蠻人入侵，帝王帶著他的奴隸妻妾逃到一個在博斯普魯斯海峽般安全的地方。聖彼得共和國占領了人口減少的西方。從克洛維（Clovis）在法國的王國、到查理曼在亞琛的帝國、到萊茵河東畔的神聖羅馬帝國，共同合作培育貴族，就像共同合作培育鳥類一樣，讓其中一部分兒女成為獨身主義者，而讓其他孩子婚嫁。女修道院院長、男修道院院長和主教管理地產和徵召軍隊，或是在修道院學校裡教導他們的姪子、姪女、外甥和外甥女，他們的哥哥在巨大的城堡裡孕育繼承人，或是在鄉下處處有著私生子。十字軍而後航向近東，哥倫布則帶著第一批移民橫跨大西洋。

　　之後的幾個世紀，來自舊大陸各處的成群窮人、團團民眾在美洲大陸上找到了可以自由呼吸的地方。就像是棲息地變大的幫手鳥或是社會性職蟲，數百萬奴隸和農奴、成千未婚的神父和和尚，離開了他們的地主和主人、走出了教堂和修道院。他們希望為自己和後代保障自由，他們尋找養育家人的地方。在《常識》（Common Sense）一書中，常人湯瑪斯・潘恩（Tom Paine）說道：「自由到處遭到追逐。亞洲和非洲早已把她逐出，歐洲把她當作異己分子，而英國已經對她下了逐客令。啊，接待這個逃亡者，及時地為人類準備一個避難所吧！」

　　從我向拿破崙・沙尼翁學習的初期，我就覺得「文化」像是上帝的另一個詞。好人（有些是最好的人）和聰明人（有些是最聰明的人）在宗教裡找到意義：他們相信某種超自然的力量指引我們做事。其他好人、聰明人在文化裡找到意義：他們相信某種超動物學的力量塑造人類事件的方向。他們的聲音通常悅耳，能成為音樂的部分當然美妙。但最終，我無法理解。對我來說，適用於動物的定律也適用於我們。

　　而那樣的生命觀，就已經夠宏偉壯觀了。

約翰・圖比

John Tooby

演化心理學創始者、加州大學聖塔芭芭拉校區演化心理學中心共同主持人、人類學系教授。

學習和文化

　　任何科學機構到底如何運作的第一手經驗都帶來痛苦的認知：科學以數量級（十的次方）的方式進步，會比它能夠或應該進步的速度更慢。我們的物種可以有著像思緒一樣快速的科學，像推論一樣快速的科學。但是我們常常碰到蒲朗克對科學速度的人口限制：一場接一場的葬禮，每一次的進步都需要一個守門員半個世紀長的專業壽命。

　　相反地，像思緒一樣快速的科學，它的自然速率是快速的速率：個人心智以這樣的速率自發地用熱切好奇心，交織而成的互相鼓舞社區，並且可以取得及分享來自數據的強烈推論序列。當然，蒲朗克是個輕率的樂觀主義者，因為科學家也像其他人類一樣，組成聯合團體身分，而遵守團體讚揚的信念（比如，「我們基本上做對了」）是深深被道德化的。

　　所以，選擇通常處在是否「道德」和思考清晰之間。因為持有當前正統觀念的人教育並自己選擇他們的下一代，錯誤不僅傳至下一代，還會變得和大峽谷一樣龐大。當這發生時，數據組如此深植於錯誤的詮釋模型中（如同在人類科學中），已經無法將這些數據從其混淆視聽的架構分開看待。於是，科學的社會速度最後甚至比蒲朗克冰冷的人口速度還要慢。

　　最糟的是，流過制度阻礙的探索和更佳理論的潮流，被混亂到甚至非關對錯（使用沃夫岡・包立生動的詞彙）的觀念阻擋。最糟的兩個罪犯是學習和它的同夥——文化，一對根深柢固、錯誤影響深遠，但是（看似）

不證自明的真實理論。除了容易被否證的機器遺傳決定論，還有什麼理論可以替代它們？

但是，無數明顯為真的科學信仰都需要捨棄：一個靜止的地球、（絕對）空間、物體的固態、無超距作用等等。就像這些觀念，學習和文化看似令人信服，因為它們和我們的心智如何演化以詮釋世界的自動內建性質相連（比如，學習在心智理論系統中是內建的概念）。但是學習和文化並非任何事物的科學解釋。相反地，它們是本身就需要解釋的現象。

所有的「學習」操作方法都是某種關於生物體和環境的互動，經由未被解釋的機制，在腦中的訊息狀態產生改變。所有的「文化」方法都是一個人腦中的某些訊息狀態，經由未被解釋的機制，以某種方式導致了在另一人腦中會被重新建構的「相似」訊息狀態。其假設是因為這些「文化」事件（或是，同樣地，「學習」）是用相同名稱提及，它們因此就是相同的東西。但恰恰相反，每一個事件都涵蓋了大量全然相異的東西。試圖將文化（或學習）是單一概念作為基礎以建構科學，就像試圖發明白色東西（蛋殼、雲、O 型星〔O-Type star〕、派特・布恩〔Pat Boone〕、人類眼白、骨頭、第一代蘋果電腦、蒲公英花蜜、百合花……）的穩健科學一樣，是誤導人的。

試想建築物和其他能讓建築物影響彼此的事物：路、電線、下水道、汙水道、郵筒、電話線、聲音、無線電話服務、有線電視、病媒、貓、老鼠、白蟻、狗吠、蔓延的火、臭味、視線內的鄰居溝通、汽車和貨車、收垃圾服務、挨家挨戶拜訪的業務員、燃料油運送等等。一個核心概念是建築物對建築物影響（「建築物文化」）的科學多半是無稽之談，就像我們人對人影響的文化「科學」，最後的結果也是一樣。

文化是原生質的功能相等物，由未知機制所稱（和「觀察到的」）的物質執行重要的過程。我們現在知道原生質是魔術師的誤導，一個

為無知佔位的黑盒子，而忽略了真正執行細胞過程的雙層脂質、核醣體（ribosome）、高基氏體（Golgi body）、蛋白酶體（proteasome）、粒線體（mitochondria）、中心體（centrosome）、纖毛（cilia）、囊（vesicle）、剪接體（spliceosome）、空泡（vacuole）、微管（microtubule）、片狀偽足（lamellipodia）、扁囊（cisternae）等等。

　　就像原生質一樣，文化和學習也是黑盒子，被認為有不可能的特性，並且假扮成解釋。它們需要被各式各樣的認知和動機「胞器」（神經程式）取代，這些胞器才是真正在做我們歸功於學習和文化的工作。文化和學習是社會和行為科學的拉布雷亞瀝青坑[42]。走了一世紀的錯路，我們的科學方法仍繼續在這些瀝青坑中愈陷愈深，但我們卻歡慶，因為這些概念瀝青填補了所有人類科學中的解釋裂口。它們以不能否證的方式，困難地遮蔽了在每個事件中應該被探索和連結的真正因果具體性，而「解決」所有明顯的問題。

　　我們過度將心理內容歸因於文化，是因為唯一的替代方案是基因。但是，演化、自我粹取的類人工智慧專家系統，和環境輸入互動，這些系統以神經系統的方式發展，讓我們的心智布滿無限、細微的內容，只有一些是來自於其他人。人類不是被動的儲藏室，不幸地被「文化」佔滿，這些自我粹取系統讓人類成為努力建構他們世界的主動主體。有些神經程式，為了要更好地執行其特定功能，演變成以低成本、使用從其他地方（「文化」）獲取的有用資訊，來補充本身的自我製造內容。

　　但是就像建築物一樣，人類和很多因果關係不同的路徑相連結，這些路徑都是為了執行不同的功能而被建造。每個腦都布滿了很多獨立的「管子」，傳遞許多不同的事物至他人多樣的腦部機制，也從他人多樣的腦部

42.La Brea tar pits，位於美國加州洛杉磯漢考克公園附近的一組天然瀝青坑。因為上面常覆蓋有樹葉、灰塵或水等遮蔽物，生物很容易失足陷入其中，因而數世紀以來積累了大量的動物骨骸、化石。拉布雷亞瀝青坑不僅是加州歷史地標，也是美國國家自然地標。

機制傳遞不同的事物至自己的腦。所以有害怕蛇的文化（生活在怕蛇的系統裡）、文法文化（生活在語言習得設備裡）、食物偏好文化、團體身分文化、厭惡文化、分享文化、侵略文化，諸如此類。

　　徹底不同的各種「文化」住在不同的計算居住地裡，也就是從不同演化的心理程式和其組合而建構出的居住地。將人類聯繫在一起的是一個包含一切的超文化，我們物種的共同認知和情緒程式，以及它們製造的隱藏、（所以看不見）普遍共享的意義世界。因為這些演化神經程式的適應邏輯現在可以被連結，縝密人類自然科學的可能性就被開啟。如果我們可以不再使用學習和文化，那就可以除去兩個阻礙人類科學以思考速度進步的障礙。

史蒂芬・斯蒂奇

Steven Stich

羅格斯大學哲學系和認知科學中心理事會教授。

「我們的」直覺

有個保護哲學觀點的策略從古代就已經存在。它被用來支持推論（在科學和其他領域中）的規則和道德原則，並且保護像知識、因果和意義等現象的原因。最近愈來愈多研究結果都顯示在經過 2500 年後，這是個該屏棄的策略。

它是這麼運作的。在敘述一件案例（有時是真實的，但多半是想像的）時，哲學家問：「我們會怎麼說明這件案例？」故事中的支持者真的有知識嗎？支持者的行為是道德上允許的嗎？第一個事件導致了第二個事件嗎？當事情進展順利，哲學家和他的觀眾會對案例做出相同自發性的判斷。

當代哲學家稱這些判斷為「直覺」。在哲學推理中，我們的直覺是很重要的證據來源。如果哲學家的理論和我們的直覺一致，此理論就被支持。如果理論產生相反的判斷，那這個理論就會受到挑戰。如果你上過哲學課，你大概會覺得這個方法很熟悉。但這並不只是個哲學家在教室裡用的方法。在我系上最近一次的討論會中，我坐在後面，數著在 55 分鐘的演講中，哲學界的明日之星有多少次提出我們的直覺。總共 26 次，大概每 2 分鐘就一次。

這樣提到直覺的次數是很多的，雖然這在當代哲學裡並非不尋常。另外一次演講裡也並非不尋常的事情是，演講者沒有一次告訴過我們，「我們」是誰。當哲學家主張關於「我們」對於知識、因果關係或道德允許性

的直覺時，他是在說誰的直覺？直到現在，哲學家幾乎從沒正視過這個問題。但是如果他們曾經有過，他們的答案大概也是概括的。我們在哲學裡當成證據的直覺，是所有理性人們都會有的直覺，假設他們留心注意，並且對引起直覺的案例有明確的了解。根據此方法當代擁護者的說法，直覺更像知覺，它們幾乎被所有人共享。

我們有些人一直認為這是值得懷疑的。光說不練的哲學家，怎麼可以如此自信滿滿地認為所有理性的人們都共享**他們的**直覺？這樣的懷疑被在過去 30 年中出現的文化心理學強化。文化事實上是更深遠的，它影響大量的心理過程，從推論到記憶到知覺。

另外，在一篇重要的文章中，喬瑟夫・亨里奇（Joseph Heinrich）、史蒂芬・海涅（Steven J. Heine）和阿蘭・洛倫薩楊（Ara Norenzayan）提出了一件說服力十足的案例，認為怪（WEIRD）人（在西方的〔Western〕、受過教育的〔Educated〕、工業化的〔Industrialized〕、富有的〔Rich〕、民主的〔Democratic〕文化中的人），在很多心理學任務中是局外人。他們認為，怪（WEIRD）人是「世界上最奇怪的人。」[43]哲學家多半都是怪（WEIRD）人。他們多半也都是白人、主要是男性，並且熬過了好幾年的大學及研究所培訓，在此環境下，無法共享被專業支持的直覺的人們有時是處於極差劣勢。這些因素，單獨或是結合，是否可能解釋了專業哲學家和他們成功的學生都共享了很多直覺？

大約 10 年前，這個問題讓一群哲學家，以及一些在心理學及人類學領域有同情心的同事，停止假設他們的直覺是廣泛共享的，並且設計研究以確認是否真是如此。一個接一個的研究顯示，哲學直覺的確會因文化和其他人口變數而相異的。而我們還需要更多的研究，才能夠對哪些哲學直覺是不同的，以及哪些直覺（如果有的話）是普遍的，有絕對的答案。

43.原註："The Weirdest People in the World?" Behav. & Brain Sci. (2010) doi: 10.1017/S0140525X0999152X.

很多重要的直覺需要被觀察、很多文化和人口團體需要被考慮，以及很多方法錯誤需要被發現和避免。但是不意外地，這些「實驗哲學家」的早期努力，並未受到堅信傳統直覺方法的哲學家青睞。一位頂尖的哲學家宣稱實驗哲學家「討厭哲學」。他和其他人也找出了一條退路，堅持關於普遍大眾的直覺、或是來自其他文化的人的直覺，不管我們發現什麼都不重要，因為專業哲學家才是作出知識、道德、因果關係和其他判斷的專家，所以只有**他們**的直覺才需要被認真看待。

　　等到這場辯論塵埃落定還需要很長一段時間。但是或許多數和這場辯論相關的人可以同意的結論是，不能只談論「我們的」直覺，卻不討論「我們」是誰。

亞隆・安德森

《新科學人》資深顧問、前總編輯及出版主任，著有：《冰山之後：新北極的生命、死亡和地緣政治》（*After the Ice: Life, Death, and Geopolitics in the New Arctic*）。

Alun Anderson

我們是石器時代思考家

1970 年代，諾貝爾獎得主、行為學家尼科・廷貝亨（Niko Tinbergen）喜歡畫一個圖表。圖表的其中一條線隨著時間慢慢上升，代表我們遺傳演化的速率；第二條線陡峭地向上彎曲，代表他認為我們文化改變的速率。他猜測在我們演化的環境以及我們現在身處的環境之間的斷層，可能是一些弊病的根源。從那時起，這樣的觀念普及，部分是因為演化心理學的崛起。

在理論最好的部分中，演化心理學認為人類心智就像瑞士刀一樣，由許多與生俱來的特別用途組件組成，每一個組件都由天擇塑造，以解決在人的冗長史前文明生活中所碰到的問題。我們在 99% 的演化歷史都是採獵者，認為那些適合過去環境的組件仍主導著我們，似乎很有道理。所以，女人自然地會認為體格健壯的男人（那些會成為出色獵人的男人）有吸引力。如果我們在更新世時像托爾金的小矮人一樣挖掘土地，那麼矮小胸寬的男人就具有吸引力。在著名的想像中，演化心理學認為我們是現代的石器時代思想家，我們的頭腦並非被設計來應付辦公室、學校、法院、書寫或是新科技。

這是個騙人的觀念，認為在某處會有一個我們真正覺得像家一樣更自然的世界，卻沒有什麼證據可以證明，也沒有證據可以證明由我們的更新世過去所塑造的心理學整體是不易改變的。所以該淘汰此觀念，並且想得

更遠。

　　來自認知科學、比較動物行為和演化發展生物學的新觀念和數據認為，我們不應該如此清楚地劃分文化和人類天性。文化和社會過程塑造我們的腦，而腦則塑造我們的文化，並向前傳遞。

　　閱讀是個很好的例子。傳遞和累積資訊的能力改變了我們的世界，但是書寫語言在 5000 年前才出現，這並不夠讓我們發展一個固有的「閱讀組件」。但是，如果你看看一個識字人的腦，它和一個不識字人的腦是不一樣的，不僅僅是當他在閱讀時，就連當他在聽別人說話時也是。在被教導如何閱讀的社會過程中，嬰兒的腦會重新塑造，而新的路徑會被創造。如果我們不知道這樣的認知能力是由社會學習製造的，就很可能認為這是基因遺傳系統。但是它不是。我們的腦和心智可以經由認知工具習得而改變，而這些工具是我們可以傳遞下去的，一代接著一代。

　　當然，假設這些認知工具必須和我們腦的運作方式完美相符，也是合理的，就像物理工具必須適合我們的手使用。但是身為一種物種，我們似乎有著驚人的能力，能夠透過和他人的互動，持續建構並重新建構我們的認知工具組。人類和猩猩在嬰兒時期，於算數和行為解讀上的相似度令人驚異，但是長大後兩者卻大相逕庭。在一個特定的年齡之後，人類順著一個不同的發展軌道前進，部分是因為他們在社會上是被鼓勵與他人互動的，而猩猩卻不是。演化發展心理學因此成為了熱門的研究題目，有著開啟社會過程如何解密心智的鑰匙。

　　文化和社會世界塑造我們的腦，並給了我們可以傳遞下去的新認知能力，隨著我們的生活而改變文化。我們不應該認為文化世界是獨立的，並和我們的生物自我分離，我們應該認為文化世界塑造我們，並且也由我們傳遞。這樣的觀點認為我們不是迷失在現代世界中的孤獨採獵者，我們不斷變化，而對於人類是什麼，也可能仍只有一種狹隘的想法。

馬丁・諾瓦克

哈佛大學生物學和數學系教授、演化動力學計畫主任，與羅傑・海菲爾德（Roger Highfield）合著有：《超級合作者》（*Super Cooperator*）。

Martin Nowak

總括適存性

今年是總括適存性（Inclusive Fitness）的第 15 週年，總括適存性是深具影響力的觀念，據稱解釋昆蟲如何發展複雜的社會，以及天擇如何能夠造成親屬間的利他主義。這個社會生物學的支柱是根據英國演化生物學家威廉・漢彌頓（William Hamilton）在 1964 年的作品，漢彌頓創造了以下的定義：

> 總括適存性可以被想像為個人適存性，個體在其成人後代中展露個人適存性，在被分解並以特定方式組合後演變而成。所有的組成元素都被分解，可以被認為是因為個體的社會環境，而假若沒有接觸到此環境的危害或益處，則會顯現的適存性。這個數量再因危害或益處特定部分的數量而增加，是個體本身對個體鄰居適存性所造成的危害或益處。被考慮的特定部分即是適合於個體所影響鄰居的關係係數：無性個體的統一體，兄弟姊妹為二分之一、同父異母或同母異父的兄弟姊妹為四分之一、表堂兄弟姊妹為八分之一，……最後關係可以被認為無關緊要的所有鄰居則為零。[44]

總括適存性理論的現代公式使用不同的相關係數，但是漢彌頓定義的

44.原註：W. D. Hamilton, "The genetical evolution of social behaviour." I, Jour. Theor. Biol. (1):1-16 (1964).

其他方面卻都原封不動。

不論漢彌頓原始公式的粗糙，總括適存性有個基本的問題：可以用數學證明總括適存性並不適用於大多數的演化過程。理由很簡單。一般而言，適存性影響不能以由成對互動造成的組成元素總和表達。當社會互動的結果仰賴於多於一個個體的策略時，可加性通常就會喪失。所有關於總括適存性數學上有意義的方法都知道這些限制。因此，總括適存性變成了一個計算演化十分特殊的方法：它在某些案例中適用，但是無法應用於所有案例。另外，如果可以做出總括適存性的計算，它的答案和適存性以及天擇的標準計算是一樣的。但後者的方式通常簡單直接。

這些數學事實都是讓過分崇拜總括適存性的支持者不自在的見解。在多數極端的例子裡，他們就像在追隨一個相信總括適存性是演化理論的重要分支、且「永為真理」的崇拜者。為了要維護總括適存性總是可以被計算的觀念，一個方法已經被設計，以實質的成本效益參數計算任何演化改變，這在統計分析中就是迴歸係數（regression coefficient）。採用此種統計方法的問題是作為結果的成本效益參數是沒有意義的數量，因為它們並沒有解釋在一個理論模型中或是實證數據中發生的事。

我們為什麼要有總括適存性？漢彌頓最初的目標是找到一個被演化最大化的數量。這樣的觀點很吸引人，演化過程的贏家應該是有著最高總括適存性的個體。但是這樣的想法和 1960 年代的線性思考非常雷同，是在牛津動物學家羅伯·梅伊（Robert May）等人告訴我們非線性現象如何應用至生態學、族群遺傳學（population genetics）和演化博弈理論（Evolutionary Game Theory）之前。從 1970 年代開始，我們了解演化不容許一個總是被最大化的單一數量。這樣的事實仍需要為很多在總括適存性界的人理解。

我們應該用什麼來取代總括適存性？總括適存性尋求在個體層級上解釋社會演化。但對於多數演化過程來說，個體是錯誤的分析單位，因為人

口結構是複雜的，同樣的基因可能在不同類型的個體中出現。因此，我們必須得使用基因層級。一個直接的方法是計算天擇如何改變影響社會行為的基因突變頻率。這些計算並不使用總括適存性，但可以找出需要被測量以改善理解的關鍵參數。在基因層級上，並沒有總括適存性。

我們有強健和意義深遠的演化數學理論。天擇、突變和人口結構都可以用數學形式調查。每位了解演化數學理論的人都知道根本沒有需要總括適存性計算的問題。計算總括適存性並非必要的練習，而且最好是在問題已經被完全理解時再計算總括適存性。所以，在某些案例裡，總括適存性可以用來重新獲取相同的結果。

公平地說，總括適存性多年來也促進了很多實驗和理論研究，有一些也很有用。它也引起了在社會生物學中關於成本、效益和關係的討論。但是其主要卻不適用的影響卻在社會生物學的廣闊領域中，壓制了有意義的數學理論。

總括適存性和經常被宣稱的恰恰相反，它的理論中並沒有任何實驗測試，沒有人為真正的人口做過總括適存性計算。總括適存性最初被理解為粗略的探索方式，在某些但非全部案例中可以指引直覺。不過在最近幾年，總括適存性被提升（多半由二流理論家）為普遍、無拘無束且永為真理的宗教信仰。了解它的限制也讓我們有機會能在社會演化中發展主要現象的數學敘述。是時候捨棄總括適存性，並把焦點放在社會生物學中理論和實驗有意義的互動了。

麥可・馬科勞

邁阿密大學演化和人類行為實驗室主任、心理
學系教授，著有：《復仇之外：寬恕本能的革
命》（*Beyond Revenge: The Evolution of the Forgiveness Instinct*）。

Michael McCullough

人類演化例外主義

　　人類在生物學上是例外的。我們例外地長壽、和非親屬例外地合作無間。我們的膽子例外地小、腦子例外地大。我們有一個例外的溝通系統，從我們物種其他成員學習的例外能力。科學家喜歡研究諸如此類的生物學例外人類性狀，這也是十分合理的研究策略。人類演化例外主義，也就是假設生物學例外的人類性狀是經由生物演化的例外過程來到世界上的趨勢，卻是一個我們需要戒掉的壞習慣。人類演化例外主義已經在各個其所觸碰的領域帶來了誤解。下面是三個例子：

　　人類生態位構建（Human niche construction）。人類已經對環境施加了生物學上例外的影響。在我們的演化過去，這些所謂的生態位構建影響有時候為天擇製造了必要且足夠的條件：和基因和適存性之間，世代流傳的共變數。舉例而言，早期人類對烹調的實驗（以文化傳遞的如何用火知識就需要在世代間流傳不息）讓食物容易消化。結果縮小了人類內臟、牙齒和下巴肌肉的基因突變就自然地被選擇，因為它們讓資源能夠被重新分配至新適應機能（包括認知機能）的構建。

　　好幾年來，生態位構建理論學家爭辯標準演化理論不能解釋在人類以文化傳達的環境影響和天擇間的互動。他們的回應是，生態位構建是「被忽略的演化過程」，並和天擇合作以指導演化的。但是，他們以重新定義演化為何，而取得了對此主張有說服力的影響。人類的生態位構建活動不

容置疑地在人類演化中，接觸到於基因變異和適存性之間的新共變數，但是那些活動並沒有製造或是過濾變異，所以它們並不構成演化過程。以文化傳達的人類生態位構建是真實且重要的，有時候在演化方面是意義深遠的，當然值得研究，但是它並不會修改我們對演化如何運作的理解。

重大演化改變。過去 30 億年來，天擇在基因訊息如何於世代間被組合、包裝和傳遞，已經產生了幾個重要的革新。這些所謂的重大演化改變包括從 RNA 到 DNA 的轉變、基因合併為染色體（chromosome）、真核（eukaryotic）細胞的演化、性繁殖的出現、多細胞生物體的演化、還有真社會性的出現（特別是在螞蟻、蜜蜂和胡蜂中），真社會性是只有幾個個體繁殖，而其他個體則擔任僕人、士兵和保母。重大演化改變的概念如果使用得當，是有用且清晰易懂的。

所以，概念的創始者將兩個不同的人類特性歸類為重大演化改變結果的分類錯誤，就是件憾事。第一個分類錯誤是把人類社會（在靈長類動物中因其組織的套疊層級、交配系統，還有 100 種其他特徵而例外）比作那些真社會昆蟲的社會，因為在兩種社會中的個體都「只能在社會團體中⋯⋯留存和傳遞基因。」[45]這是一個不恰當的科學案例比喻：人類適於生活在社會團體中，並不代表他們像螞蟻、蜜蜂、胡蜂和白蟻一樣，需要團體才能繁殖。如果燈光美氣氛佳又有火花，任何隨機從社會團體中選出的男人和女人，都能夠毫無問題地將基因訊息傳遞至下一代。

第二個分類錯誤是將人類語言奉為重大演化改變的結果。人類語言身為天擇所設計過的、唯一有著無限表達潛能的溝通系統，當然是生物學上的例外。但是，語言所傳達的訊息是在我們的腦中，而不是在我們的染色體裡。我們還不能明確地知道人類語言在在何時何處演化的，但是我們有

45.原註：John Maynard Smith & Eors Szathmary, *The Major Transitions in Evolution* (New York: Oxford University Press), p. 7.

足夠自信可以說出它是**如何**演化的：從被稱為天擇的一個基因接一個基因之設計過程。並沒有涉及任何重大演化改變。

人類合作。人類特別大方，尤其在對待非親屬時更是如此。在短期內如果和陌生人競爭會更受益時，我們卻和陌生人合作。我們匿名捐獻給慈善機構。我們完成小組作業，就算所有的小組成員當然都知道，至少在近期內，偷懶而讓其他人做事，他們會更輕鬆。我們和需要幫助的陌生人分享，就算知道他們絕不會回報我們。我們讚賞慷慨大方並且譴責吝嗇小氣，就算這些行為並沒有直接影響到我們。

這些合作相關的現象都曾是演化科學家對於人類合作的未解難題。但好消息是，科學家現在已經成功地將它們多數歸至已解的難題；壞消息則是有些學者卻往相反的方向前進：他們將這些問題歸類成「謎團」，這些問題很令人困惑費解，我們應該放棄能夠在天擇的標準最大化總括適存性的觀點下，解決這些問題的希望。這樣的困惑不解讓學者一個接一個地提出不適合物種的演化解釋，認為所有個體都繁殖，並提出根本不是演化過程的新演化過程（而是**需要**演化解釋的相似行為模式），並且沒有正當理由地假定某些現代社會生活的轉變是我們深遠演化過去的選擇壓力。解釋人類合作的例外特性已經夠具挑戰性了，更別說再加上概念失誤、可疑的歷史前提，和錯綜複雜的演化情境，而更複雜化了問題空間（problem space）。

人類演化例外主義會對科學產生不良後果。它導致致命的爭執。修正人類演化例外主義留下的錯誤概念讓專家無法專注於更有收穫的研究。最後，它讓沒有時間自己理解這些爭議的非專家困惑。對於我們生物學上例外的特徵如何演化抱持一顆好奇心，或甚至有時候挑三揀四當然是件好事，但是我們應該反抗認為演化只為了我們製造新規則的觀念。

凱特・杰弗瑞

Kate Jeffery

倫敦大學學院行為神經科學系教授，認知、知覺和
腦科學研究部主任。

動物沒腦

　　我們人類很不好受，常常得面對自己在事物偉大系統中不重要的地位。首先，哥白尼批評認為我們住在宇宙中心的信仰。隨後，赫雪爾（Herschel）則提出我們的太陽也不是宇宙的中心。之後達爾文出現了，並提出根據我們的生物傳承，我們不過就是另一種動物。但是我們一直緊抓著最後一項相信我們是特殊的信念，認為我們，而且只有我們，才具有有意識的心智。現在該讓這個以人為中心的自誇觀念消失、安樂死並火化。

　　笛卡兒認為動物是沒腦的機器人、不用麻醉藥的活體解剖，這樣的想法在早期的醫學研究學家間是很普遍的。20 世紀的大多時數間，心理學家相信在神經解剖學上和人類相似的動物，在做出行動時根本就沒用腦思考，這樣的觀點已經在行為主義裡到達了高峰（或是用我偏好的詞，谷底），心理學學說排斥像計畫和目標的內在心智狀態，認為它們無法研究，或是在更極端的版本中，認為它們根本就不存在。人類有內在心智狀態和目標是不可否認的事實，這是因為我們特別的心理地位：我們有語言，因此我們就與眾不同。而動物基本上仍是笛卡兒所稱的機器人。

　　我們很多的科學實驗都證實了這樣的觀點。史金納箱（Skinner Box，以最極端的行為主義者伯爾赫斯・弗雷德里克・史金納命名）裡的老鼠看似也的確像沒在用腦，牠們一次又一次地壓著槓桿，學得很慢，對於新的可能性也適應得很慢，好像沒在思考牠們在做的事。再更進一步地證明老鼠

沒在用腦：就算老鼠一大部分的腦損傷，也不會影響牠的表現。在迷宮裡的老鼠看似也一樣毫無頭緒：牠們花很長的時間學習（有時數週至數月），也花很長的時間適應。很明顯地，老鼠和其他動物很笨，而且牠們根本就不動腦。

我雖然很喜愛老鼠，但我不會為牠們的智商辯護。不過，認為牠們沒有內在心智狀態的假設需要被檢視。行為主義從簡約的觀點（奧坎簡化論〔Occam's Razor〕）而生：當動物的行為可以用更簡單的方式解釋時，為什麼要假設動物有內在心智狀態？行為主義成功崛起，部分原因是因為這些在過去被研究的行為，的確可以用無腦的運作（自動的過程）解釋。壓下施金納箱中槓桿，就和輸入你的個人識別號一樣，並不需要極度的深思熟慮。但是在 20 世紀中期，一項發展的出現推翻了**所有**行為都是無腦的觀點。這項發展是單一神經細胞紀錄（single neuron recording），能夠追蹤個別腦細胞的能力，這些個別腦細胞是組成腦部活動的小小齒輪。使用這項技術，行為電生理學家已經在動物中看到了內在心智狀態的運作。

在這些發現裡，最重要的是位置細胞（place cells），是位於海馬迴（Hippocampus）中的神經細胞，處於顳葉（temporal lobe）深處小型卻至關重要的構造。（我們現在知道）位置細胞是環境內部表徵（通常被稱為認知地圖〔cognitive map〕）關鍵的要素，當動物探索一個新的地方時就會生成，而當動物重新回到那個地方就會再度活化。單一神經細胞紀錄告訴我們這樣的地圖是自動組成的，沒有靠任何獎賞，也不仰賴動物的行為。當動物在選擇到達目的地的不同路徑時，代表不同可能路徑的位置細胞自動地活化，儘管動物還沒有走到那一步，就好像動物**在思考**選擇。位置細胞的確看似像內部表徵。而且，我們人類也有這些細胞，人類的位置細胞在人類在思考地方時重新活化。

位置細胞可能是行為主義者迴避的那種內部表徵，但這就代表老鼠和

其他動物有心智嗎？也不一定；位置細胞依然可能是自動和無意識表徵系統的一部分。我們用「心智之眼」讓記得的或是想像的影像映入眼簾，以回憶或是計畫，可能仍然是特別的。但是這似乎不太可能，對吧？如果我們不知道自己的心智，那無腦就是一個不完全的推測。但是我們是知道的，我們知道我們在各個層面都像極了動物，甚至包括位置細胞都是。假設有心智代表外在世界的能力在動物和人類的演化轉變中（如果轉變的概念是有意義的）突然出現，並完整地形成，最好的狀態是此假設不可能發生，而最壞的狀態則是極度的傲慢。當我們仔細看動物的腦，我們看到了和我們腦中一樣的東西。當然是這樣的，因為我們不過就是動物。是時候再一次承認我們沒那麼特別。如果我們有心智，那麼和我們的腦十分相似的生物大概也有。了解這些心智的機制將會是未來幾十年的一大挑戰。

艾琳・派波柏格

哈佛大學心理學系博士後研究員、布蘭迪斯大學兼
任副教授，著有：《你保重，我愛你——我和我的
聰明鸚鵡艾利斯》（*Alex & Me*）。

Irene Pepperberg

人類獨特性

　　是的，人類會做一些其他物種不會做的事，我們的確是唯一送探測器上太空尋找其他生命形式的物種，但是倒過來的說法也一樣是真的：其他物種會做人類覺得是不可能的事，而且很多非人類物種的能力都是獨特的。人類無法像響尾蛇一樣，可以感覺到溫度變了百分之一度，狗比人類更會追蹤微弱的氣味。人類不可能聽得到海豚聽得到的距離，海豚和蝙蝠會使用自然的聲納。蜜蜂和多種鳥類可以在紫外線中依然視線清晰，很多鳥類靠著自己的力量每年遷徙數千英里，似乎有著內建的衛星導航系統。人類當然可以也將會發明機器來達成這樣的自然傑作，這和我們的非人類朋友不同，但是非人類一開始就有這些能力。我並不是質疑證明人類在很多方面是獨特的數據，我當然也喜歡研究物種間的相似和相異，但是我認為現在是時候不再認為人類獨特性是某種事物的極致，而以各種形式、方法或類型否決其他生物的獨特性。

　　捨棄人類獨特性是某種演化過程唯一理想結束的觀念，另一個原因當然是我們不可避免地需要重新定義獨特性。記得當我們的定義為「人類是工具使用者」的時候嗎？至少在使用仙人掌刺的加拉巴哥雀（Galapagos finch）、利用海綿的海豚，甚至使用樹枝引誘小鳥入口的鱷魚等物種出現之前，是這麼定義的。接下來則是「人類是工具**製造者**」，但是當發現這樣的行為也出現在一些其他生物中後（包括像新喀鴉〔New Caledonian crow〕這

種和人類在演化上相差甚遠的物種），此定義就不再受到支持。以模仿學習？幾乎所有鳴禽在某種程度上都是如此學習發聲，也有細微證據證明鸚鵡和猿在身體方面的學習也是如此。目前的研究的確顯示，舉例而言，猿缺乏某些在人類身上看到的合作能力層面，但是不同的實驗規則是否會提供不同數據。

行為的比較研究需要被擴展和支持，不過並非僅僅找到更多將人類奉為「特別」的數據。找出是什麼讓我們有別於其他物種，是一個有價值的活動，但它也可以引領我們找出其他生命的「特別」之處，以及我們可能需要向牠們學習的驚人事物。所以，舉例來說，我們需要更多研究來決定非人類表達同情或展露「心智理論」各種層面的程度，以了解在牠們的自然環境中，什麼是對牠們的生存必要的，以及當牠們處在我們的文化中時，牠們可以學到什麼。或許牠們有別種完成社會網絡的方式，而我們認為那些方式至少一部分是人性的必要條件。我們需要找出牠們能夠習得哪些人類溝通技巧的層面，但是我們也必須解開在牠們本身溝通系統中存在的複雜性。

請注意：為避免我的論點被誤解，我的爭論點和賦予各種非人類物種人類特質是不同的，和其他對動物權利，以及甚至是動物福利的論辯也毫不相干，雖然我能在我提出的論點中看到這些暗示的可能。

總而言之，現在該繼續研究所有物種行為的複雜性，人類和非人類；注重相似性也注重相異處；另外，在很多例子中，讚賞我們非人類朋友帶來的靈感，才能發展提升我們自己能力的工具和技巧，而不僅僅是將非人類放逐至次等階級。

史蒂夫・富勒

哲學家、社會學家、英國華威大學社會認識論奧古斯特・孔德（Auguste Comte）講座主任，著有：《主動性的必須：超人類主義的基礎》（The Proactionary Imperative: A Foundation for Transhumanism）。

Steve Fuller

人類＝智人

要否認人類是從智人（*Homo sapiens*）開始的確很難，智人是靈長類的演化分支。不管怎樣，在被適當稱為「人類歷史」（這裡說的是從書寫發明之後開始的歷史）的大多部分中，多數智人都還不符合「人類」的資格，這並不只是因為他們太年輕或行動十分不便。在社會學中，我們一再地提起羞恥三人小組：種族、階級和性別，來描述處於智人的正常存在和完整人性的規範理想之間的差異。社會科學多數的歷史都可以被理解為直接或間接地盡其所能將人性歸因於智人。也是因為這個原因，福利國家才會合理地被宣傳成社會科學是在現代對政治最重要的貢獻。但是，或許智人並不足夠，或是根本不是成為「人類」的資格條件。那接下來怎麼辦？

在建構一個科學上可行的人類概念時，我們可以從共和民主（republican democracy）學到一課，共和民主賦予公民身分給那些願意在某些法律規定的對等權利義務中平等對待的成員。共和公民身分是關於同儕的互相認同，而不是由某個專橫君主所賦予的恩寵。再者，共和憲法定義公民身分時，並沒有明確提及公民的繼承特質。在共和國出生並不會因此享有特權，和那些贏得公民身分的人是一樣的。此觀念的傳統表述是，一出生就具有公民身分的人認為自己有服兵役的義務，以確認他們的公民身分。美國已經超越了共和理論學家最熱切的希望（共和理論學家偏向以城邦〔city-state〕思考），因為美國長期以來都開放移民，卻一直都有強烈

的自我認同感，特別是在最近的移民中。

　　就一個可以被稱為「人類公民身分」的科學升級「人權」版本來說，假設這樣的開放移民政策本質上是本體論而非地理的。因此，非智人可以被允許遷徙至「人類」的空間。動物權的積極支持者相信他們已經為此遠景做好準備。他們能闡明靈長類動物和水中哺乳類動物不僅是有感情的，也參與多種高層的認知功能，包括現在所稱的心理時間旅行（mental time-travel）。這是能夠設立長期目標和完成目標的能力，因為設想的目標價值大過於那些在途中轉移注意力事物的價值。雖然這是共和公民身分歷史上所需自治很好的實證標誌，但實際上動物權的積極支持者將此觀點置入於**名義上**的物種隔離主義論點，一個「分離但平等」的政策，而在這樣的政策下，「權利」唯一的可執行概念，是免於來自人類的身體傷害。「權利」的概念**是**孩童或殘障人士可以享有的依賴。

　　動物權的要求並沒有包括任何動物對人類的對等義務，讓人質疑積極支持者訴諸於「權利」的誠意。但是，假若積極支持者是誠懇的，那他們也應該要求一個科幻作家大衛·布林（David Brin）所稱的「提升」（uplift）政策，我們由此訂定被設計來賦予認知上特別生物力量的研究優先順序，不管物質的來源，而達到能夠讓生物在被認為是人性的擴大圈中，以同儕方式運作的能力。這樣的研究可能注重於基因治療（gene therapy）或義肢改良，但最終，它會帶來一個 2.0 版的福利國家，嚴肅看待我們對所有我們認為能夠是人類的生物所應盡的義務，比如在人性共和國中完全自治的公民。

　　「人類」＝智人的觀念一直在神學裡有著比在生物學裡更深的根基。只有亞伯拉罕諸宗教明確地讓裸猿比其他生物更高人一等。各種演化學家都認為各種程度的不同可以區分活體的能力，只有少數演化學家認為特定的遺傳物質有一天會揭露「獨特人類」。更多支持這樣想法的理由是，在一個某種版本的演化盛行的未來，公民權的共和理論很可能會指引未來的方

向。這樣的遠景暗示了每個候選生物都需要通過由住在他、她或牠所提議居住的社會中的人，所訂定的標準，以贏得「人類」地位。圖靈測試為此人性的擴大圈提供了很好的模範，因為它對物質基礎持有的中立地位。

建構人類公民身分的圖靈測試 2.0 版，並試圖了解那些生活在我們之中、和我們平等的生命複雜性，現在並不會過早。一個不錯的出發點是，對存在已久卻常被忽略的動物和機器「擬人」屬性的支持表現。這樣一來，福利國家 2.0 版政策就能被設計為讓各個種類的候選生物，從碳到矽，都能夠符合在這些屬性中提及的公民身分標準。當然，很多經典的福利國家政策，比如義務大眾教育和孩童疫苗，都可以被回溯理解為是對布林「提升」的最初政治承諾，但是只適用於居住在城邦（city-state）統治領域內的智人。

但是，將智人從人類公民身分的資格要件中去除，我們就面臨了一個相似於歐盟正式加入新會員國政策的政治情況。此政策假定候選國家在歐盟會員資格上具有某些歷史的不利條件，但是這些不利條件是可以克服的。因而有一段入盟前時期，在這段期間，候選國家的政治和經濟穩定性，還有對待國民的方式會被觀察，在此之後，入盟則分成幾個階段，開始於學生和工人的自由移動、法律的一致化，以及從較穩定的會員國轉移收益。但是儘管這些互相調適的期間很痛苦，這樣的程序到目前為止是成功的，也可能成為人性本體論結合的模型。

薩特雅吉特・達斯

Satyajit Das | 衍生工具與風險專家，著有：《極限金錢》(*Extreme Money*)。

人類中心

　　視差是因觀察者位置的改變而造成移動物體明顯的方向改變。莫里茲・柯尼利斯・艾雪（M. C. Escher）的圖像作品中，人類感官也同樣被欺騙，讓不可能的現實成為可能。

　　雖然人類中心主義（透過人類專有的觀點評價現實）嚴格上來說，並非是科學理論，卻深植於科學和文化之中。知識的進步需要放棄人類中心，或者至少承認人類中心的存在。

　　人類中心主義的限度來自於人類認知和特定心理態度的生理限制。身為人類代表著具有特定的機能、固有的態度，以及塑造問題和理解的價值及信仰系統。

　　人類心智演化成為一個塑造我們思緒過程的特定生理構造和生物化學。人類認知系統決定我們的推論，因而決定知識。語言、邏輯、數學、抽象思考、文化信仰、歷史和記憶創造一個特定的人類參考架構，可能會限制我們能夠知道或理解的事物。

　　世界上可能有其他的生命和智慧形式。海洋告訴我們住在深海熱泉（hydrothermal vents）周圍生態系的生物依靠化學合成（chemosynthesis）而活，並不需要接觸陽光；以非碳材料為基礎的生命形式也可能是可行的。一組徹底革命性的認知架構和替代知識不能被忽視。

　　就像只能在軌道上行駛的火車一樣，軌道決定了火車的方向和目的

地，人類知識最終可能被演化所創造的我們限制。

　　知識最初的產生是因需要精通自然環境以滿足生理需求（存活和基因遺傳），以及應對未知的事物和超出人類控制範圍的力量。迷信、宗教、科學和其他信仰系統演化以滿足這些人類需求。在 18 世紀，貴族和宗教權威的中古世紀系統被一個科學方法的新模型取代，理性對話、人身自由和個人責任。但是這並沒有改變基本的原因。知識也被人性因素影響，比如恐懼、貪婪、野心、服從、部落共謀、利他主義和嫉妒，還有複雜的權力關係和人際團體的互動。行為科學闡述了在人類思緒中固有的偏見。

　　理解在這些生理和態度限制中運作。就像尼采所寫的：「每個哲學都暗藏哲學；每個意見都是一個藏身點，每一個字都是一張面具。」對基本議題的理解依舊有限。宇宙的宇宙論本質和起源仍被質疑。物質和能量的物理來源及本質仍被爭辯。生物生命的起源和演化依然未解。對新觀念的抗拒常常限制了知識的發展。科學歷史是一連串的爭議：一個不是以地球為中心的宇宙、大陸漂移、演化理論、量子力學、氣候變遷。

　　矛盾的是，科學看似也有內建的限制。就像沒完沒了的俄羅斯娃娃組一樣，量子物理學也是一連串沒完沒了、看似可以被無限分割的粒子。維爾納‧海森堡的不確定原理假定關於世界的人類知識總是不完整、不確定並十分多變。庫爾特‧哥德爾（Kurt Gödel）數學邏輯的不完整性定理（incompleteness theorem）建立了所有系統的固有限制，除了算數最細瑣的公理系統以外。實驗方法和測試漏洞百出。模型預測常常差強人意。如同納西姆‧尼可拉斯‧塔雷伯（Nassim Nicholas Taleb）觀察到了：「你可以將騙術藏於公式的影響下，而且沒有人會發現，因為沒有對照實驗這種東西。」

　　挑戰人類中心主義不代表放棄科學或是理性思維。也不代表回歸到原始的宗教教義、彌賽亞幻象，或是難解的神祕主義。超越人類中心主義可

能會帶來新的參考架構、拓展人類知識的界線。它可能讓人類更清晰地思考，並考量不同的觀點；並鼓勵在正常經驗和思維範圍之外的可能性。也可能讓我們更了解自己在自然和事物順序中的位置。

莎士比亞的哈姆雷特警告一位朋友：「世界如此遼闊，何瑞休，以你的哲學來思考，仍然有想不透的事情。」但是基礎生物學可能不容許所需要的參考架構改變。人類雖然有時會因宇宙而感到自己的渺小，但大多時候，人類仍沉醉於自己是發展的極致。馬克‧吐溫在《來自地球的信》（*Letters from the Earth*）中說的：「他為人類感到驕傲；人類是他最棒的發明；人類是他的寵物，次於家蠅之後。」

在《銀河便車指南》（*The Hitchhiker's Guide to the Galaxy*）中，已故英國作家道格拉斯‧亞當斯（Douglas Adams）認為，地球是一台強大的電腦，而人類是它的生物組成要件，由智慧超群的全方位生命設計，以回答關於宇宙和生命的終極問題。直到今天，科學都還沒有製造一個可以反駁此異想天開建議的確論。

不管我們是否超越人類中心主義，它提醒著我們所面對的限制。就像劍橋大學宇宙學和天體物理學榮譽教授馬丁‧里斯提過的：

多數受過教育的人都知道，我們是將近 40 億年達爾文選擇的成果，但是很多人都傾向認為人類是某種高峰。但是，我們的太陽都還沒活到預期壽命的一半。人類是看不到太陽逝世的，那離現在還有 60 億年。任何在那時候存在的生物，和我們相異的程度，就和我們與細菌或阿米巴變形蟲相異的程度相當。[46]

46.原註：http://www.theatlantic.com/magazine/archive/2010/01/the-catastrophist/307820/.477 ae. Matthew W. Ohland et al.,"

唐諾‧霍夫曼
Donald D. Hoffman
加州大學爾灣校區認知科學家，著有：《圖像智慧》（*Visual Intelligence*）。

更真實的感知就是更合適的感知

相較於他們較不幸的同儕，我們那些更精確看待世界的先人享有競爭優勢（competitive advantage）。因此，他們就更可能養育小孩並成為我們的祖先。我們是那些更真實地看待世界的人的後代，所以也能自信地認為，在正常狀況下，我們的感知是相當精確的。當然還是有固有的限制。比如說，我們只能在大約 400 至 700 奈米的波長範圍內看到光，而只能在 20 到 2 萬赫茲的頻率範圍內聽到聲音。另外，我們有時容易有感知幻覺。但是提及這些但書後，可以公平地下結論，在演化基礎上，我們的感知一般而言是對現實可以信賴的指引。

這是以腦部影像、電腦模型和心理物理學實驗研究知覺的研究學家所達成的共識。它在許多專業出版品中都被提及，在教科書中也被稱為是事實。但是它誤解了演化。適存性和真相在演化理論中是不同的概念。要具體說明一種適存性功能，你不只需要具體說明世界的狀態，你也需要**特別**說明一個特定的生物體、那個生物體的一個特定狀態，以及一個特定的行為。黑巧克力可以殺死一隻貓，卻是適合追求者贈送的情人節禮物。

蒙地卡羅模擬（Monte Carlo simulation）使用演化博弈理論，加上一系列的適存性功能和隨機創造的環境，發現了更真實的感知常常因為和相關適存性功能一致的感知而消失。目前正在演化圖形（evolutionary graph）中使用這些模擬，並預期獲得相同的結果。使用遺傳演算法（genetic algorithm）的

模擬發現真相連出場的機會都沒有，更別說是消失了。

適存性一致的感知通常比和真相一致的感知更不複雜。它們需要較少的時間和資源計算，因此在快速行動為關鍵的環境中是有利的。但是就算不考慮時間和複雜性，真實的感知也會單純因為天擇挑選適存性而非真相而消失。我們必須認真看待我們的感知。它們由天擇所塑造，指引適應行為，以及讓我們活得夠久而能夠繁殖下一代。我們應該要避開懸崖和蛇。但是我們不能**完全按照字義地**解讀我們的感知。它們並非真相；它們僅僅是物種特定的行為指引。

觀察是科學的實驗基礎。這樣的基礎取決於空間、時間、物理對象和因果關係，這些都是物種特定的適應改變，而非見解。因此，這樣的感知觀點對於超越感知科學的領域，包括物理學、神經科學和科學哲學，就會產生影響。更真實的感知就是更合適的感知這樣老舊的假設，深深植入我們的科學感知中。這場假設的葬禮不會被埋藏在默默無名的訃聞中，而會普天歡慶。

格里高利・本福德

加州大學爾灣校區物理學和天文學系退休教授，著有：科學小說《星際船》（*Shipstar*）。

Gregory Benford

數學的內在美和優雅讓它可以解釋自然

很多人相信這個似乎真實的原理：美麗產生描述性力量。我們的經驗似乎也如此證實，多半是來自物理學的成功。這個觀念有些是事實，但有些是幻覺。

以前的靈長類動物是如何開始對自然有了數學的鑑賞，我們已經有了現成的解釋。靈長類動物發現對逃竄的獵物扔石頭或矛，要比追著獵物跑容易。有些靈長類動物的同伴認為抓準扔石頭的弧度很難，但是他不這麼認為。他覺得拋物線很美，也很容易達成，因為愉悅的感覺提供了演化的回饋意見。經過漫長的時間，這創造了一種發明了複雜幾何、微積分以及更多其他事物的動物。

這當然是很大的進步，是演化的超越。我們的聰明才智，似乎比在自然世界裡生存所需要的來得更多，早期的人類和祖先也存活下來了，甚至遍布了大半地球。我們的確在過去經歷了一些族群瓶頸（population bottleneck），最近的一次大約在 13 萬年前。那些激烈選擇的年代或許可以解釋我們為什麼有相差甚遠的心理能力。但是，在演化爭論之外，還有兩個數學的謎團依然未解：描述自然的驚人內在美從何而來？以及為什麼是內在美和優雅？

拋物線很優雅，不容置疑；拋物線描述物體多努力地在重力下飛越空中。但是一片落葉的運動需要幾個微分方程式（differential equation），考量

風速、重力、樹葉的幾何學、流體流量（fluid flow），以及更多其他因素。一架飛行中的飛機更難描述。兩個例子都既不優雅也不簡單。所以，數學的用途和其內在美是分開的。數學在我們簡化所考量的系統時，最為優雅。對於棒球，我們解釋初始的加速和角度、空氣、以及重力，而推測了十分相近於棒球行進的拋物線。但葉子卻非如此。

那條拋物線呢？我們太晚才看到它的美麗，以至於它在真實時間中無用武之地。我們對它的欣賞是隨後而至的。要真正讓拋物線在棒球中發揮作用，我們得學習如何丟球。這樣的學習建構在腦中與生俱來的神經元網絡，在演化過程中被選擇，因為知道如何發射飛彈是有適應性的。一位人類投手可以丟曲線球、指關節球等等而更微妙地影響行進路線。那些是更複雜的行進路線，或許較不優雅，卻依然在我們的神經系統能力內。但是對於精通的行為來說，這些處理過程是在無意識的層面上運行的。事實上，對行為細節有太多有意識的注意力會造成阻礙。運動家是知道這點的：這是處於專注一致狀態的藝術。或許心智就是在這樣的狀態中，以它的公正感、美麗，事半功倍地運作。

再者，優雅很難定義，多數美學的判斷也一樣。理查・費曼（Richard Feynman）曾說，讓已知的定律更優雅很簡單，比如說，先從牛頓的力學定律 F=ma 開始，再定義 R=F - ma。公式 R = 0 看起來比較優雅，卻沒有涵蓋任何訊息。動力學中的拉格朗日法（Lagrangian method）是優雅的，只要寫下動能減去可能能量的公式，但是這得要知道基礎理論才辦得到。拉格朗日法的優雅是隨後而生的，是數學的輔助。

近來，設計一個直接產生我們觀測的小型宇宙常數的優雅宇宙理論，並非易事。有些人訴諸人本原理，因此產生了某種多宇宙。但是，這又冒著違反另一種優雅標準的形式：奧坎簡化論。試想一片浩瀚的多宇宙海，我們從條件製造智慧生命的多宇宙升起，對很多人來說，這看似過度。此

產生了我們永遠看不到的豐富。多宇宙宇宙學的科學測試是，其是否產生可預測的結果。

多宇宙可以互相對話嗎？那可以是一種證實這些理論偏見的方法。多數的多宇宙模型認為在多宇宙的無限之間，溝通是不可能的。但是，膜理論（brane theory）是來自於除了重力以外、膜之間沒有力學定律運作的模型。或許雷射干涉重力波天文台（Laser Interferometer Gravitational-Wave Observatory, LIGO）可以從膜中偵測到這樣的波。但是轉向遙遠未來的科技以求確認，這樣優雅嗎？我不覺得把灰塵藏在地毯裡是優雅的。

演化不在乎美麗或是優雅，只在乎實用性。但是，美麗的確扮演著次等重要的角色。最會用矛射獵物的男性會受到欣賞，可能有許多伴侶可以選擇。有效且現為美麗的擲矛行為，不過恰好能用相當簡單的數學描述。

我們很容易接受基礎數學也是美麗的。

數學的效用意味著，要有一個宇宙的適當簡單模型，就需要一個相當簡單的數學萬物理論，相似於廣義相對論，可以用一行的公式描述。在那樣的直覺基礎上尋找，可能會讓我們找到這樣的理論。但是，我猜一個包含宇宙所有複雜性的模型，應該會比一行要多得多。

在敘述數學模型是優雅和美麗時，我們就表達了本身心智的限制。那不是世界的深層敘述。最終，簡單的模型要比複雜的模型更好懂。我們不能期望優雅之道一直保證我們的方向是對的。

卡羅・羅維理

理論物理學家、馬賽第二大學榮譽教授，著有：
《第一位科學家阿那克西曼德的故事》(*The First*
Carlo Rovelli | *Scientist: Anaximander and His Legacy*)。

幾何學

　　我們會繼續認為幾何學是數學有用的分支，並如此運用幾何學，但是現在是時候捨棄存在已久並深植於我們腦中、認為幾何學是描述物理空間的觀念。捨棄這樣的觀念可能很難，但是捨棄它是不可避免的，不過是早晚的問題罷了。那還不如早點捨棄。

　　幾何學最初被發明來描述片片農業土地的特性。在古希臘人眼中，幾何學成為處理抽象三角形、線條、圓形等等的強大工具，它被用來地描述光的路徑以及天體運動，功效十足。在現代，因為牛頓，幾何學成為物理空間的數學。物理空間的幾何化被愛因斯坦更進一步證實，愛因斯坦依據黎曼（Riemann）的彎曲幾何學（curved geometry）描述空間（其實是時空）。但這實際上卻是結束的開始。愛因斯坦發現牛頓以幾何學描述的空間其實是一個場，就像電磁場（electromagnetic field），而場通常只有在大尺度地加以測量時，才會是連續又平滑的。在現實中，它們是不連續並浮動的量子實體。因此，我們身處的物理空間其實是一個量子動力實體，和我們所稱的「幾何學」沒有什麼相似之處。它是有限互動量子的成長過程。我們仍可以使用像「量子幾何學」這樣的詞來描述物理空間，但事實是量子幾何學已經不算是幾何學了。

　　最好擺脫認為我們的空間直覺總是可靠的觀念。世界比一個「幾何空間」以及在此空間移動的事物，要更加複雜（且美麗）。

安德魯・李

Andrew Lih

美國大學通訊學院副教授，著有：《維基革命》（*Wikipedia Revolution*）。

微積分

我不建議我們應該捨棄研究變化的學科，或是曲線下面積（area under the curve），抑或是埋葬牛頓和萊布尼茲。但是，幾十年以來，學習微積分已經成為進入學術現代領域的必要條件，並和科學、技術、工程和數學（science, technology, engineering, and math，STEM）的嚴格要求結合。大學仍然要求大學生要修一到三學期不等的微積分，當成是純粹數學的領域，通常還有著無法了解且和實際應用脫節的複雜數學概念，並且十分強調證據和理論。

因此，對於那些想要進入當今最重要領域——電腦科學——的人，微積分成為了他們的入會儀式。微積分和編碼者、駭客以及企業家的日常工作十分不相關，但對當今的數位勞動力而言，卻阻礙雇用真正需要的人才。

這個問題在程式設計和程式編寫領域中特別急迫。大學電腦科學課程開始從早期網路年代折磨人的學生人數不足中恢復，但是對於學生人數我們還能做得更多，假若我們能夠擺脫認為電腦科學是數學延伸部分的持久觀念，而這樣的觀念來自於電腦主要被製作為終極計算機的年代。

在很多課程中，微積分比較像儀式，而非因特別需要而存在。它是一種解決問題的方法，它也幫助我們能夠吸收更複雜的概念，但是讓它成為學生必須克服的障礙，因而才能夠設計程式和編寫程式，是會造成反效果的。留下這樣愚笨的數學要求是懶惰的課程設計。它堅持使用與程式設計

能力毫不相關的理由來淘汰人才的模型。

　　這讓我們提出了以下的問題，好的程式設計師的要件為何？答案是有能力拆解複雜問題、將問題分為一連串好處理的小型問題；有能力以程序的方式思考系統和結構；有能力運用位元、並做出驚為天人的東西。如果微積分不適合這些目標，那有什麼可以取代它呢？離散數學（discrete math）、組合數學（combinatorics）、可計算性（computability）和圖形理論（graph theory）都比微積分要重要得多。這些在最新的電腦科學課程中都是標準且十分必要的領域，但是通常得先過了微積分難關才能修這些課。

　　人們在尋找其他正式以及同儕學習的方法，以在高等教育環境之外學習編寫程式：聚會、編程馬拉松（Code-a-thon）、線上課程、影片教學。讓微積分不再是必修課程，能夠將這些人更早並更有方法地帶進圈內。這不代表我們會讓大學變成貿易學校，我們仍需要我們正在培訓的研究科學家，以及在科學、技術、工程和數學領域的博士候選人理解和精通微積分、線性代數（linear algebra）和微分方程式（differential equation）。但是太久以來，微積分一直阻礙著培訓自學的專業數位創新家。

　　克萊門森大學（Clemson University）做了一項實驗，將微積分移到學程後段，讓微積分不再是必修課，而是和其他需要微積分的科學、技術、工程和數學課程互相配合。2004 年的縱貫性研究（longitudinal study）顯示，如果研究重新架構研究方法，在較後面的學期中引進數學，則「在工程記憶有統計上顯著的進步」。[47]我們需要更多類似的實驗，以及更徹底的課程設計，以超越主導此領域幾十年的先修課模型。

　　怎麼會有那麼多人對編寫程式和程式設計深感興趣，卻沒有從我們高等學習的頂尖學院獲益？認為電腦科學主要是科學、技術、工程和數學領

47.原註：Matthew W. Ohland et al., "Identifying and Removing a Calculus Prerequisite as a Bottleneck in Clemson's General Engineering Curriculum," Jour. Engineering Educ., pp. 253-7, July 2004.

域，而非一個跨越幾個領域的全新能力，我們就沒有和時代一起進步。我們愈快超脫以科學、技術、工程和數學為主的思維，對我們愈好。

尼爾・格申菲德

物理學家、麻省理工學院電位與原子中心（Center for Bits and Atoms）主任，著有：《FAB：MIT 教授教你如何製作所有東西》（*FAB: The Coming Revolution on Your Desktop*）。

Neil Gershenfeld

電腦科學

　　電腦科學是令人好奇的科學，它暗地裡忽略，或甚至是明白地反對其他科學。

　　電腦的模型有很多種：命令式（imperative）、宣告式（declarative）和功能式（functional）語言；單指令單資料（SISD）、單指令多資料（SIMD）和多指令多資料（MIMD）架構；純量（scalar）、向量（vector）和多核心（multicore）處理器；精簡指令（RISC）、複雜指令（CISC）和極長指令（VLIW）指令集。但是只有一個基本的物理現實：一塊空間可以包含狀態，狀態可以互動並花時間傳送。其他都是虛構。

　　現在努力英勇地維持此虛構。現今的程式設計有點像居住在佛列茲・朗（Fritz Lang）的《大都會》歡樂花園（pleasure garden），自信滿滿地認為地下機械室的工人會乖乖聽從指示。通訊限制（interconnect bottlenecks）、快取記憶體的誤失（cache miss）、執行緒平行處理（thread concurrency）、數據中心能量預算（data-center power budgets）和平行處理器（parallel processor）的低效率，都從地下發出不滿的抱怨。

　　軟體並不像時間和空間一樣具有物理單位，但是執行它的硬體是有的。一個應用程式的程式、被編譯的執行碼（executable code），以及運行程式的電路彼此各不相同。當地圖被放大時，還是有一個級別的結構，從城市到州到國家，但是圖像的幾何並未改變。那我們為什麼對軟體這麼做？

我覺得都是艾倫・圖靈（Alan Turning）和約翰・范・紐曼（John von Neumann）的錯。他們都因本質上是歷史重大的駭客入侵而出名。圖靈對找出可以被計算的事物興趣濃厚。以他為名的機器本來該是理論模型，而非實驗建議。圖靈機只有一顆頭，可以閱讀並寫出儲存在紙帶上的符號。這雖然聽起來很直接，卻是非物理的區分；持續和互動都是物理狀態的特性。這樣的功能區分在范紐曼架構（von Neumann architecture）的核心元素中被闡述。雖然這支持了當今製作的每一台電腦，但它卻不是要被當成普遍真理的。而恰恰相反，是在范紐曼所寫的一篇關於在早期電腦（電子離散可變自動計算機〔EDVAC〕）的有限限度內設計程式的重要報告中，這樣的功能區分清楚地表達出來。

圖靈和范紐曼知道他們模型的限制；這兩位晚年時，都在空間結構（spatial structure）中研究計算，圖靈研究圖樣形成（pattern formation）、范紐曼研究自我複製（self-replication）。但是他們的遺產卻幾乎留存在所有的處理器（閱讀紙帶的現代版圖靈機器頭）指令指標中（instruction pointer）。所有其他非用來消耗資訊處理資源的指令則不處理資訊。

在自然中，時時刻刻都有事情發生。當一個產業**為**計算發展了裝置，一個更小型的學界則已經研究了計算**的**物理學。在傳統被認為是電腦科學的領域外，量子電腦已經被發明，量子電腦使用糾纏（entanglement）和疊加（superposition）、傳送物質和資訊的微流子邏輯（microfluid logic）、以持續裝置自由度解決數位問題的模擬邏輯（analog logic），以及數位製造（digital fabrication）來編寫可被程式設計物質的結構。最重要的是，代表並注重物理資源的程式設計模型正在出現，而不是把物理資源當皮球一樣，丟給別人去收拾。這其實比想像中更容易做得到，因為它避免了所有關於將非物理世界轉變為物理世界的問題。

在電影《駭客任務》中，尼歐（Neo）有兩種選擇：選擇紅色藥丸，離

開他一直居住的虛擬世界，或是選擇藍色藥丸，繼續待在虛擬世界。他發現當他離開虛擬世界後，現實雖然混亂，但最終也更令人滿足。在數位世界面前，我們也面臨相似的抉擇，該迴避，還是接受數位世界所處的物理世界？

把圖靈的機器和范紐曼架構當成科技的輔助輪。它們曾讓我們遨遊，但現在需要改造：在軟體中加入物理單位，才能夠設計終極普遍電腦（也就是宇宙）的程式。

塞繆爾・巴倫德斯

舊金山加州大學神經生物學和精神病學系金妮與山弗德・羅伯森（Jeanne and Sanford Robertson）講座主任，著有：《人格解碼》（*Making Sense Of People*）。

Samuel Barondes

科學因喪禮而進步

馬克斯・蒲朗克 1874 年在慕尼黑大學開始學習物理學時，他的教授菲利普・馮・約利（Philipp von Jolly）告誡他物理學是已經成熟的領域，能學的並不多。這樣的態度在 19 世紀末期十分普遍。1900 年，偉大的英國物理學家開爾文勳爵（Lord Kelvin）明確地說：「物理學中已經沒有任何可以探索的新事物了，剩下的只是更精確的測量。」

在蒲朗克早期的職業生涯中，他沒有理由懷疑此滿足於現狀的觀點。但是就在開爾文勳爵發表其看法的同一年，蒲朗克發現自己能夠證明這樣的看法是錯的。蒲朗克研究熱和光的關係，這是個新興電力公司深感興趣的研究主題，而蒲朗克提出了一個和經典物理概念一致的方程式。但出乎他意料之外，他發現新的實驗結果證明他是錯的。

在走投無路的情況下，42 歲的蒲朗克快速地想出了另一個和數據相符的方程式。但是新的方程式卻有著能夠引起混亂的影響。它無法和傳統觀念調和，此新方程式被稱為量子理論、一個全新物理學觀點的最初基礎。物理學界的保守成員對此分歧概念的反抗，可能就是蒲朗克任性地認為一個新的科學真理要「等到反對者們都相繼死去」才會被接受，所指的例子之一。

但是否接受量子理論並不一定仰賴於這樣殘忍的期望。物理學界的成員很快就開始認真看待量子理論，因為它不僅僅是蒲朗克異想天開的觀

念。它因為一個驚人的實驗結果而變得不可或缺。這才是科學通常運作的方式。當實驗挑戰一個盛行的觀念時，就會受到注意。如果實驗獲得證實了，那麼舊的觀念就會被修改。在決定性實驗相對容易的領域中，改變可能會很快發生，而且也不需要依賴老一輩的專家過世。只有在不適合決定性實驗的領域中，徹底挑戰盛行的觀念才是困難的。在這些領域中，或許甚至連死亡都不夠，而脆弱的觀點或許可以存活好幾世代。

所以蒲朗克錯了。新科學真理的發展並不取決於頑固保守反對者的死亡。反而，它主要依賴才華洋溢的新人員源源不絕地到來，積極地邁向成功而改變現有的秩序。在蒲朗克的例子裡，是年輕的愛因斯坦出現，而不是蒲朗克老一輩的反對者死去，才推動了量子理論。就像道格拉斯·史東（Douglas Stone）在《愛因斯坦與量子》（*Einstein and the Quantum*）一書中所說，是一位 25 歲的專利局職員、毫無經驗且無所畏懼的門外漢，成為發展此理論的動力。至於那些前輩，愛因斯坦根本沒放在心上。

雨果・默西爾

Hugo Mercier

認知科學家、納沙泰爾大學認知科學中心卓越研究員。

蒲朗克憤世嫉俗的科學改變觀

2014 年 Edge 題目的靈感來自馬克斯・蒲朗克對科學改變的慘淡觀點：「要接受一個新的科學真理，並不用說服它的反對者，而是等到反對者們都相繼死去，新的一代從一開始便清楚地明白這一真理。」當然，普遍大眾對蒲朗克的評論都深有同感。當湯瑪士・庫恩提出著名科學家有動力反對新理論，而不是放棄他們畢生的研究，教育程度較高的人大概會更容易接受它。

如果連有著論述自由，並能恣意評價證據標準的科學家，都無法在他們應該改變心意時改變心意，那我們其他人還有什麼希望呢？幹嘛要花時間說服別人？

好在蒲朗克是錯的。重大科學改變的詳細原因揭露，一次又一次地，科學家是如何快速地採納新興理論，假若理論是被證實的。

舉例而言，我們不能責怪 16 世紀的學者駁斥哥白尼的日心說模型：比起其他方法，它解釋數據並沒有解釋得更好，它滿滿都是**事後**的修補，而且也回答不了基本的問題，比如像是：「如果地球在轉動，那為什麼我們沒有感覺？」當這些問題被解決時，克卜勒提出橢圓軌道（elliptical orbits）、伽利略理解了運動原則，日心說模型馬上就有了支持者。

其他需要劇烈概念改變的理論都更快被接受，因為它們一開始根據的論點更有力。當牛頓剛開始發展新的飛行理論（顛覆了流傳幾世紀的

信仰）時，他在一篇短文中發表，短文裡沒有什麼實驗證據證明他多數的主張。但是牛頓理論的力量對很多人來說卻是令人信服的（這不是權威性論辯的例子，因為牛頓當時沒什麼權威）。30 年之後，當牛頓出版《光學》（*Opticks*）一書時，他對相同的理論有了更佳的陳述，也有了大量敘述良好的實驗，牛頓成功征服了自然哲學家；幾年之後，再加上反覆論證，多數人都接受牛頓的觀念。

約瑟夫‧普利斯特里（Joseph Priestley）終生相信燃素說（phlogiston），而成為了頑固優秀科學家的經典例子。但是普利斯特里是個特別的例外。當拉瓦節（Lavoisier）開始出版他的發現，並且批評燃素說的概念時，他遭受到反抗，但同時也被接受，連在拉瓦節心中都是不完全的新理論遭到反抗，但是健全的方法和結果卻獲得接受。當這位法國化學家建構了能夠正確解釋所研究的主要現象時，這個理論在幾年之內就被接受。

例子數也數不清：達爾文觀念的核心在《物種起源》出版不久後就被他的同行接納，板塊構造學說（plate tectonics）在 12 年間，從推測變成了教科書內容，這兩個例子都證明了，如果論點是好的，大多數科學家也會據此而改變他們的想法。如同科學歷史學家伯納德‧柯恩（Bernard Cohen）所說的，就連觀念比上述例子還不創新的蒲朗克，都說服得了他的同儕，而不單單只是新的一代。

當然不是每項科學都同等快速地獲得共識，比如說，政治科學家的數據並不像粒子物理學家蒐集的數據一樣精準。但是，將科學看為一體並認出它的優勢，是很重要的，不只是因為這樣有效率的信念改變是偉大的成就，也因為一個對爭辯力量悲觀、憤世嫉俗的觀點會帶來有害的影響。

如果和我們持相反意見的人永遠都不會改變他們的想法，那幹嘛跟他們講話？如果我們不和反對我們的人討論，我們永遠都不會知道他們為什麼反對（通常是完全有理的）。如果我們不能解釋這些理由，那我們的論點

很可能就不令人信服。我們無法使人信服只會更讓人相信我們冥頑不靈，而不是理性的反對。相信論辯無能是毫無益處、自我滿足的預言。普遍來說，我們應該給科學家和論辯更多讚賞。讓蒲朗克憤世嫉俗的科學改變觀消失吧。

賈德・戴蒙

Jared Diamond

加州大學洛杉磯校區地理學系教授，著有：《昨日世界》（*The World Until Yesterday*）。

新觀念因取代舊觀念而勝利

　　科學的歷史比 Edge 題目中所描述的舊觀念被拋棄埋葬，要更加多采多姿。雖然新觀念因取代舊觀念而勝利符合一些科學發展，但在很多其他的案例中，新觀念接管了本來就沒有被任何明確清晰的觀念佔據的空白。這會發生有兩種原因：新觀念回應因新測量而成為可能的新資訊，或是回應新的「觀點」（outlook）。（在科學歷史學家中，使用的並非不適當的「觀點」一詞，而是德文的 *Fragestellung*，直譯的意思是提出問題，但是更廣義的解釋是由世界觀所產生的問題。）我將各舉兩到三個例子闡述這兩個原因。

　　新觀念回應因新測量而成為可能，最令人熟悉的現代例子是華生（Watson）與克里克（Crick）的 DNA 構造雙螺旋模型（double-helix model）。他們的模型並沒有取代先前建立的模型，而模型的支持者一個個地逝世，沒有承認他們的錯誤。相反地，華生—克里克模型是因兩組最近的測量而成為可能：分析 DNA 的化學組成（發現了等量的鹼基：腺嘌呤〔adenine〕和胸腺嘧啶〔thymine〕，以及胞嘧啶〔cytosine〕和鳥嘌呤〔guanine〕）；加上 X 光結晶證據。眾所皆知，兩種 DNA 構造模型幾乎同時被提出，一個由鮑林（Pauling）提出，另一個由華生和克里克提出。幾乎是立刻就知道鮑林的模型是錯的，而華生和克里克的模型則解釋了所有的證據。因此，華生－克里克模型很快就被接受，填補了一塊空白，而非取代

了先前錯誤的理論。

　　我的另一個新觀念回應因新測量而成為可能的例子，是關於動物電（animal electricity）。我們的神經和肌膜產生電脈衝（electrical impulse）而運作，從活躍與不活躍膜區域之間的跨膜電壓改變產生。若無法直接測量跨膜電壓，就不可能提出一個電壓如何改變的量性理論。此問題在 1939 年到 1952 年間，因兩項發展而被解決：解剖學家約翰・扎克瑞・楊（John Zachary Young）在烏賊身上發現巨型神經，生理學家研發夠小的微電極（microelectrode），可以插入烏賊的巨型神經，而不會損壞神經。在 1945 年到 1952 年間，生理學家艾倫・霍奇金（Alan Hodgkin）和安德魯・赫胥黎（Andrew Huxley）利用此項解剖學發現以及技術發展，測量在烏賊神經中移動的電流，認為是電壓和時間的結合功能，因此重新以量性方式、並鉅細靡遺地建構神經脈衝如何因正電荷鈉離子（ions sodium）和鉀穿透神經膜能力的改變而產生。霍奇金－赫胥黎模型很快被接受，因為它的正確性令人信服，也因為它沒有其他重要的競爭者。1950 和 1960 年代間，我還是生理學系學生時，我記得對此理論唯一的抗拒是，非生理學家擔憂微電極是否對神經膜造成傷害（此擔憂被幾種類型的控制實驗解答了），以及非量性提議，認為神經膜和突觸或是連接膜經歷相同的穿透能力改變（但實際上並非如此）。

　　至於新觀念因新 *Fragestellung*（觀點）而成為可能，先試想幾個構成族群生物學（population biology）的現代科學基礎：分類學／系統分類學（systematics）、演化生物學、生物地理學（biogeography）、生態學、動物行為學，以及遺傳學。至少直到最近，除了遺傳學以外，多數在這些領域中的研究包含不需要設備的觀測、計算，以及測量。多數的研究在 2000 多年前，亞里斯多德、希羅多德和他們在古典希臘時期的同僚就能辦到。希臘人擅長對星球和其他自然世界特性進行需要耐心並精準地觀

測。同樣地，亞里斯多德可以檢視希臘的動物和植物，而得到林奈的階層分類法。希羅多德可以比較黑海和埃及的物種，而發現生物地理學。任何古代的希臘人都可以種植豌豆並細數不同品種，就像格雷戈爾·孟德爾（Gregor Mendel）在 1860 年代所做的，注意到柳鶯（willow warbler）和棕柳鶯（Chiffchaff，鶯的相關物種）之間的不同，就像 1780 年代的吉爾伯特·懷特（Gilbert White）一樣，像康拉德·勞倫茲（Konrad Lorenz）在 1930 年代時一樣觀察小鵝，而因此發現了遺傳學、生態學和動物行為學。但是古希臘人缺乏必要的 *Fragestellung*，讓他們有興趣數豌豆品種，以及仔細觀看鶯和小鵝。從 1700 年開始，這些族群生物學分支的崛起是因為一個創造數據的現代 *Fragestellung*（不需要微電極或是 X 光結晶學），而數據則在先前沒有數據或是詳細觀念的領域中創造觀念。

不再講述太多細節，我現在要舉兩個例子，它們都是近幾世紀才出現的重要廣泛領域，並且不需要任何專業的科技，這些領域古代的人就可以發展，卻因為缺乏相關的 *Fragestellung* 而沒有發展。希臘人和羅馬人和說印歐語、閃語以及其他語言的人有接觸，他們可以在這些語言中發現語言的分組，也能夠發展出歷史語言學家的觀念，但是他們根本懶得記錄埃及、高盧和其他語言的文字。在所有希臘和羅馬文獻中，我找不到任何一份記錄「外來」語言的文字清單，相反地，歐洲旅行者從 1600 年起，便開始規律地從非歐洲人中蒐集文字清單。希臘人和羅馬人同樣能夠注意到佛洛伊德所使用的觀察證據，並探索我們的無意識，但他們沒有。

上述的所有例子並不是在說 2014 年的 Edge 題目所根據的觀念一直是錯誤的。在我本身工作領域中的例子包括：取代生物地理學理論認為地球是靜止的假設，從 1960 年代開始接受大陸漂移；犧牲了之前的分類方法，而讓稱為支序學（cladistics）的分類方法出現，也是從 1960 年代開始；在 1960 和 1970 年代，企圖在族群生物學及細胞生理學（cell physiology）使用

不可逆的（非平衡態）熱力學，而後卻完全消失。相反地，我的重點是，科學發展有著各式各樣的方向，而並非大多是放棄舊觀念的方向。

Mihaly Csikszentmihalyi

米哈利·契克森米哈賴

心理學家、克萊蒙研究大學生命品質研究中心共同主任，著有：《快樂，從心開始》(*Flow*)。

馬克斯·蒲朗克的信念

注意，在 2014 年 Edge 題目的介紹中，馬克斯·蒲朗克在英文原文中提到科學真理「獲勝」(triumphing)。真理不會獲勝，是提出真理的那些人才會勝利。需要淘汰的觀念是認為科學家所說的就是客觀真理的信念，是獨立於科學論點之外的現實。有些當然是真的，但是其他的卻仰賴許多初始條件，橫跨了現實和虛構的界線。

好的西洋棋步讓棋手勝過他的對手。但這代表那一步棋勝利了嗎？或許在西洋棋中，它是的。我們只能希望科學的勝利也是如此無害。

瑪麗・凱瑟琳・貝特森

文化人類學家、喬治梅森大學退休教授、波士頓大學斯隆老齡化與工作研究中心（Sloan Center on Aging & Work）訪問學者，著有：《青春永不落——不怕老的理想生活指南》（Composing a Further Life）。

Mary Catherine Bateson

確定性的幻覺

　　科學家有時候抗拒新的觀念，並遲遲不肯放下舊的觀念，但真正的問題是大眾無法了解修正或駁斥的可能性是一種力量，而非弱點。在我們身處的時代中，投票的民眾能夠評估科學論點，以及在不同現象之間做出類比，是愈來愈重要的。但是這可能是錯誤的主要來源；改善科學知識的過程，大部分不為大眾所知。科學知識的真實價值仰賴於它對修正的坦誠，而我們卻仍保有舊觀念，但科學早就已經修改過這些觀念了，當我們被要求放棄這些舊觀念時卻憂心重重。你猜怎麼樣！如果你吃完午餐就去游泳，也不一定會淹死。

　　演化中競爭的角色是一個明顯的例子，很多人認為這是科學上已經成立的自然定律，經濟學家和心理學家也常常將其視為理所當然，而其他人則爭辯作為「理論」的演化，不過就是「猜測」。生物學逐漸接受共生在演化中的重要性，還有競爭，以及越過競爭的多樣性。但是達爾文從赫伯特・史賓賽（Herbert Spencer）所描述的早期工業社會中，所提出的「適者生存」比喻，對人類行為而言，是個具有拘束力的比喻，歷久不衰。

　　多數人都不願接受知識可以是專斷的、可以要求決定和行為，但也可以是不斷被修改的概念，因為他們偏向認為知識是附加物，而沒有認清改變結構以回應新訊息的必要性。而正是這樣的科學知識特徵，鼓勵了對氣候變遷的否認，以及讓在許多未知中回應我們知道的事變得困難。

什麼樣的證據，才能讓說服對可能最好被稱為「氣候混亂」（climate disruption）的現實抱持懷疑態度的人？或許尋找需要淘汰的科學觀念應該要一年舉辦一次，並且強調每一個新的複雜數據合成可能都會更全面。捨棄不再適用的概念，主要並非消除錯誤，而是將新訊息和新發現的連結融入到我們的理解中。

Jonathan Haidt

強納森・海德特

社會心理學家、紐約大學史登商學院教授，著有：
《好人總是自以為是》（*The Righteous Mind*）。

追求簡約

　　生命中有很多東西如果能擁有當然好，但是過於追求卻是不好的，比如說，金錢、愛情和性，我還想加上簡約。

　　一位 14 世紀的英文邏輯學家奧坎的威廉（William of Ockham），曾說過：「如無必要，勿增實體。」（Entities must not be multiplied beyond necessity.）現被稱為「奧坎簡化論」的原則，好幾個世紀以來，都被科學家和哲學家用來作為評判互相競爭理論的工具。簡約的意思是「節儉」或「吝嗇」，科學家在建構理論時應該要「小氣」，他們應該要盡可能地使用最少的材料。如果兩個理論對實驗證據的解釋都同樣出色，那你應該要挑選比較簡單的那個理論。如果哥白尼和托勒密都可以解釋天體運動，包括某些行星偶爾的反向運行，那就選擇哥白尼較簡單的模型。

　　如果依最初被設計的方式使用奧坎簡化論，那它是個很棒的工具。但是，很多科學家都盲目地崇拜此簡單的工具。他們追求複雜現象的簡單解釋，好像簡約本身就是終點，而不是一個追尋真相時所使用的工具。

　　自然科學對簡約的崇拜是可以理解的，在自然科學中，有的時候單一定律或原則，抑或是一個十分簡單的理論，的確能夠解釋大量且多樣的觀察。牛頓的三大定律真的解釋了所有無生命物體的運動；板塊構造學說真的解釋了地震、火山和非洲及南美洲相符的海岸線；天擇真的解釋了植物、動物和真菌為什麼是長這樣。

但是在社會科學裡，對簡約過分熱情的追求卻是個災難。從 18 世紀以來，有些知識分子努力地想要為社會世界做出牛頓為物理世界所做的事。實用主義者、法國哲學家，還有其他烏托邦夢想家渴望一個以理性原則為基礎的社會秩序，以及一個對人類行為的科學理解。社會學的創始人之一的奧古斯特・孔德，起初稱他的新領域為「社會物理學」。

　　我們從這 250 年的追尋中得到了什麼？我們有一連串浪費時間的失敗和意識型態的對抗。不是所有的人類行為都可以被正增強和負增強解釋的（和行為主義論**相反**）。而人類行為也不都是關於性、金錢、階級、權力、自尊，或甚至是自我利益，列舉幾個在 20 世紀被膜拜的解釋偶像。

　　在我自己的領域中，也就是道德心理學，上述對簡約的過分熱情追求，也讓我們深受折磨。哈佛大學的心理學家勞倫斯・柯爾伯格（Lawrence Kohlberg）認為，道德就是攸關正義；其他人認為道德是關於同情；還有人認為道德是關於成立聯盟、或是防止他人受到傷害。但事實上，道德是複雜、多元並隨著文化改變的。人類是演化的產物，所以道德的心理基礎是與生俱來的（我和很多人近幾年都在 Edge.org 網站上提過）。但是還有很多其他的基礎，而它們都只是故事的開端。你仍舊得解釋道德如何在如此多變方式中發展，在世界各地、或甚至是在生活於同一個屋簷下的兄弟姊妹之間。

　　社會科學很困難，因為人類和非生命物體是完全不同的。人們堅持在事物中創造或是尋找意義。他們共同合作，製造了不能簡約地解釋的華麗文化景觀，他們獨立工作，製造了自己獨特的象徵世界，棲身於他們更廣泛的文化之中。如同人類學家克利福德・格爾茨（Clifford Geertz）所說的：「人類是一種懸在他自己編織的意義之網中的動物。」這就是為什麼預測一個人的行為會這麼困難；這就是為什麼在心理學或社會學中幾乎沒有方程式；這就是為什麼永遠也不會有社會科學的牛頓。

讓簡約的追求從社會科學中消失。當我們發現簡約時，它是美麗的，但是追求簡約有時會阻礙追求真理。

傑拉德・斯莫伯格

Gerald Smallberg

紐約市執業神經病學家、外百老匯劇作家，以及金戒指（The Gold Ring）創始會員。

臨床醫師的簡約原則

簡約原則，現在也被稱為奧坎簡化論，並不需要葬禮，但它對現實的描述確實有些問題。此原則認為在兩個相競爭的理論中，最簡單的那個應該是較好的，而且實體不應該被無限地增加。它在哲學和科學中維持著高尚的地位，常常被作為文學修辭。使用簡約原則是好看偵探小說的精隨，也許亞瑟・柯南・道爾使用最得當，他塑造出大名鼎鼎的福爾摩斯，在福爾摩斯所做的推理中，這位醫生將奧坎簡化論發揮至極致。福爾摩斯最著名的規則是：「如果你排除了不可能，那剩下的就算再不可信，也必定是真相。」

作為絕對事物，簡約原則垂死掙扎。並不是因為它糟糕地老去，而是因為它不斷地受到真實世界的複雜性挑戰。從我身為臨床神經病學醫生有利的觀點來看，簡約原則的有用性，對我來說一直是我的指導原則，但當嚴格遵守時，卻很容易在判斷中產生盲點和錯誤。

一個很好的例子是，一位 79 歲的老太太抱怨她的平衡感有問題，最近摔倒了幾次。這可能只是因為年紀大了；但是，在她的病史裡還有其他因素需要考量，包括糖尿病神經病變（Diabetic Neuropathy）讓她的腳失去知覺，以及造成頸脊髓的壓縮，因而讓她的腳無力。她的聽力也有問題，長期受間歇性暈眩所擾。另外，她有斯堪地那維亞血統，所以基因上更容易因為吸收不良而造成維他命 B-12 的缺乏，而老太太的病情可能又因抑制胃

酸逆流的藥而更加惡化。維他命的缺乏本身就能夠導致神經病變和脊髓的退化。

是在這樣複雜的臨床環境下，簡約原則完全失敗，我懷疑就算是享有虛構身分的偉大福爾摩斯，都沒有辦法將所有未解決的事串連起來，變成一件簡單的事。為了能夠提供這位病人適當的照護，我需要使用醫學界對奧坎簡化論的相反論點，希格曼格言（Hickam dictum）。約翰·希格曼（John Hickam）博士在 1970 年逝世，他的基本論點十分簡單：「只要病人高興，她愛生多少病就生多少病。」

對於我們如何推論，簡約原則扮演著至關重要的角色，這是無庸置疑的。此原則可以追溯至希臘哲學家，這些希臘哲學家將前輩的原則更臻完善，因為我認為我們演化以尋求簡單而非複雜。對一致和單一的渴望令人滿足又十分具有誘惑。但是，有時候它需要被希格曼格言挑戰，希格曼格言是豐饒原則（principle of plenitude）的變體。此對現實的觀點也同樣可以追溯至希臘哲學，原則假設如果宇宙要盡可能地完美無瑕，那它就一定盡可能地豐富，因為宇宙包含了各種它能包含得了的事物。

因為複雜性、不一致性、模糊性和終極不確定性定義我們的現實，我們不應該限制自己只使用這些有用分析工具的其中一種。我們需要更願意讓自己的立場被挑戰，努力敞開心胸歡迎其他論點、其他觀點，以及相衝突的數據。為了能夠以最好的理由做出最好的決定，我們必須選擇適當的啟發，加上知識的誠實（intellectual honesty），在我們和所居住世界的狡猾詭計奮鬥時，引領我們的思緒。

麗莎・貝瑞特

東北大學心理學系榮譽教授、麻省總醫院／哈佛醫學
院研究科學家和神經科學家。

Lisa Barrett

本質論者的心智觀

　　本質論思維是相信相似的類別，狗和貓、空間和時間、情緒和思緒，都有基礎的本質，而成就了他們的樣子。這樣的信念阻礙科學理解和進步。舉例而言，在達爾文之前的生物學，學者相信每個物種都有基礎的本質或物理類型，而變化則被認為是錯誤。達爾文挑戰這樣的本質觀，觀察到物種是概念的分類，是包含不同個體的總體，並非一種理想個體的錯誤變異。即使達爾文的觀念慢慢被接受，本質論仍屹立不搖，因為生物學家宣稱基因是所有活體的本質，完全解釋了達爾文的變異。今天我們知道基因表現是由環境所控制的，一個在激烈論辯後，引起規範改變的發現。

　　在物理學中，在愛因斯坦之前，科學家認為空間和時間是分開的物理數量。愛因斯坦反駁了這樣的區分，結合了空間和時間，證明它們對察覺者來說是相對的。即便如此，在每次大學生提問：「如果宇宙在膨脹，那宇宙要膨脹成為**什麼**？」時，本質論的思維仍然出現。

　　在我的心理學領域，本質論思維依舊氾濫。比方說，很多心理學家定義情緒為行為，比如老鼠在害怕時靜止不動，或是在生氣時攻擊，每個動作都是由牠自己的迴路自動引發的，所以行為的迴路（靜止、攻擊）就是情緒的迴路（恐懼、生氣）。當其他科學家證明事實上老鼠在產生恐懼的情況下，會有不同行為時，有時候靜止不動，有時候逃跑會甚至攻擊，這樣的不一致則因重新定義恐懼有很多種而被「解決」。此創造更細緻分類的方

法，每一個分類都有自己的生物本質（而不是捨棄本質論，就像達爾文和愛因斯坦所做的），被認為是科學的進步。好在其他解釋情緒的理論出現，這些理論不需要本質論。舉例來說，心理建構認為像恐懼或憤怒等的情緒，是有著不同情況的類別，就像達爾文對物種的解釋一樣。

本質論也出現在掃描人類腦部而試圖定位各種情緒專用腦組織的研究中。剛開始，科學家假設每種情緒都可以被連結至某一特定的腦部區域（比如說，杏仁核〔amygdala〕掌管恐懼），但是他們發現每個區域都掌管多種情緒。從那時開始，科學家不但沒有放棄本質論，反而開始在專門的腦網絡中尋找每種情緒的腦本質，總是假設每種情緒都有本質可以被發現。

不同的腦區域和網絡在不同的情緒中增加活動，並不只是情緒研究的問題。它們也在其他心理活動中增加活化作用，比如認知和感知，並涉及至心理疾病，從憂鬱症到精神分裂症到自閉症。此具體性的缺乏產生了我們從腦部成像實驗什麼都沒學到的論點（在新的故事、部落格和暢銷書中）。這看起來像是失敗，其實卻是成功。數據大叫著本質論是錯的：單獨的腦區域、迴路、網絡，甚至神經細胞都不只是單一用途的。數據顯示一個腦如何建構心智的新模型。但是科學家透過自我假設的鏡片了解數據。如果這些假設不改變，科學進步就會限制重重。

心理學中的某些主題已經超越了本質論觀點。比方說，記憶曾被認為是單一的過程，而後被分為不同的次類型，例如語意記憶（semantic memory）和情節記憶（episodic memory）。現在記憶被認為是在腦部的功能結構中被建構的，並不是位於特定的腦組織。希望心理學和神經科學的其他領域也能很快跟進。認知和情緒仍被認為是分別在心智及腦中的兩個過程，但是愈來愈多的證據顯示腦並不支持這樣的區分，每個認為情緒和認知彼此對抗、或是認為認知控管情緒的心理學理論是錯誤的。

要擺脫本質論的科學，說的比做的容易。看看過去本質論論述的簡約：「基因 X 導致癌症。」這聽起來可信，也不須花多少力氣理解。現在將此論述和較新的解釋相比：「任何個人在某種情況下，如果認為其情況是有壓力的，此個人的交感神經系統就會改變，而刺激某些基因表現，讓這個人對癌症無抵抗力。」第二個的解釋較複雜，但也更實際。多數的自然現象都不只有單一的根本原因。仍舊沉浸於本質論的科學需要一個更好的因果模型、新的實驗方法，以及新的統計程序以對抗本質論思維。

　　堅守本質論對國家安全、法律系統、心理疾病治療、壓力對生理疾病的毒性效應，也會有嚴重的影響。例子數都數不清。本質論產生簡單的「單一原因」思維，但世界是個複雜的地方。研究指出，孩童生來是本質論者（還真諷刺！），並且必須得學會如何克服。該是時候讓科學家克服本質論了。

艾比蓋爾・馬許
Abigail Marsh | 喬治城大學心理學系副教授。

反社會症和心理疾病的區分

　　心理疾病和反社會行為的科學研究持續佔據不同的智力領域。雖然有些終生性反社會行為名義上被賦予診斷的標籤，比如「反社會人格異常」（antisocial personality disorder）或是「行為規範障礙」（conduct disorder），但對有終生性反社會行為的個人，所持的預設方法是透過道德鏡片看他們的行為模式（認為是壞的），而不是透過心理健康的鏡片（認為是瘋的）。

　　在某些意義上，這樣的區分代表進步。不久之前，在19世紀以及20世紀早期，被各種精神病理症狀所影響的個人，通常都被限制活動，在某些案例中被懲罰或甚至被處死。在理解心理疾病症狀反映了疾病過程（disease process）之後，焦點便轉移至預防和治療。但是，這樣的轉變並未同等適用於所有形式的精神病理學。比如說，主要以內化症狀（internalizing symptom）來分類的異常（長期痛苦或恐懼、自我傷害），相對於以外化症狀（externalizing symptom）分類的異常（長期憤怒或敵意、反社會和侵略性行為），其實兩者在很多方面都十分相似：盛行率；類似的病因和風險因素；以及對社會、教育和職業結果的有害影響。但是當大量的科學資源都被用在尋找內化症狀的原因和疾病演變，以及發展治療方法時，對於外化症狀的強調卻主要在限制和懲罰，為尋找原因和疾病演變或發展治療方法而投入的資源則相對稀少。比較內化及外化症狀的聯邦心理

健康資金、臨床試驗、現有治療劑，以及生物醫學期刊出版文章，都證實這樣的模式。此不對稱性可能源自於多種原因，包括影響科學家和政策決定者的認知和文化偏見、不再支持認為反社會行為是心理疾病的研究。

認知偏見包括傾向認為傷害他人的行為，和相似卻不會對他人造成傷害的行為相比，是更故意且可以被譴責的（已經被研究副作用效應〔side-effect effect〕的實驗哲學家喬許‧諾伯〔Joshua Knobe〕等人證明），並認為製造傷害的人，比起那些受到傷害的人，更有能力做出故意和以目標導向的行為（已經被研究道德主體〔moral agent〕和道德受體〔moral patient〕差異的心理學家庫爾特‧葛雷〔Kurt Gray〕等人證明）。這些偏見決定，因為基因和環境風險因素，而容易做出傷害他人行為的個人，和因為相同因素而容易做出傷害自己行為的個人相比，會被認為是更需要為自己的行為承擔責任的。認為那些傷害他人的人必須為自己的行為負責（因此是可以被譴責的），可能反映了逐漸改變的趨勢，以責怪和懲罰做錯事的人來加強社會規範。

和這些認知偏見相關的是讓利己行為成為基準的文化偏見。個人主義文化認為自我利益是人類重要的動機，取代了所有其他動機，並構成所有人類行為的基礎。這樣的規範可能反映了在經濟學中支持的人類行為理性選擇理論的主導性，並在其他學術領域的學者中，比如在心理學、生物學和哲學，有眾多的擁護者。相信自我利益的規範同樣在大眾之間散布，而使得非利己的行為變成基本上是非基準或是「不尋常」的。這可能解釋了為什麼造成傷害或折磨自己的行為和思維模式被認為是非理性的、是心理疾病，但造成傷害或折磨他人的相同行為和思維模式卻被認為是理性（即使不道德）的選擇。事實上，假如傷害他人能讓自己獲益，這樣的行為甚至可能被認為是高度理性的。

美國是極度個人主義的國家，這可能也幫助解釋了它對自我利益規範

的極度支持，或許還有它對犯罪和侵略行為極度嚴苛的方法（而不是注重治療）。這樣的方法可以和比如像是個人主義較不強烈的斯堪地那維亞國家相比，這些國家強調治療而非懲罰，就算是對罪刑嚴重的罪犯也一樣。注重心理健康的方式可能會降低再犯的行為，更進一步地指出外化行為，包括犯罪和侵略行為，實際上應該被認為是需要治療的精神病理症狀，而不是需要受到懲罰的一時衝動，反社會症和心理疾病的區分應該要捨棄。

大衛・邁爾斯
霍普學院社會心理學家，《心理學》（*Psychology*，第 10 版）作者。

David G. Myers

壓抑

在當今深受佛洛伊德影響的大眾心理學中，壓抑仍然重要。舉例而言，人們假設挖掘壓抑的創傷是有益健康的。但是我們規律地放逐痛苦的回憶嗎？「創傷性記憶常常受到壓抑」，5 個大學生中有 4 個同意這個說法，加州大學爾灣校區的研究小組在最近調查美國及英國大眾健康的報告中，也這麼同意。

事實上，現今的研究學家認為，沒有什麼證據可以證明壓抑，卻有很多證據證明壓抑的相反面。創傷性經驗（目睹家人被殺害、被劫機者或強暴犯恐嚇、因自然災難而一無所有）很少被流放至無意識，像躲在衣櫃裡的鬼魂。創傷通常牢牢印記在心上，像是持久並揮之不去的記憶。再者，極度的壓力和相關的賀爾蒙會加強記憶，導致存活者重回不願面對的情境，備受煎熬。「你看到嬰兒，」一位大屠殺的倖存者說：「你看到尖叫的母親……，那是你永遠忘不了的情景。」

科學家／治療師的「記憶戰爭」持續，卻逐漸平息。現今的心理科學家了解無意識、自動資訊處理的深遠影響，即便當主流的治療師和臨床心理學家對壓抑和恢復的記憶愈來愈充滿懷疑。

喬爾·格德

紐約大學朗格尼醫學中心（NYU Langone Medical Center）精神病學臨床副教授，與伊恩·格德合著有：《可疑的心智》（*Suspicious Minds*）。

伊恩·格德

麥基爾大學哲學和精神病學系加拿大研究首席科學家，與喬爾·格德合著有：《可疑的心智》。

Joel Gold ／ Ian Gold

心理疾病就是腦生病

1845 年，最有名的精神病學教科書作者威廉·葛利辛格（Wilhelm Griesinger）寫到：「哪一個器官必須一定得生病，才能使人瘋狂？……生理學和病理學論據告訴我們這個器官只能是腦；……」[48]葛利辛格的老生常談在我們的時代一再地被重述，因為它表達了當代生物學精神病學的基本承諾。

葛利辛格論點的邏輯似乎堅不可摧：嚴重的精神病必須得源自於身體某部位的生理異常，而唯一可能的部位就是腦。既然心智就是腦部活動，失常的心智就是失常的腦。這夠準確，但這並不代表精神障礙可以、或是將會以遺傳學或神經生物學描述。打個比方：地震不過是空間中大量原子的運動，但是地震理論考慮到地殼板塊，並沒有提到原子。一個現象最好的解釋取決於人類從宇宙何處找到可理解的模式，而不是取決於宇宙是如何構成的。上帝也許可以用原子了解地震和精神病，但我們可能沒那麼多時間或足夠的聰明才智可以做得到。

有時候需要在頭骨外了解和治療腦部失常，這並不是極端的觀念。你的心臟向你的腦投擲血栓。你現在可能無法說話或是了解詞意、無法移動身體的一邊，抑或是只有一隻眼睛可以看世界。你中風了，你的腦子損壞了。你的腦會生病不是因為腦，而是因為你的心臟。你的醫生會盡其所能

48.原註：*Mental Pathology and Therapeutics*, 2nd ed.

地控制對腦部組織進一步的傷害，或許甚至重建某些因為栓塞而喪失的功能。但是他們也會試著診斷和治療你的心血管疾病。你患有心房顫動（atrial fibrillation）嗎？你的二尖瓣（mitral valve）脫垂了嗎？你需要血液稀釋劑（blood thinner）嗎？醫生不會就此打住。他們會想知道你的飲食、運動、生活規律、膽固醇量，以及家族心臟病史。

　　嚴重的精神病也是對腦的攻擊。但是就像血栓，它有時可能是源自腦部以外的。的確，精神病研究也已經給了我們線索，認為好的精神病理論需要提及頭骨以外事物的概念。精神病提供了很好的例子。精神病是失常家族的一員，有著幻覺和妄想的特徵。精神分裂症（schizophrenia）是精神病的主要形式、是**典型的**精神病腦部疾病。但是精神分裂症和外部的世界互動，特別是和社會世界互動。數十年的研究提供我們完整的證據，證明得到精神分裂症的風險會因童年的不幸遭遇而上升，比如虐待或霸凌。移民的風險則有兩倍高，他們的孩子也一樣。疾病的風險隨著居住城市的人口數量，已近乎線型的方式上升，並根據鄰近地區的社會特性改變。比起短暫且較不一致的鄰近地區，穩定、社會上一致的鄰近地區有著較少的病例。我們還不知道這些和精神分裂症互動的社會現象究竟為何，但是我們有很好的理由可以認為它們是真正的社會因素。

　　只是，精神病的環境決定因素卻多半遭忽略，但是它們為有用的介入提供了機會。我們還沒有一個精神分裂症的基因治療方式，而抗精神病藥物（antipsychotic drugs）只能在發病後使用，效果也沒有我們希望得那麼好。雖然「腦的十年」（Decade of the Brain）製造了很多關於腦功能的重要研究，美國國家衛生研究院的先進創新神經技術腦部研究（Brain Research through Advancing Innovative Neurotechnologies，BRAIN）也會提供重要的研究，但我們所有的努力幾乎都還無法幫助（或可能幫助）受心理疾病折磨的病人，或是那些治療心理疾病的人。但是，減少兒童虐待和改善都市環

境的品質可能會完全預防某些人罹患精神病。

　　不管精神病的社會決定因素如何成為風險因素，它們對腦部一定有後續影響（不然它們不可能增加罹患精神分裂症的風險），但是它們並不是神經現象，就像吸菸不會因為它是導致肺癌的原因而是生物現象。因此，精神分裂症的理論必須得比腦和其失常理論更廣泛。

　　心理疾病的理論需要包含腦部以外的世界，就和癌症理論需要包含吸菸一樣，是很正常的事，但是在癌症研究中習以為常的事，在精神病學中卻是極端的。現在是時候拓展精神失常的生物學模型，將腦運作的環境包含在內。理解、預防和治療心理疾病，我們將能夠繼續正確地觀察病患和非病患的神經細胞和 DNA。忽略他們身邊的世界不只是糟糕的藥物，更是糟糕的科學。

碧翠絲・葛隆

Beatrice Golomb | 加州大學聖地牙哥校區醫學系教授。

心因病

　　正式進入「心因病」背後的思維方式，我們只需要看看簡單的打嗝。試想一個出版的案例，一名無法自理的 30 歲癲癇弱智男子，他打嗝的症狀十分嚴重，因此上胃腸道（gastrointestinal tract〔GI〕）出血，而「導致」了黑糞症（melena），黑糞症是「黑色柏油狀糞便」的醫學術語（血在傳送過程中氧化而變黑）。因為偶然因素而將管子插入男子的鼻子裡時，男子便不再打嗝。很明顯地，懲罰治癒了打嗝，而後則認為是心因性的原因造成打嗝。從那時起，每一次這個可憐的男子開始打嗝，護理人員先用鼻胃管（nasogastric tube）威脅他（根本不管用），再用鼻胃管攻擊他的喉嚨，而有效地停止了打嗝的發作。經過數個月鼻胃管的折磨，男子打嗝的問題解決了，黑糞症也治好了，證明懲罰是有效的。

　　但是打嗝並不會造成黑糞症，鼻胃管的刺激並不會因懲罰而治癒打嗝。很明顯地，胃腸的痛苦導致了黑糞症，同時刺激了引起打嗝反射動作的神經，也就是橫跨腸胃道的迷走神經（vagus nerve）。腸胃的痛苦折磨是不斷打嗝的主要原因，而據稱是治療打嗝最有效方法的鼻胃管刺激，治療無意識病患（對懲罰大概毫無知覺）因麻醉劑而產生的打嗝也同樣有效。就像很多治療打嗝的方法一樣，此方法在迷走神經軌道更高處刺激迷走神經，打斷了反射動作。

　　一個有瑕疵的案例並不會讓一種現象失效。那其他「心因性」的打嗝

報告所根據的基礎應該更健全吧？一名女子打嗝是「心因性」的，因為他們宣稱，打嗝是由情感上重大的事件所造成的。觸發的原因：她女兒的年紀，那正是她被虐待的年紀。（打嗝是很明顯的後果。）因果證明根據因情感上重大的事件而觸發的疾病史。在同一時期她也在冰上跌倒，而這成為了一起激發情感的事件。還有她長期對罹患子宮癌病態的恐懼，這樣的恐懼太強烈而「造成」了子宮出血，最後導致了子宮癌。（她對罹患子宮癌恐懼的可能性被證實了，因子宮不正常出血而觸發，卻沒有考慮出血其實是因為之後所診斷出的癌症所引起。）

在其他案例中，心因性的論辯則依據打嗝因睡眠而停止的基礎。證據確鑿。除了文獻中所提出的煩人反證。比如男孩一開始在睡眠中不再打嗝，之後卻又開始。隨後診斷出他的腦髓腫瘤。（髓質施加緊張性抑制〔tonic inhibition〕，而腫瘤卻破壞了抑制。）在醫院病房的打嗝傳染病很顯然是群體性的心因病。很多人都染上打嗝，所以對精神傳染的敏感性一定有高的外顯率。那麼，很多其他打嗝打不停病患的朋友、家人和病房室友是怎麼逃過一劫的？可能有其他解釋嗎？那真正的傳染呢？鏈球菌打嗝（*Streptococcus singultus*，Singultus 是打嗝的醫學用語）在過去引起了傳染性的打嗝，並可以傳至兔子身上，讓牠們打嗝。但沒有人下功夫去尋找原因。

在我念研究所時曾經有一篇對文獻的評論提出所有的心因性打嗝報告中，都沒有任何肯定的證據證明了心因性原因。更糟的是，心因病的基礎本身就是推測。並沒有任何機制的描述可以證明此效應可能發生，更不需要證實這樣的機制的確存在。對「心因性」的意義也沒有詳盡的解釋，而解釋則順應解釋者的需求而改變。

注意：我不是假設生理疾病不能有心理刺激。有些「替代醫學」（alternative medicine）方法提出假定的方式以分別哪些案例是如此，提供可試驗的假設，以及有效的治癒方法，一個超越「主流」醫學採用的標

準。

很多號稱是心因性的疾病都已經被證據打敗。潰瘍被認為是心因性的，直到幽門螺旋桿菌（Helicobacter pylori）和非類固醇消炎止痛藥（NSAID）扛下了責任。多數的下背痛也是如此。到了 1987 年，芬蘭學者馬帝・賈卡瑪（Matti Joukamaa）說對了一部分：「我們不知道它（下背痛）的病因、自然歷史和治療方式。這可能解釋了為什麼下背痛常常是心因性的迷思。」[49]此先見被破壞（或是需要同儕審查），而賈卡瑪補充認為那些受下背痛所折磨的人易於罹患神經官能症，除此之外，也有脆弱的自我，他宣稱這是之前看法的修正版，轉化型歇斯底里症（conversion hysteria）和精神病主宰了下背痛的原因。（工作場所人體工學的出現幫助提升脆弱的自我，還真是值得注意。）

在最新版的《診斷與統計手冊》（*The Diagnostic and Statistical Manual*）中選定的最新「身體症狀疾患」（Somatic Symptom Disorders）是對心因病最新的見解。（這就是指引預知的書冊，我是說指引精神病學。）這省掉了唯一的要件，也就是原因的缺乏，要件承認此缺乏的麻煩特性有時候（**我說的時候都在發抖**）會被修正，因此讓宣稱問題是心因性的醫生喪失信用。現在醫生可以不用再累人地假裝尋找原因，如果真的找到了，醫生仍然保住面子，因為反正醫生都已經診斷病人有心因病了。而病狀只有在病人住嘴不再談論症狀的時候才會被「治癒」。這幫助了醫生和健康保險系統。就別擔心病人了。

國王根本就沒有新衣。心因性的歸類在邏輯上是空泛的，並非有意義地被定義，所以也不能被反證，根據的是**竊取論點**（petitio principii，循環推論），並且像攻擊似地運作。當被提出時，它阻礙了正當條件的尋求、破壞了病人醫生間的信任、實際上拋棄了病人，並認為病痛都是病人的錯，

49.原語：M. Joukamaa, "Psychological factors in low back pain," Ann. Clin. Res., 19(2): 129-34 (1987).

同時卻又丟出心理生病的煙霧彈。這增加（並非減少）病人的痛苦，和**不傷害原則**（primum non nocere）對立，而不傷害原則應該是醫療保健的指導原則。

　　心因性的歸類長久以來假設，其他任何條件都一定得符合證據標準。但是對心因性卻不要求任何標準：片面之詞（ipse dixit）。以建議證明。誰能相信啊？深受心因病幻覺之苦的人：「都是在醫生腦子裡罷了。」

艾德華・沙爾榭多—阿爾巴蘭

哲學家、科學漩渦股份有限公司（Scientific Vortex, Inc.）董事。

Eduardo Salcedo-Albaran

犯罪只涉及罪犯的作為

　　要了解犯罪，你必須要專注於罪犯和重罪犯，這聽起來很符合邏輯。但是社會科學的進步卻給了我們重新考慮這個觀念的理由。

　　海洛因從土耳其走私到保加利亞安德烈耶夫大尉鎮（kapitan Andreevo）的安全檢查站，等著被賣到歐盟最富有的國家。更多違法的毒品從南美經過東非諸國，而抵達歐洲。在南非，詐騙者、私人安全公司和軍火商一起做生意，模糊了合法和非法金融交易間的界線。

　　在墨西哥，鐵、碳氫化合物凝劑和非法毒品被走私並銷售至合法和非法的公司，以及在美國的個人。洛斯哲塔斯（Los Zetas）和其他在中美運作的犯罪網絡販賣人口、綁架，並在移民跨越美國國界前殺害移民。在 2006 到 2010 年之間，在這些犯罪網絡中，有些犯罪網絡經由單一美國境內的合法銀行，洗錢 8 億 8100 美金。在 2012 年，美國司法部犯罪組（Criminal Division of the Department Of Justice）回報同樣的銀行在相同期間「無法監控」94 億美金。不管是在美國境內或境外，任何以電匯匯款或收款的人，都很難理解世界上最重要的銀行之一，怎麼會「無法監控」94 億美金。

　　在上述的所有例子中，合法公僕、公民和私人公司的參與都不可或缺。在所有的例子中，銀行業者、律師、警察、邊境官員（border official）、飛航管制員（flight controller）、市長、州長、總統和政客加入或被捲入犯罪。有時候他們是手段方法；有時候是連結合法和非法的架構橋樑。他們

提供犯罪網絡資訊、金錢、保護、知識和社會資本，這是能夠定義他們是「違法」行為者的原因。但是，他們在合法的機構下運作，而這是能夠定義他們是「合法」行為者的原因。他們是我們所稱的「灰色」行為者，處於非法和合法的邊界，並在此邊界運作。他們不會出現在犯罪集團的組織圖裡，雖然他們協助了成功的犯罪運作。

儘管這些灰色行為者的重要角色，對分析犯罪感興趣的社會科學家通常只注重罪犯和犯罪行為。他們偏向使用只和那些「黑暗」要素相關的質量數據研究犯罪，而忽略了跨國和國內犯罪不單只是由以犯罪行為互動的人完成的事實。這是一個過於簡化的方法，因為黑暗要素不過是國際犯罪冰山的一角。

這樣的方法也假設了社會是一個數位、二元的系統，在這樣的系統中，「好人」和「壞人」、「我們」和「他們」可以完美地加以區分，在刑法詞彙中是一個有用的區分，假若簡單的演算法（「如果 X 個人執行了 Y 行為，那 X 就是罪犯」）主導司法判決決定。但是，在社會學、人類學和心理學詞彙中，這條線就比較難定義。如果社會是一個數位系統，那它肯定不是二元的。

這不代表犯罪是相對的，或是我們都是罪犯，因為我們都間接地和某個犯罪的人相連。這只是代表定義和分析犯罪不應該只有簡單的二元準則，比如屬於一個團體或是從事一項單一行動。這樣的準則應用在一個犯罪集團的首腦，或是射殺某人的特定行為是有用的。但是大多數時候，聯盟和行為是複雜且模糊的；因此，身為社會的一員，我們依賴並且信任法官的直覺，法官不管簡單的演算法，而在判刑時考慮意圖、環境和影響等因素。這也是為什麼我們沒有設計判決罪犯和判刑的軟體，因為這是很複雜的事物。

現今組織和評估大量數據的工具，對了解犯罪的複雜性是有幫助的。

以社群網絡分析組成詳盡的模型，或是以整合數種變數的機器學習組成預測模型，都是有用程序的例子。但是，這些程序通常缺少了在「對」與「錯」之間典型的區分，或是忽略了科學領域的分裂。善良和邪惡、對與錯、合法和非法，這些都是由環境造成的概念。

　　經濟學家、心理學家、人類學家和社會學家常常不喜歡需要分析複雜行為的混合概念。面對此複雜性代表整合來自於多種科學領域的類別，在宏觀和微觀的特徵間自在移動，甚至採用新的因果模型。這在傳統科學領域中聽起來像是不可能的計畫。當分析數據和現象時，社會科學家道德上有義務使用最準確的觀測工具，因為他們的觀察提供資訊給政策的設計和執行。如果使用了不準確的工具，而做出了錯誤的決定，就像醫生只靠體溫診斷腫瘤一樣。當我們在研究的科學是關於了解人口販賣、大宗謀殺或是恐怖主義時，使用最好的工具，以及提供最好的協助，便代表著拯救生命。

　　因此，現在是時候淘汰認為了解犯罪代表了解罪犯心智和行為的觀念。我們同時也必須讓其他天真的概念消失，比如「組織犯罪」，還有認為目前任一國家或政府可以在沒有任何犯罪的影響下演變。這些是在教室的理論模型中運作良好的巧妙簡化概念，是逃出社會複雜性和模糊性的期刊。但如果不使用科學提供的多樣工具來處理社會真實的複雜性，就得在街上和法庭上處理此複雜性，不管我們喜不喜歡。

查爾斯・席夫

紐約大學新聞系教授、前《科學》雜誌記者，著有：
《虛擬的不真實》（Virtual Unreality）。

Charles Seife

統計顯著性

對二流、易受騙、不誠實，以及毫無能力的人來說，它是很有用的。它讓沒意義的結果變成可以出版的事物、讓浪費的時間和精力轉變成科學事業的原始燃料。它是被設計來幫助研究者分辨真實結果和統計意外，但是它卻成為了在尊敬下包裝胡說八道的量性理由。多數科學和醫學文獻根本不配出版，它就是唯一最主要的原因。

在使用得當時，統計顯著性是排除變化無常機會的測量，不多也不少。比如說，你在測試一種藥物的效用。就算藥物完全無作用，還是有很高的機會（事實上大約有 50%），病人對你的藥物的反應會比對安慰劑好。單靠隨機性也許就能讓你的藥物看似有效。但是藥物和安慰劑之間的差異越明顯，只靠隨機性的可能性就越小。一個「統計上顯著」的結果是一個跨越了專斷標準的結果。在多數社會科學期刊和醫學文獻中，如果完全隨機性能解釋你所見到結果的機率小於 5%，那麼觀察通常就被認為是統計上顯著的。在物理學中，標準通常更低，一般是 0.3%（3 西格馬 [sigma]）或甚至是 0.00003%（5 西格馬）。但是主要的格言是相同的：「如果你的研究結果夠顯著而可以通過標準，它就被貼上了重大的標籤：『統計上顯著』。」

但大多時候，這個詞彙並沒有被正確使用。如果閱讀一篇在同儕審查文獻中出版的一般論文，你會發現從來就不是只有單一觀察被測試統計顯著性，而是幾個或是幾十個，甚至是 100 個或更多。一位研究關節炎病患

止痛藥的研究者會研讀數據並回答一個接一個的問題：這個藥幫助減緩病人的疼痛嗎？它幫助減緩病人的膝蓋痛嗎？背痛？手肘痛？嚴重疼痛？中度疼痛？中度到嚴重疼痛？它幫助提升關節活動度（range of motion）嗎？生活品質？每一個問題都被測試統計顯著性，而且通常依據業界標準的 5% 準則。也就是有 5% 的機會（20 個中有 1 個），隨機性會讓完全無用的藥看似有效。但是測試 10 個問題，在回答 1 個以上的問題時，就有 40% 的機會，隨機性會矇騙你。而一般的論文都問超過 10 個問題，通常比 10 個要多得多。以數學修正這樣的「多重比較」（multiple comparison）問題是可能的（雖然這麼做並不是準則）。也可以只致力於回答一個主要問題以對抗此結果（但是實際上這樣的「主要結果」〔primary outcome〕都非常易受改變）。但是這些修正通常也無法顧及所有會破壞研究學家計算、那些多不勝數的影響，比如像在數據分類中，細微的改變如何影響結果。（「嚴重」疼痛在十點量表中是七或七以上，還是八或八以上？）有時候這些問題被忽略；有時候它們是故意被忽略或是被操縱。

在最好的情境下，當統計顯著性被正確計算時，它能告訴你的就不多。當然，只靠機會是（相對地）不大可能解釋你的觀察。但是它也無法顯示規則是否設定正確、機器的校正是否錯誤、電腦程式是否有問題、實驗者是否適當地使用盲試驗以避免偏見、科學家是否真正了解所有錯誤訊號的可能來源、玻璃器皿是否適當地消毒，等等之類的。當實驗失敗時，通常不會將原因歸咎於隨機性（統計意外），而是某處又搞砸了。

當歐洲核物理研究中心宣稱看到比光還快的微中子時，6 西格馬級的統計顯著性（以及詳盡的錯誤審查）都不足以說服聰明的物理學家歐洲核子物理研究中心團隊搞砸了。實驗結果不僅和物理定律相衝突，也和來自於超新星爆炸的微中子觀測不一致。當然，幾個月後，錯誤（一個細微的錯誤）終於浮現，否認了團隊的結論。

搞砸在科學中驚人地常見。比如說，試想食品藥品監督管理局（Food and Drug Administration）每年檢查幾百家臨床實驗室。大約 5% 的檢查中，都發現實驗室從事「明顯引起反對的條件和行為」，嚴重到其數據被認為是不可靠的。通常這些行為包括公然詐騙。這些只是檢查員能夠注意到的、極度明顯的問題，不難想像實驗室搞砸的數目是其兩倍、三倍，甚至四倍之多。如果有 10% 或 25% 的機率，數據會受實驗室錯誤而嚴重破壞，那稱某件事物在 5% 或 0.3% 或甚至是 0.00003% 級別上是統計上顯著的，有什麼價值？就算是如鋼鐵般的統計正確結果，在被錯誤幽靈壓過時，也會失去它們的意義。或者更糟，被詐騙壓過。

　　不論如何，就算統計學家警告這樣的行為，一個通用的統計顯著性結果太常被作為決定觀察是否可信、或結果是否「可出版」的捷徑。結果，同儕審查的文獻布滿了無法複製和難以置信的統計上顯著結果，荒謬觀察有著無法相信的效應值數量級。

　　是否認真看待研究實質上是質的過程，而「統計顯著性」概念已經成為此過程的量性支柱。科學沒有它會更好。

捷爾德・蓋格瑞澤

Gerd Gigerenzer

心理學家、柏林蒲朗克人類發展研究院適應性行為和
認知中心主任，著有：《精明的風險》（*Risk Savvy*）。

由統計慣例得到科學推理

　　萊布尼茲年輕的時候有一個夢想：發現可以將世界上每一個觀念轉換
成符號的微積分。這樣普遍的微積分會終結所有學術爭執。比如所有激烈
的 Edge 討論，就可以馬上被冷靜的計算解決。萊布尼茲樂觀地預計幾位專
家應該就能夠在 5 年內完成此項任務。但是沒有任何一個人，包括萊布尼
茲在內，找到了此稀世珍寶。

　　不論如何，萊布尼茲的夢想在社會和神經科學中依舊活耀苗壯。因為
夢想的目標還未找到，替代的目標先頂替了它的位置。在某些領域是複迴
歸（multiple regression），在其他領域是貝氏統計學（Bayesian statistics）。但
是冠軍是虛無慣例：

1. 設一個「無平均數差異值」或「零相關」虛無假設（null
   hypothesis）。不要具體說明自己研究假設的預測。
2. 使用 5% 為拒絕虛無的規範。如果顯著，則接受你的研究假設。以
   p<0.05、p<0.01 或 p<0.001 記錄研究結果，視哪一個最接近獲得的 p
   值。
3. 永遠執行此程序。

　　沒有人會覺得此程序和傳統統計學有什麼關係。p 值錯誤地歸功給羅

納德‧費雪爵士（Sir Ronald Fisher），而事實上費雪爵士寫到，沒有任何一位研究學家在不同實驗中應該使用相同程度的顯著性。著名的統計學家耶日‧內曼（Jerzy Neyman）和埃貢‧皮爾森（Egon Pearson）會從他們的棺材裡爬出來，要是他們知道 p 值的現行用法。貝氏也一樣憎惡 p 值。但是打開任何一本心理學、商業或神經科學期刊，你很可能會看到一頁又一頁的 p 值。就舉幾個例子闡述：在 2012 年，p 值出現在《管理學會期刊》（Academy of Management Journal，在該領域中的重要實證期刊）的平均次數是每篇文章 116 次，從 19 次到 536 次不等！管理學都是這樣，你可能會這麼想。但是所有於 2011 年在《自然》（Nature）期刊中，研究人類行為、神經心理學和醫學的研究，有 89% 的研究只記錄 p 值，而沒有考量效應值、信賴區間（confidence interval）、力或模式估計。

慣例是一個集體或是莊嚴的典禮，由已規定執行順序的行為組成。它通常有著神聖的數字或顏色、避免思考為什麼要做這些行為的幻覺，以及如果不做就會被懲罰的恐懼。虛無慣例含有上述的所有特徵。

5% 這個數字被奉為神聖，據稱能告訴我們真實影響和隨機雜音間的不同。在功能性磁共振造影研究中，數字則被顏色取代，而腦據說亮了起來。

這些幻覺很驚人。如果精神科醫生對統計學有任何了解，他們就會將這樣的異常納入《精神疾病診斷與統計手冊》中。在美國、英國和德國的研究顯示多數的研究者不了解（或是不想了解）p 值代表什麼。他們混淆 p 值和假設的可能性，也就是混淆 p（Data|Ho）和 p（Ho |Data），或是和其他一廂情願的想法混淆，比如數據可以被複製的可能性。驚人的錯誤在重要的期刊中出現。舉例而言，基本的論點是，為了要調查兩個平均數是否相異，我們應該測試它們的不同。但我們不應該用普遍的基準測試每一個平均數，比如：「神經活動隨著訓練增加（p < 0.05），但是在控制組裡並沒有（p > 0.05）。」2011 年在《自然－神經科學》（*Nature Neuroscience*）期刊

中的一篇論文分析了在《科學、自然、自然神經科學、神經細胞》（Science, Nature, Nature Neuroscience, Neuron）和《神經科學期刊》（The Journal of Neuroscience）的神經科學文章，並提出雖然 78 篇文章依照程序，但 79 篇文章都使用了不正確的程序。

不按照慣例能夠造成巨大的焦慮，就算慣例根本完全就說不通。在一個研究中（作者的名字無關緊要就不提了），網上受訪者被問到英雄主義和利他主義是否不同。大多數人都這麼認為：2347 位受訪者（97.5%）回答是，58 位回答不是。研究作者如何運用這項資訊？他們計算了卡方檢定（chi-square test），算出 c2（1）= 2178.60，$p < 0.001$，並做出震驚的結論：回答是的人的確比回答不是的人多。

強迫症（obsessive-compulsive disorder）的其中一種表現是強迫洗手的慣例，即便根本沒有原因這麼做。相同地，堅持虛無慣例的學者常常做出統計推論，就算是在根本不需要的情況下也是如此，也就是沒有從母體（population）中抽取隨機樣本，或是母體一開始並沒有加以定義。在這些案例中，來自母體的重複隨機抽樣（repeated random sampling）統計模型根本不適用，而是需要好的描述統計學。所以就算計算出顯著的 p 值，母體代表什麼也不明確。問題並非統計學，而是使用統計學為自動推論機制的錯誤用法。

最後，就像強迫焦慮和洗手會影響生活品質一樣，追求顯著 p 值也會破壞研究品質。而它也真的影響了：尋求重要理論已經多半被尋求顯著 p 值所取代。這樣的替代目標鼓勵令人質疑的研究方法：選擇性地記錄「成功的」研究和條件，或是在審視數據對研究結果的影響後排除數據。根據 2012 年在《心理科學》（psychological Science）一項對 2000 餘位心理學家的調查，超過 90% 的心理學家承認至少使用過其中一種這些令人質疑的研究方法。這種大量為了製造顯著 p 值而幾近欺騙的手法，比起零星的公然詐

騙，更可能對進步有害。其中一種有害的後果是多不勝數的研究結果，但這些結果卻無法被複製。使用大數據的遺傳和醫學研究在無法複製出版結果時，也碰到了相似的震驚。

我的意思是要去蕪存菁，統計為研究學家提供了十分有用的工具組。但現在是時候捨棄促進自動和盲目推論的統計慣例。統計學家應該研究慣例，而非自己使用慣例。

艾曼紐・德爾曼

哥倫比亞大學金融工程學系教授、高盛股票分部量化策略組前經理，著有：《模型運作不佳》（*Models. Behaving Badly*）。

Emanuel Derman

統計的力量

我在物理學家家族中長大，物理學家的**一貫作法**是觀察世界、實證世界、發展假設、理論和模型、提議更多實驗，以及使用統計學分析結果，因此用心理成像和真實事件相比較。統計學不過是他們用來證實或否證的工具。

但是現在的這個世界上，特別是社會科學的世界，愈來愈熱愛統計學和數據科學（data science），認為它們是知識的來源和真理本身。有些人甚至宣稱電腦輔助的模式統計分析將會取代我們探索真理的傳統方法，不只是在社會科學和醫學，在自然科學也是。

我們必須要小心，不能太迷戀統計學和數據科學，而因此放棄了探索自然重要真理的傳統方式（人類也是自然）。傳統力量一個很好的例子是，克卜勒在 17 世紀發現的行星運動第二定律，此定律事實上比較像是對一種形式的識別和描述，而非定律。克卜勒第二定律認為在太陽和運動中行星之間的連線，在相等時間內掃過相同面積。此行星運動的極度對稱暗示著，行星離太陽越近，它繞著軌道行進的速度就越快。但是注意行星和太陽之間並**沒有線**。克卜勒仍舊驚人的見解需要檢視第谷・布拉赫（Tycho Brahe）的數據，這是漫長的心理奮鬥、直覺的爆炸：使用一條隱形的線！之後再證明他的假設。數據、直覺、假設，一直到最後與數據的比較，這是歷時悠久的過程。

克卜勒的第二定律實際上是之後依據牛頓的運動和重力理論,而出現的角動量守恆(conservation of the angular momentum)定律。牛頓的理論立刻就被接受,因為克卜勒那三個已被證實的定律可以從中導出。約翰·梅納德·凱因斯(John Maynard Keynes)在300年後如此描寫牛頓:「我猜想他的卓越是因為他的直覺肌肉是人類有史以來最強健且持久的。」

統計學在本身的領域中,像是莎士比亞作品中的卡利班[50],居住在一個位於數學和自然科學之間的小島上。它既不完全是語言,也不完全是自然世界的科學,而是被使用來測試假設的大量技術,單靠統計學只能試圖尋找過去的趨勢和關聯性,並假設它們會持續。但是作者不詳的一句名言說到:關聯性並不是因果關係。

科學是在數據的困惑中尋找原因和解釋的戰鬥。讓我們不要太迷戀數據科學,數據科學目前最大的勝利主要是在廣告和說服上。數據本身沒有聲音。就像克卜勒的故事顯示的,「原始」數據不存在。選擇蒐集什麼數據,以及如何看待這些數據,需要洞悉隱藏的事物。完美解釋蒐集到的數據需要傳統保守的方式:直覺、模型、理論,最後再加上統計學。

50.Caliban,《暴風雨》主角普洛斯彼羅(Prospero)的僕人,是居住在海島上的女巫的獸人兒子,在普洛斯彼羅佔領了海島後,成為他的僕人。

維多利亞・斯達登

Victoria Stodden ｜ 計算機法律學者、哥倫比亞大學統計學系助理教授。

再現性

　　我的意思不是要在科學領域中捨棄此抽象觀念，或是取代它的地位，我是在建議重新具體定義這個字到底是什麼意思，並且用更適當的詞彙描述科學家工作的各種不同研究環境。

　　當波以耳在 1660 年代將再現性的概念帶進科學領域時，科學實驗和發現的組成有兩部分：演繹推論（deductive reasoning），比如數學和邏輯，以及培根相對較新的歸納機制。如何證明正確性在邏輯演繹系統中早已被樹立，但是證明實驗卻是更加困難。波以耳試圖和羅伯特・虎克（Robert Hooke）創立真空室（vacuum chamber），波以耳認為歸納或是實證的研究結果（那些從觀察自然開始而做出結論的結果）必須被獨立的複製證明。從那時候開始，實證研究出版時，關於程序、規則、設備和觀察，需要有足夠的細節，讓其他研究學家能夠重複程序，並因此可能重複結果。

　　而此討論則因現今廣泛使用的計算方法而複雜化了。電腦和任何先前的科學設備都不一樣，因為電腦是執行一種方法的平台，而非直接為一種工具。這則創造了更多需要被傳達的指示，以做為波以耳複製研究見解中的一部分：程式和數位數據。

　　溝通的隔閡在計算科學界中並沒有被忽視，還有點讓人想到了波以耳的年代，很多人都要求新的科學溝通標準，這次需要包含如數據和程式的數位學術物件。杜克大學（Duke University）最近幾年基因體學的不可

複製計算結果，便專注在此議題上，並且促成了美國國家科學院醫學研究所（Institute of Medicine of the National Academies）的報告，建議臨床試驗認可的新標準，以批准來自於計算研究的計算測試。

報告首次建議，和計算測試相關的軟體，在認可過程的一開始就被決定，因此是「永續可用的」。後續在布朗大學（Brown University）關於「計算及實驗數學再現性」研討會（我是共同籌辦人），建議在出版計算研究結果時，包含適當的資訊，比如程式、數據和執行細節的取得。在此環境下的可複製性應該被標示為「計算再現性」。

如此一來，計算再現性就可以和實證可複製性區分，或是和波以耳的非計算實證科學實驗的合適溝通版本區分。這樣的區分是很重要的，因為關於複製，傳統的實證研究陷入了自身的信用危機。如同諾貝爾獎得主（以及緊張的）丹尼爾·康納曼在提及某些心理學實驗的再現性時提到：「我看見壞事要發生了。」

愈來愈清晰的是，不能再依賴科學製造「可證實的事實」。在這些案例中，討論是關於實證再現性，而不是計算再現性。但是稱此兩種類型為「再現性」讓情況更複雜，並且混淆了旨在建立以可複製為標準的討論。我相信（至少）還有一種不可再現性的明顯來源：「統計再現性」。藉由改善研究傳播過程以應對再現性的問題，雖然重要但卻不足。

我們也需要考量新的方法，評估統計推論的可靠性和穩定性，包括發展新的認可過程，以及拓展不確定性量化（uncertainty quantification）的領域，以發展統計信賴度（statistical confidence）的方法，並更了解錯誤的來源，特別是再需要大型多源數據組或大量模擬的時候。我們也要能夠偵測從數據稀少、計算前年代所建立的統計報告慣例中而生的偏差。

實證、計算和統計此三種類型的再現性，只要任一類型有問題，就足夠讓科學事實的建立產生偏差。每一種類型都需要不同的修正，改善現有

的溝通標準及報告（實證再現性）；為複製目的提供計算環境（計算再現性）；為認可目的提供重複結果統計評估（統計再現性），每一種都需要不同的執行。這些是廣泛的建議，而每一種再現性都需要不同的行動，此取決於科學研究環境的細節，但是混淆這些迥然不同的科學方法層面會延遲我們解答波以耳始於真空室的多年討論。

古樂朋

Nicholas A. Christakis

耶魯大學社會和自然科學系索爾·古德曼家族（Sol Goldman Family）講座教授，與詹姆斯·富勒（James H. Fowler）合著有：《上線》（*Connected*）。

平均

　　100 年前多樣統計技術的重大發明，讓我們能夠適當地比較兩組平均數的差異之後，我們就開始欺騙自己，認為這樣的差異在群組間是最重要，且通常是唯一的差異。我們花了一個世紀觀察並詮釋這些差異。我們幾近著迷，我們應該要停止。

　　是的，我們可以有把握地說，男人比女人高，挪威人比瑞典人富裕，老大比老二聰明。在暴露於以及未暴露於病毒的群組之間、或是在有或沒有特定對偶基因的群組之間，我們可以做實驗，檢測在平均值中細微的差異。但是這樣看待自然世界的觀點太簡單也太狹隘。

　　我們對平均的注重應該要被淘汰。或者，如果不讓它淘汰，至少也讓它放長假。在這段假期中，我們應該學習另一種被冷落的群組間差異：我們應該注重在比較群組間變異數的差異，變異數代表測量值的散落或範圍。

　　我們如此注重於平均有部分的原因是計算和比較平均數的統計工具比較容易使用、也很完善。比較一個群組的變異數是否和另一組的變異數不同，就困難許多。但是這讓人想起了一個笑話：醉漢跪在地上，在燈下找鑰匙，只因為燈下比較亮。沉醉於統計力量，我們也說服了自己分布的平均數是其最重要的特性。但是通常卻非如此。

　　舉例而言，我們注重群組間平均財富的差異，美國是否比其他國家富裕，以及造成的原因可能為何，或是銀行家是否比顧問賺更多錢，以及其

如何影響即將畢業大學生的就業選擇。但是群組中的財富分布可能在解釋集體和個別後果及選擇上都同等重要。就算美國和瑞典有著一樣的平均收入（粗略而言），收入的變異數在美國要高得多（收入不平等較高），此事實，而非在群組間平均數的不同，可能幫助解釋在這些社會的人們會經歷的事。比如說，一個較平等的收入分布，可能對群組的健康，以及（平均而言！）對群組中個人的健康較好，儘管平均收入可能會比較低。我們也許希望更平等而願意犧牲財富。

以下的假設例子，是和上述相對、關於不平等的實際結論：在召集船員開船時，哪一個選項最好？10 位船員的近視都一樣深，也就是視力 0.1，或是 10 位船員裡有 9 位的視力都更糟，但是其中一位的視力卻是 2.0 ？兩組船員的平均視力可能是一樣的，但是為了能夠順利開船，並且為了船上乘客的性命著想，也許更多不平等會更好。我們也許願意為了不平等而犧牲視力。

或是考慮一個闡述變異數在醫學中是何等重要的例子：兩種症狀可能有相同的平均病情發展預測，比如愛滋病晚期和肝硬化晚期，但是醫生向愛滋病患建議「放棄急救同意書」（Do Not Resuscitate，DNR）的機率可能更高。我們忍不住會認為醫生比較想避免急救愛滋病患，可能是因為偏見。但是真正的原因也許是愛滋病患存活率的變異數較高，而很多病患很可能會立刻死亡。醫生可能是以此事實做為判斷依據，而非兩組病患的平均存活率；醫生可能會解釋他們可以先觀察狀況，再向肝硬化病患建議放棄急救同意書。

了解變異數也能讓我們理解爭論性極高的假設，為什麼在一流大學中，男性數學教授比較多：在男性和女性中的總數學能力平均數可能是一樣的，但是在男性數學能力中的變異數也許較高。如果是這樣，那就代表在分布的最底端有更多男性（而事實上也是如此，男孩心理障礙的機率大

約比女孩高三倍），但是在分布的最頂端也有更多男性。

在重點專注於平均數時，我們就失去了觀察世界有趣和重要事物的機會。一個局限的觀點有著負面的實際影響以及科學影響。我們想要一個更富裕卻較不平等的社會嗎？我們想要教育計畫增加測試分數的平等還是平均？一種能讓某些病患活得更久卻會讓其他病患更快死亡的癌症藥物，就算無法增加平均存活率，還是會受到病患的青睞嗎？若要真正了解相關的平衡讓步，我們不只需要學習此方法，也要有注重於變異數的遠見。

納西姆·尼可拉斯·塔雷伯

紐約大學工程學院風險工程學系名譽教授，著有：《不確定性三部曲》(Incerto) ──《反脆弱》(Antifragile)、《黑天鵝效應》(The Black Sawn)、《隨機騙局：潛藏在生活與市場中的機率陷阱》(Fooled by Randomness)，以及濃縮精華《黑天鵝語錄：隨機世界的生存指南，未知事物的應對之道》(the Bed of Procrustes)。

Nassim Nicholas Taleb

標準差

　　標準差（Standard deviation，STD）的概念已經困惑了不少科學家，該是時候讓它從普遍使用中消失，並以更有效的平均差（mean deviation）取代。標準差應該留給使用極限定理（limit theorem）獲取研究結果的數學家、物理學家和數學統計學家。在電腦時代，於統計調查中使用標準差，根本沒有科學理由，因為它壞處要比好處多，特別是對社會科學中，機械地使用統計工具解決科學問題、逐漸增加的人口階級。

　　假如有人請你測量你所居住小鎮過去 5 天溫度（或是某家公司的股值、或是你叔叔的血壓）的「平均日變差」（average daily variation）。而這 5 天的變化是（-23、7、13、20、-1）。你會怎麼做？

　　你會平方每一個觀察到的數字、平均總和，而取其平方根？或是你會除去正負號，再計算平均？因為這兩種方法十分不同。第一種方法計算出的平均數為 15.7，而第二種方法的平均數為 10.8。第一種方法嚴格上來說被稱為均方根離差（root mean square deviation）。而第二種方式則是平均絕對偏差（mean absolute deviation，MAD）。比起第一種方法，它和「真實生命」以及現實更相符。事實上，在被提供標準差數字而做決定時，人們表現得好像這數字是預期的平均偏差。

　　這都是因為一樁歷史意外。1893 年，偉大的卡爾·皮爾森（Karl Pearson）引進了「標準差」一詞，用來解釋向來被認為是「均方根誤

差」（root mean square error）的概念。困惑從那時開始：人們以為它代表「平均偏差」。此觀念一直未改變。每次報紙試圖要解釋市場「波動性」概念時，其照字面定義波動性為平均偏差，卻製造（較高的）標準差數字測量。

但不只是記者犯了這樣的錯誤。我記得我看過美國商務部（Department of Commerce）和聯邦儲備局（Federal Reserve）的官方文件也同樣混淆兩者。更糟的是，丹尼爾·古斯坦（Daniel Goldstein）和我發現很多數據科學家（許多還有博士學位），也在真實生活中困惑不已。

這都是因為一種非直覺性事物的糟糕詞彙。來自於丹尼爾·康納曼稱為「屬性替代」（attribute substitution）的心理學偏見，有些人誤將平均絕對偏差認作是標準差，因為前者更容易被想起。

1. 平均絕對偏差在樣本測量中較準確，比起標準差也更穩定，因為它是自然測量結果，標準差使用觀察本身為其測量結果，賦予重大觀察重大測量結果，因此過度重視尾事件（tail event）。

2. 我們常常在方程式中使用標準差，最後卻在過程中將其轉換為平均絕對偏差（比如說，在財政中的選擇評價）。在高斯的世界裡，標準差大約是平均絕對偏差的 1.25 倍，也就是 (Pi/2) 的平方根。但是我們依隨機變化而調整，標準差通常有平均絕對偏差的 1.6 倍之高。

3. 很多統計現象和過程都有「無限變異數」（比如說，帕雷托〔Pareto〕著名的 80/20 法則），但也有有限的、表現十分良好的平均差，平均數存在時，平均絕對偏差就存在。但是反過來的狀況（無限平均絕對偏差以及有限標準差）絕不可能為真。

4. 很多經濟學家都不考慮無限變異數模型，認為這代表「無限平均差」。很令人遺憾，卻是真的。當偉大的本華·曼德博（Benoît

Mandelbrot）在 50 年前提出無限變異數模型時，經濟學家因為分不清平均絕對偏差和標準差而嚇個半死。

這麼小的一個點，卻能造成如此大的困惑，很令人難過。我們的科學工具遠遠超過我們的隨意直覺，而這對科學來說已開始成為問題。所以我用羅納德・費雪爵士的話來結尾：「統計學家有責任了解其應用或建議的過程，不能逃避責任。」

而關於社會和生物學科學的機率相關問題並非就此打住：研究學家公式化地使用統計概念，卻不真正了解這些概念，喃喃說著：「1 的 n」或「n 大於」，抑或是「這是軼事」（用來描述大型黑天鵝類型的偏差），誤把軼事當資訊、資訊當軼事，這樣所產生的問題是很嚴重的。大多數人在他們出版於「大名鼎鼎」期刊中的論文裡使用迴歸，卻不是很清楚迴歸是什麼意思，也不確定什麼論點可以或不可以被迴歸支持。因為跟現實脫節，也沒什麼可損失的，再加上一層假的精明幹練，社會科學家在機率上會犯下最基本的錯誤，在職業上卻仍能夠繼續飛黃騰達。

巴特・科斯可

Bart Kosko

南加州大學電機工程和法律學系教授，著有：《噪音》（*Noise*）。

統計獨立性

是時候讓科學淘汰統計獨立性的故事。

世界經由因果關聯而緊密相連。重力有因果關係地連接一切有質量的物體。世界和其本身甚至更加緊密相關。統計關聯性並不代表因果關係，這是老生常談。但統計獨立性完全不代表任何關聯性，卻是數學事實。可是事件規律地和其他事件相互聯繫。大部分大數據演算法的所有重點就是在更大型的數據組中，找出這樣的關聯性。

統計獨立性也構成了最現代的統計抽樣技術。它通常正是隨機抽樣定義中的一部分。它是在政治民意調查和某些醫學研究中所使用的舊式信賴區間（Confidence interval）的基礎。它甚至影響了逐漸取代那些舊式技術的分布不拘（distribution-free）啟動程式和模擬數據組。

白雜訊（white noise）是統計獨立性應該聽起來的聲音。真正白雜訊樣本的噼哩啪啦聲都是統計上獨立於其他樣本的。不管樣本有多相近，這都是真的。這代表白雜訊的頻率圖譜（frequency spectrum）在圖譜上是平坦的。這樣的過程不存在，因為這需要無限的能量。但這並沒有讓世世代代的科學家和工程學家停止假設白雜訊干擾測量的信號和通訊。

真正的雜訊樣本並非獨立的。它們在某種程度上相關聯。就算是困惑電子電路和雷達裝置的熱雜訊（thermal noise）都只有大致平坦的頻率圖譜，而且只占圖譜的一部分。真正的雜訊沒有平坦的圖譜。它也沒有無限

能量。所以真正雜訊是偏粉紅色或咖啡色，或是某些鮮艷的顏色比喻，取決於關聯性在雜訊樣本中能達到的範圍。真正的雜訊不是也不可能真的是白色的。

　　一個揭發事實的問題是，統計獨立性的測試很少。多數的測試最多顯示兩個變數（並非數據本身）是否獨立。而對於多數的科學家而言，甚至連命名它們都很困難。所以壓倒性的普遍方法便是假設做為樣本的事件是獨立的。就假設數據是白色的，就假設數據不僅來自於相同的機率分布，也是統計上獨立的。解釋此假設一個簡單的正當理由是，幾乎每個人都這麼做，而且它也在教科書中。此假設一定是在所有科學中，最遍及各處的團體迷思案例。

　　我們很常假設統計獨立性，並不是因為它的真實世界準確性。我們假設統計獨立性是因為它光說不練的訴求：它讓數學變得簡單。它常常讓難解決的變得可以解決。統計獨立性將複合機率分成了個別機率的乘積。（通常之後一個對數〔logarithm〕將機率乘積轉換為總和，因為總和比乘積更容易使用。）告訴可能的賭徒連續擲硬幣是獨立的，比起從事需要條件機率（conditional probability）以確實地建立此驚人特性的大規模實驗，要容易許多。此想法成立，因為普遍來說，一個複合或聯合機率（joint probability）常常分成條件機率的乘積。所謂的乘法原理（multiplication rule）保證此因式分解（factorization）。獨立性更將條件機率變為非條件機率。將條件移除便移除了統計相依性。

　　當俄國數學家安德烈・馬可夫（Andrei Markov）研究統計上只依賴當下發生的事件時，在獨立性和白雜訊上做出了創舉的進步。那已經是 100 多年前的事。我們仍然和馬可夫鍊（Markov chain）的數學奮鬥，並且發現例外。Google 搜尋演算法大部分是根據尋找有限馬可夫鍊的平衡特性向量（eigenvector）。搜尋模型假設上網者隨意地從一個網頁跳到另一個，

就像青蛙從一片荷葉跳到另一片一樣。這樣的跳來跳去在統計上並非獨立的。你選擇的下一個網頁取決於你現在正在看的網頁。真正的網頁瀏覽可能有著回溯至好幾個之前瀏覽過網頁的機率相依性。認為人類心智並非馬可夫過程是很好的猜測。但是放寬獨立性，讓其包括一或兩步的馬可夫相依性，已經證明是模擬不同數據流的強大方法，舉凡分子擴散（Molecular Diffusion）和語音翻譯都是。

超越簡單的馬可夫特性需要努力，馬可夫特性認為未來只取決於當下，而不是過去。但是我們有十分厲害的電腦可以做這些事。積極理論學家的腦無疑會源源不絕地帶來更多見解。放棄統計獨立性的支架只會鼓勵更多這樣的結果。

科學需要認真看待它最喜愛的答案：看情況而定。

Richard Saul Wurman

理查・索爾・渥曼

TED 會議（如會議、TEDMED 會議）創辦人、建築家、地圖學家，著有：《訊息構建》（*Information Architects*）。

確定性、絕對真理、精確性

1543 年，哥白尼發表了日心說，以太陽為中心的太陽系，一個完美的圖表是日心說的相近理論。

日心說在現今的任何一個學術界都不會被出版，因為它是不正確的。軌道不是圓形的，而是橢圓形的，它們也不是都在相同的水平上，而圖表的比例完全不對，並沒有準確呈現行星之間的距離或是行星到太陽之間的距離。這是個相近值的圖表。是個為其他人建下基礎的圖表，因此第谷・布拉赫可以發表他的文獻和和測量，而克卜勒能夠加入更精準的幾何學並提供一個更接近於我們行星宇宙的概念。

我建議淘汰的是以上三個詞，我建議接受在相近理論裡更多的學術空間，建下基礎讓別人能夠看見並發現新模式。

Paul Saffo

保羅・沙佛
科技預測家、史丹佛大學顧問副教授。

科學進步的假象

> 自然和自然的法則隱藏在黑暗之中。上帝說：讓牛頓出世吧，於是一切豁然開朗。

> ——英國詩人亞歷山大・波普（Alexander Pope）

科學發現驚人的進步仍有許多未知。不久以前，上帝在 6000 年前創造宇宙，而天堂在離我們約幾千英里之上盤旋。現在地球已經 45 億歲了，可觀測宇宙有 920 億光年長。不管哪一個科學領域都是一樣的，新的發現和新的觸動生命的奇蹟每天都在上演。和波普一樣，我們讚嘆隱藏的自然是如何在科學之光下顯現。

我們不斷成長的科學知識庫讓人想起德日進（Teilhard de Chardin）智慧圈的醒目比喻，智慧圈指的是人類理解和想法不斷成長的圈。我們樂觀地認為，這個圈就像在無知黑暗中不斷延伸的光球。

樂觀主義讓我們專注在此圈的內容上，但是它的表面更重要，因為那是知識結束和謎團開始的地方。當我們的科學知識增加，和未知的接觸也增加了，結果並不只是我們學到了更多知識（圈的容量），我們也碰到了先前想像不到、一直增加的謎團。一個世紀前，天文學家思考我們的星系是否包含整個宇宙，而現在他們說我們很可能住在宇宙其中的一個島上。

科學發現以提供答案和最終解決方案的大數據證明其存在。但是每個

科學家心裡都知道，科學真正做的事是探索我們無知的深度。不斷成長的科學知識圈並非波普驅散黑夜的光，而是在浩瀚謎團黑暗中的營火。吹捧發現以幫助科學家鞏固資金和獲得任期，但或許是時候不再將發現視為科學進步的最終判斷。

　　讓我們不要再以發現了什麼來測量進步，而以提醒我們真正知道的有多稀少、源源不絕的謎團來測量。

國家圖書館出版品預行編目資料

這個觀念該淘汰了：頂尖專家們認為會妨礙科學發展的理論 / 約翰. 柏克曼
(John Brockman) 編著；章瑋譯. -- 初版. -- 臺北市：商周出版：家庭傳媒城邦
分公司發行, 2016.12
    面； 公分. -- (莫若以明書房；9)
    譯自：This idea must die : scientific ideas that are blocking progress

    ISBN 978-986-477-148-6 (平裝)

    1. 科學

300   105021536

莫若以明書房 09

這個觀念該淘汰了：頂尖專家們認為會妨礙科學發展的理論

編　　　著 / 約翰‧柏克曼　John Brockman
譯　　　者 / 章　瑋
審　　　定 / 曾雪峰、曹順成
企 劃 選 書 / 黃靖卉
責 任 編 輯 / 黃靖卉

版　　　權 / 林心紅
行 銷 業 務 / 張媖茜、黃崇華
總　編　輯 / 黃靖卉
總　經　理 / 彭之琬
發　行　人 / 何飛鵬
法 律 顧 問 / 台英國際商務法律事務所 羅明通律師
出　　　版 / 商周出版
　　　　　　台北市 104 民生東路二段 141 號 9 樓
　　　　　　電話：(02) 25007008　傳眞：(02)25007759
　　　　　　E-mail：bwp.service@cite.com.tw
　　　　　　Blog：http://bwp25007008.pixnet.net/blog
發　　　行 / 英屬蓋曼群島商家庭傳媒股份有限公司城邦分公司
　　　　　　台北市中山區民生東路二段 141 號 2 樓
　　　　　　書虫客服服務專線：(02)25007718；(02)25007719
　　　　　　服務時間：週一至週五上午 09:30-12:00；下午 13:30-17:00
　　　　　　24 小時傳眞專線：(02)25001990；(02)25001991
　　　　　　劃撥帳號：19863813；戶名：書虫股份有限公司
　　　　　　讀者服務信箱：service@readingclub.com.tw
　　　　　　城邦讀書花園：www.cite.com.tw
香港發行所 / 城邦（香港）出版集團有限公司
　　　　　　香港灣仔駱克道 193 號東超商業中心 1 樓
　　　　　　E-mail：hkcite@biznetvigator.com
　　　　　　電話：(852) 25086231 傳眞：(852) 25789337
馬新發行所 / 城邦（馬新）出版集團【Cite (M) Sdn. Bhd. 】
　　　　　　41, Jalan Radin Anum, Bandar Baru Sri Petaling,
　　　　　　57000 Kuala Lumpur, Malaysia.
　　　　　　Tel: (603) 90578822 Fax: (603) 90576622
　　　　　　Email: cite@cite.com.my

封 面 設 計 / 斐類設計工作室
排　　　版 / 極翔企業有限公司
印　　　刷 / 中原造像股份有限公司
經　銷　商 / 聯合發行股份有限公司
　　　　　　電話：(02) 2917-8022 Fax: (02) 2911-0053
　　　　　　地址：新北市 231 新店區寶橋路 235 巷 6 弄 6 號 2 樓

■ 2016 年 12 月 6 日初版一刷　　　　　　　　　　　　　Printed in Taiwan
定價 480 元

城邦讀書花園
www.cite.com.tw

商周出版

廣　告　回　函
北區郵政管理登記證
北臺字第000791號
郵資已付，免貼郵票

104　台北市民生東路二段141號2樓

英屬蓋曼群島商家庭傳媒股份有限公司城邦分公司　收

請沿虛線對摺，謝謝！

商周出版

書號：BA8009　　　書名：這個觀念該淘汰了　　　編碼：

讀者回函卡

感謝您購買我們出版的書籍！請費心填寫此回函卡，我們將不定期寄上城邦集團最新的出版訊息。

不定期好禮相贈！
立即加入：商周出版
Facebook 粉絲團

姓名：＿＿＿＿＿＿＿＿＿＿＿＿＿＿＿＿＿ 性別：□男 □女

生日：西元＿＿＿＿＿＿年＿＿＿＿＿月＿＿＿＿＿日

地址：＿＿＿＿＿＿＿＿＿＿＿＿＿＿＿＿＿＿＿＿

聯絡電話：＿＿＿＿＿＿＿＿ 傳真：＿＿＿＿＿＿＿

E-mail：

學歷：□ 1. 小學 □ 2. 國中 □ 3. 高中 □ 4. 大學 □ 5. 研究所以上

職業：□ 1. 學生 □ 2. 軍公教 □ 3. 服務 □ 4. 金融 □ 5. 製造 □ 6. 資訊

　　　□ 7. 傳播 □ 8. 自由業 □ 9. 農漁牧 □ 10. 家管 □ 11. 退休

　　　□ 12. 其他＿＿＿＿＿＿＿＿＿＿＿＿＿＿＿

您從何種方式得知本書消息？

　　　□ 1. 書店 □ 2. 網路 □ 3. 報紙 □ 4. 雜誌 □ 5. 廣播 □ 6. 電視

　　　□ 7. 親友推薦 □ 8. 其他＿＿＿＿＿＿＿＿＿＿

您通常以何種方式購書？

　　　□ 1. 書店 □ 2. 網路 □ 3. 傳真訂購 □ 4. 郵局劃撥 □ 5. 其他＿＿＿

您喜歡閱讀那些類別的書籍？

　　　□ 1. 財經商業 □ 2. 自然科學 □ 3. 歷史 □ 4. 法律 □ 5. 文學

　　　□ 6. 休閒旅遊 □ 7. 小說 □ 8. 人物傳記 □ 9. 生活、勵志 □ 10. 其他

對我們的建議：＿＿＿＿＿＿＿＿＿＿＿＿＿＿＿＿＿

＿＿＿＿＿＿＿＿＿＿＿＿＿＿＿＿＿＿＿＿＿＿＿＿

＿＿＿＿＿＿＿＿＿＿＿＿＿＿＿＿＿＿＿＿＿＿＿＿